최신 개정판

식생활과 건강

▮▮▮ 머리말 ▮▮▮▮▮▮▮▮▮▮▮▮▮▮▮▮▮

경제 수준이 향상되고, 가족의 식생활 변화 및 외식증가, 노화와 만성질환 예방을 위한 영양소 및 식품에 대한 관심증대, 건강기능성 식품 시장의 활성화 및 잘못된 정보, 수입식품의 증가, 식품유통환경의 변화 등에 따라 식품의 안전이 위협을 받고 있다. 또한 식품섭취 패턴이 급변하고 다양해짐에 따라 에너지 과잉섭취로 인한 비만인구가 증가하여 잘못된 체중조절 방법들이 넘치고 있다. 따라서 현대 사회에서는 건강 유지를 위한 올바른 식생활과 다이어트에 대한 정확한 이해가 그 어느 때보다 중요하다고 하겠다.

본서는 건강 유지를 위한 식생활에 대한 올바른 이해를 목적으로 식품영양학과 교수들이 다년간 가르치고 있던 자료를 수집하여 집필한 것이다. 식품영양학 전공 저학년 학생, 생명과학 분야나 인접분야 전공자, 또 식품과 영양에 관심 있는 학생들의 교양서적으로 활용될 수 있도록 식생활의 전문지식을 되도록 쉽게 표현하여 완전 개정판을 준비하였다.

시대 변화에 맞추어 이번 개정판에는 2010년 한국영양학회에서 새로 제정 발표한 '한국인 영양섭취기준', 즉 4가지(평균필요량, 권장섭취량, 충분섭취량, 상한섭취량)로 구분된 내용을 첨부하였다. 또한 식생활에 필요한 전통식품에 관한 정보와 가축 등에서 발생하는 위생 및 식품안전성에 관한 자료도 참고로 첨부하였다.

본 교재에서는 현대인이 상식으로 꼭 알아야 하는 내용만 쉽고 재미있게 다루려고 노력하였으나 많은 정보를 주고 싶은 욕심에 좀 무리하게 다양한 분야를 다루었다. 하지만 더욱 새로운 정보로 수정보완 할 것을 약속드리며 식생활에 관심이 있는 모든 분들께 도움이 되기를 희망한다. 끝으로 이 책이 개정될 수 있도록 애써주신 도서출판 효일의 사장님 및 관계자 여러분께 감사의 뜻을 전하고 싶다.

저자 일동

차례

PART I

식생활

제1장 식생활과 건강

제1장 식생활과 건강

1. 건강과 영양

풍부한 삶을 사는 데 양호한 건강은 반드시 수반되어야 한다. 도대체 건강이란 무엇을 의미하는가? 세계보건기구(World Health Organization, WHO)에 의하면 건강이란 신체적, 정신적, 사회적으로 완전하게 양호한 상태이며 단지 질병이 없거나 허약하지 않다는 것만을 의미하지는 않는다. 이러한 건강에 대한 정의는 개인의 생활양식과 관련된 건강관리는 물론이고 개인이 속한 사회의 보건과 건강을 위한 복지정책, 의료시설, 경제적 여건이 잘 관리되어야 양호한 건강상태가 유지될 수 있음을 제시한다.

건강에 대응하는 개념으로 질병이 있다. 건강과 질병의 한계선을 긋기란 쉽지 않은데, 이는 건강과 질병이 연속선상에서 건강, 준 건강, 준 질병, 질병이라는 네 단계를 형성하고 있기 때문이다[표 1-1]. 여기서 건강인이란 최고 수준의 건강상태를 유지하고 있는 사람이며 준 건강인이란 건강히지 않다는 것을 의미히는 것은 아니지만 질병상태로 옮겨갈 가능성이 잠재되어 있는 사람을 의미한다.

영양상태 역시 양호한 영양상태에서 갑자기 심각한 영양결핍증이나 영양과잉증으로 발전하는 것이 아니다[그림 1-1]. 인체의 영양상태는 양호한 영양상태에서 준 영양결핍 또는 준 영양과잉 상태를 거쳐 임상적인 소견을 나타내는 영양결핍증이나 영양과잉증에 이르게 된다.

표 1-1	영양상태 형성			
의학	질병치료 차원		건강증진 및 질병예방 차원	
건강상태	질병 (환자) disease	준 질병 (준 환자) pre-disease	준 건강 (환자) poor-health	건강 (건강인) health

영양불량증 ← 준 영양불량상태 ← 적절한 영양상태

(영양결핍증 또는 과잉증)   (준 영양결핍 또는 과잉상태)

그림 1-1   영양상태 단계

건강을 결정짓는 요인

미국의 질병예방과 건강증진을 위한 보고서에 따르면 건강에 영향을 미치는 위험요인 중에서 생활양식이 50%를 차지하고 있으며 생활양식 중 가장 중요한 요소로 식생활을 들고 있다[그림 1-2]. 여기서 50%는 '적어도'의 의미를 포함하고 있으며 실제로 미국 하버드 대학에서 수행된 간호사 건강 연구(Nurses' Health Study)에 의하면 관상심장질환의 발생에 식습관, 운동, 흡연, 음주 등 생활습관의 기여정도가 82%나 되었다고 한다.

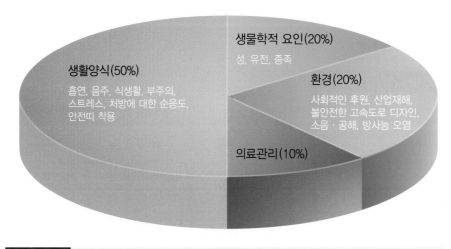

생물학적 요인(20%)
성, 유전, 종족

환경(20%)
사회적인 후원, 산업재해,
불안전한 고속도로 디자인,
소음·공해, 방사능 오염

생활양식(50%)
흡연, 음주, 식생활, 부주의,
스트레스, 처방에 대한 순응도,
안전띠 착용

의료관리(10%)

그림 1-2   건강에 영향을 미치는 위험요인

(1) 바람직한 식생활

건강한 삶을 유지하고 행복한 생애를 보내기 위해 사람들은 많은 관심과 시간을 투자하고 있으며, 건강한 삶은 우리가 매일 섭취하는 식품과 깊은 관계가 있다. 균형된 식사로 여러 가지 식품을 잘 조합해서 섭취한다는 것은 신체의 요구에 맞는 영양소를 골고루 섭취할 수 있다는 점에서 매우 중요하다.

바람직한 식생활이란 신체가 요구하는 모든 영양소가 잘 배합된 적당량의 식사를 의미하나 어느 한 가지 식품도 이 목적을 완벽하게 충족시킬 수 없다. 유아에게 필요한 모든 것을 거의 다 갖추고 있는 모유에도 철분과 비타민 D가 부족하고, 육류도 훌륭한 단백질을 제공하지만 칼슘을 적게 함유하고 있으며, 계란은 비타민 C를 거의 포함하고 있지 않다. 따라서 바람직한 식생활을 유지하기 위해서는 다음과 같은 세 가지 요소가 충족되어야 한다.

첫째로, 식품 간의 균형(balance)을 이루는 것이다. 칼슘식품과 철분식품을 예를 들어 생각해 보면 육류, 생선 및 가금류는 철분을 풍부하게 함유하고 있는 대신에 칼슘은 부족한 편이며, 반면에 우유나 유제품은 칼슘은 충분히 함유하고 있으나 철분이 부족한 편이다. 이와 같이 모든 영양소를 완전하게 포함하는 식품은 존재하지 않는다. 따라서 어느 한 식품군에만 편중하여 섭취하지 말고 육류, 곡류, 채소 및 과일류, 유제품 등을 균형있게 섭취하는 것이 필요하다.

둘째로, 다양한(variety) 식품을 섭취하는 것이다. 보통 사람들은 항상 자기가 섭취하는 식품만을 주로 선택한다. 예를 들어 같은 과일이라 하더라도 어떤 사람은 주로 딸기를 먹고, 어떤 사람은 주로 복숭아를 먹는다. 이때 딸기에는 비타민 C가 많이 포함되어 있는 반면 복숭아에는 비타민 A가 많이 포함되어 있다. 과일을 먹을 경우에도 같은 과일만 매일 먹는 것보다는 여러 가지 과일을 다양하게 섭취하는 것이 영양소의 균형있는 섭취를 위해 바람직하다.

셋째로, 적당한(moderate) 양의 식품을 섭취하는 것이다. 지방이나 설탕이 많이 포함된 식품은 식사의 즐거움을 주지만 과도한 지방과 설탕의 섭취는 열량의 과잉뿐만 아니라 여러 가지 다른 영양소의 섭취를 상대적으로 저하시키므로 적절한 양을 조절하여 섭취하는 것이 매우 중요하다. 따라서 바람직한 식생활을 한다는 것은 각 식품 간의 균형을 이룰 수 있도록 다양한 식품을 선택하여 적당량의 음식을 섭취하는 것을 말한다.

(2) 균형잡힌 식사를 하기 위한 방법

한국영양학회는 일반인들이 영양적으로 만족할 만한 식사를 계획할 수 있도록 하기 위해 식사구성안을 고안하였다.

1) 여섯 가지 기초식품군에 의한 식품 분류

식품구성자전거는 식사구성안에 제시된 식품의 분류와 식생활에서 각 식품군이 차지하는 중요성을 일반인들이 쉽게 이해할 수 있도록 그림으로 표시한 것이다 [그림 1-3]. 식품구성자전거의 기본 개념은 적절한 영양 및 건강 유지, 다양한 식품섭취를 통한 균형잡힌 식사, 충분한 수분섭취, 적절한 운동을 통한 비만 예방이다. 식품구성자전거 식사모형의 자전거는 운동을 권장한 것이고, 바퀴모양의 6개 식품은 권장식사패턴의 섭취횟수와 분량을 면적만큼 비례적으로 제시하였다. 또 하나 작은 바퀴의 물잔은 수분의 중요성을 나타낸다.

그림 1-3   식품구성자전거

　주로 주식으로 소비되는 곡류는 오렌지색으로 표시되었고, 고기·생선·계란·콩류는 보라색, 채소류는 초록색, 과일류는 빨간색, 우유·유제품은 파란색, 유지·당류는 노란색으로 표시되었다. 면적비율은 가장 일반적인 2,000kcal 기준의 식단을 사용하여 제시된 것으로 곡류는 34%, 고기·생선·계란·콩류 16%, 채소류 24%, 과일류 10%, 우유·유제품류 15%, 유지·당류는 2%를 나타낸다.

2) 1인 1회 섭취 분량

1인 1회 섭취 분량은 한 사람이 한 번에 이 정도 분량의 식품을 섭취해야 한다는 것을 의미하지는 않는다. 다만 우리의 식습관을 고려하고 국민영양조사자료, 조리책자 및 단체급식의 표준 레시피의 1인 분량을 참조하여 우리나라 사람들이 일반적으로 1회에 섭취하는 양과 가장 가까운 1인 1회 섭취분량으로 양을 정한 것이다. 따라서 1인 1회 섭취 분량은 각 개인이 섭취해야 하는 양으로 표시된 식사요법을 위한 교환단위와는 차이가 있다. 국민건강영양조사 제4기 2007년과 2008년 자료를 통합 분석하여 각 식품군의 대표적인 식품들에 대해 설정된 1인 1회 섭취분량은 [표 1-2]와 같다. 곡류의 1인 1회 분량은 평균적으로 300kcal, 고기·생선·계란·콩류는 평균 열량 100kcal와 단백질 10g, 채소류는 평균 15kcal, 과일류는 50kcal, 우유·유제품은 평균 125kcal에 해당하는 것으로 보면 된다.

3) 식사구성안

개개인에 따라 필요열량이 달라지기 때문에 개정된 식품구성자전거는 각 식품군별 식사섭취 횟수가 따로 제시되지 않는다. 하지만 영양적으로 균형잡힌 식단을 위해서는 매 끼니 곡류에 해당하는 식품을 주식으로 하고, 채소 반찬 2~3가지, 단백질 반찬 1~2가지를 갖추어 먹는 것이 좋으며, 음식을 조리할 때 유지 및 당류를 소량씩 이용하면 된다. 그리고 간식으로 우유와 과일류를 1일 1회 이상 섭취하도록 한다. 개인의 영양섭취기준을 만족시키기 위해서는 각 식품군별 섭취량의 조정이 필요하며, 칼로리별 권장 섭취횟수는 한국인의 영양섭취기준표 권장 식사패턴을 참고하도록 한다. 권장 섭취패턴은 일상적인 식사 섭취패턴을 반영하여 어린이와 성인의 우유·유제품 섭취량이 다르므로 우유·유제품류를 2회 섭취하는 A 타입과 1회 섭취하는 B 타입으로 구분하였다. 생애주기별 권장 식사패턴은 [표 1-3]에 제시하였고 성인기 남자와 여자의 식단의 예는 [표 1-4, 1-5]와 같다.

표 1-2	식품군별 대표식품의 1인 1회 분량

식품군	1인 1회 분량					
곡류	밥 1공기 (210g)	백미 (90g)	국수 1대접 (건면 100g)	냉면국수 1대접 (건면 100g)	떡국용 떡 1인분(130g)	식빵 2쪽 (100g)
고기 · 생선 · 계란 · 콩류	육류 1접시 (생 60g)	닭고기 1조각 (생 60g)	생선 1토막 (생 60g)	콩 (20g)	두부 2조각 (80g)	달걀 1개 (60g)
채소류	콩나물 1접시 (생 70g)	시금치 나물 1접시(생 70g)	배추김치 1접시(생 40g)	오이소박이 1접시(생 60g)	버섯 1접시 (생 30g)	물미역 1접시 (생 30g)
과일류	사과(중) 1/2개 (100g)	귤(중) 1개 (100g)	참외(중) 1/2개 (200g)	포도 1/3송이 (100g)	수박 1쪽 (200g)	오렌지주스 1/2컵(100mL)
우유 · 유제품류	우유 1컵 (200mL)	치즈 1장 (20g)	호상요구르트 1/2컵(100g)	액상요구르트 3/4컵(150g)	아이스크림 1/2컵(100g)	
유지 · 당류	식용유 1작은술 (5g)	버터 1작은술 (5g)	마요네즈 1작은술(5g)	커피믹스 1회 (12g)	설탕 1큰술 (10g)	꿀 1큰술 (10g)

표 1-3 생애주기별 권장식사패턴		
생애주기	성별	권장식사패턴
유아기(3~5세)	전체	1,400kcal, A타입
아동기(6~11세)	남	1,800kcal, A타입
	여	1,600kcal, A타입
청소년기(12~18세)	남	2,600kcal, A타입
	여	2,000kcal, A타입
성인기(19~64세)	남	2,400kcal, B타입
	여	1,900kcal, B타입
노인기(65세 이상)	남	2,000kcal, B타입
	여	1,600kcal, B타입

표 1-4 성인기 남자 19~64세(2,400kcal, B타입)			
구분	식단	식단사진	
		식사	간식
아침	쌀밥 계란국 호두멸치볶음 시금치나물 배추김치		사과, 우유
점심	흑미밥 콩나물김치국 고등어구이 가지나물 깍두기		백설기, 오렌지주스
저녁	잡곡밥 버섯된장국 돼지고기편육 채소쌈 미나리무침 김치볶음		바나나

구분	식단	식단사진	
		식사	간식
아침	쌀밥 동태국 두부부침 깻잎나물 배추김치		사과
점심	보리밥 청국장찌개 고등어조림 미역오이초무침 열무김치		우유
저녁	잡곡밥 시금치된장국 불고기 풋고추 조림 상추겉절이		포도

표 1-5 성인기 여자 19~64세(1,900kcal, B타입)

(3) 올바른 식사지침

한국영양학회가 우리나라 국민을 위한 바른 식생활을 위해 제시한 10가지 식사지침은 다음과 같다.

1) 다양한 식품을 골고루 먹자

인체가 생명을 유지하고 건강하게 매일의 생활을 영위해 나가는 데 필요한 영양소는 약 50여 종에 달한다. 이들 영양소의 체내 역할은 다양하다. 또한 영양소 상호간에 유기적인 관계가 있어 한 영양소라도 과다 혹은 부족하면 영양상 균형이 깨지게 된다. 영양상 균형이 잡힌 식사를 하려면 위의 모든 영양소를 각 개인의 필요량에 만족되도록 섭취하여야 한다. 그러나 실제로 우리가 섭취하는 식품은 매우 다양하고 또 각 식품마다 영양소의 종류와 함량이 달라 섭취량을 매일 계산하기 어렵다. 다섯 가지 기초식품군은 영양소의 조성이 비슷한 식품들을 식품군으로 묶어 이 식품군을 골고루 섭취하면 대체로 필요한 영양소를 얻을 수 있도록 하였다.

그러나 미량영양소인 비타민과 무기질은 같은 식품군에 속하는 식품이라도 그 종류와 함량이 매우 다르다. 그러므로 다양하게 식품을 선택함으로써 영양소의 상호 보완효과를 얻어 부족한 영양소가 없도록 하는 것이 바람직하다.

2) 정상 체중을 유지하자

경제 수준의 향상과 더불어 생활양식이 서구화되어 가는 경향이 있고, 체중과 신장이 점차 증가되면서 성인병의 발병률과 사망률도 증가 추세에 있다. 체중이란 건강과 밀접한 관계가 있어, 섭취한 열량과 소비된 열량이 서로 균형이 맞았을 때 그대로 유지되는 것이다. 만일 섭취한 열량이 소비된 열량보다 더 높을 때는 여분의 열량이 체내에 지방으로 저장되어 체중이 증가된다. 그러므로 체중을 줄이고 싶을 때는 열량만 높은 설탕, 탄산음료 등의 단 음식이나 튀김 같은 고열량 음식을 적게 섭취하여 우선 열량 섭취를 감소시켜야 하고, 생활에서 활동량을 늘려 열량을 더 소비하게끔 하여 에너지 대사의 균형을 유지해야 한다. 그러나 정상체중 이하로 체중을 줄이는 것은 건강을 해칠 우려가 있으므로 조심하여야 한다.

3) 단백질을 충분히 섭취하자

단백질은 성장기 어린이나 성인에게 새로운 조직의 발달을 도와주며 동시에 낡은 조직을 대치하여 정상적인 성장을 유지시켜 준다. 따라서 단백질의 결핍은 체조직의 손실을 일으켜 성장부진과 체력의 약화를 초래한다.

단백질의 섭취는 곧 아미노산을 공급하기 위한 것이기 때문에 필수아미노산이 함유된 균형 잡힌 식사를 하는 것이 중요하다. 아미노산 조성에서 식물성 식품은 인체의 요구량에 비해 한두 가지 아미노산이 부족한 경향이 있다. 반면 육류, 어류 및 계란, 우유 등 동물성 식품은 아미노산의 균형이 매우 우수하며, 식물성 식품에 부족한 아미노산의 보완기능이 높다. 따라서 질이 좋은 단백질의 섭취량을 늘리고, 골고루 여러 가지 식품들을 섭취하며, 매일 필요한 양의 단백질을 섭취하는 것이 중요하다.

4) 지방질은 총 열량의 20% 정도를 섭취하자

한국인의 경우, 영양섭취기준에서 추천한 바와 같이 총 열량 섭취의 20% 정도를 지방질로 섭취할 것을 권장한다. 특히 식물성과 동물성 유지의 균형을 지키도록 강조하며, 생선과 콩의 섭취를 권장하여 질적인 면에서의 필수지방산 섭취 균형도 유지하도록 한다. 참고로 서구 여러 나라에서는 너무 높은 지방섭취(총 열량 섭취의 40% 이상)로 인해 초래되는 여러 가지 성인병의 예방책으로 우선 지방섭취율을 30%까지 줄이려는 노력을 하고 있다.

5) 우유를 매일 마시자

우유는 칼슘과 리보플라빈(비타민 B$_2$)의 함량이 높은 식품이다. 이 두 영양소는 우리나라 식사에서 특히 부족한데 우유 한 컵(200㎖)에는 칼슘 250mg, 리보플라빈이 0.36mg 정도로 함유되어 있어 매일 우유를 한 컵씩 마신다면 이들 영양소의 섭취 수준을 크게 향상시킬 수 있다. 또한 우유 단백질은 양적으로는 많지 않으나 필수아미노산의 함량이 높아, 우유를 섭취하면 식사의 단백질의 질을 높일 수 있다. 그러나 우유는 철분 함량이 낮고 비타민 D, 비타민 C, 비타민 B$_1$ 등의 함량도 낮아 이들 영양소들의 공급은 크게 기대할 수 없다. 우유는 위궤양, 위염, 골다공증, 간장질환, 당뇨병 등의 치료 및 예방을 위해서도 권장되는 식품이다. 이러한 우유의 영양학적 효과는 우유뿐만 아니라 요구르트, 치즈 등의 우유제품을 섭취함으로써 얻을 수 있다.

6) 짜게 먹지 말자

식염의 성분이 되는 나트륨(Na)은 체내 대사에 꼭 필요한 무기질이다. 그러나 나트륨 섭취가 높은 사람들 중에서 고혈압 발생 빈도가 높아 과잉의 나트륨 섭취가 건강상의 문제로 대두되고 있다. 고혈압은 다른 여러 가지 합병증을 유발시킬 수도 있으므로 고혈압을 예방하는 것은 매우 중요한 일이다. 최근 우리나라에서도 고혈압의 합병증으로 인한 사망률이 점차 증가하고 있다.

한국인은 곡류의 과잉섭취로 인해 매우 짜게 먹는 식습관을 형성하여 왔다. 우리나라 사람의 1일 평균 식염 섭취량은 12g이 넘어 서구 여러 나라 사람들보다 높은 편에 속하므로 짜게 먹는 식습관을 고쳐 나트륨 섭취를 줄이도록 노력해야 할 것이다. 나트륨 섭취를 줄이려면 간장, 된장, 고추장 등의 사용량을 줄이는 동시에 식염을 이용한 가공식품의 사용을 제한하여야 하며, 화학조미료의 무절제한 사용을 금해야 한다.

7) 치아건강을 유지하자

설탕 함량이 높은 식품을 먹을 때 일어나는 건강문제로 충치가 있다. 충치 문제는 유아기 및 학령기 어린이에게서 심각하며, 우리나라 사람들의 약 90% 이상이 충치를 가지고 있다. 설탕에 의한 충치발생은 설탕의 총 섭취량보다 섭취빈도에 더 영향을 받으며, 특히 간식을 통한 섭취와 가장 밀접한 관련이 있다.

사탕, 과자류, 아이스크림, 과일 가공식품 등 대부분의 간식은 설탕 함량이 높을 뿐 아니라 부착성도 높아 충치의 발생을 조장한다. 청량음료의 잦은 섭취 또한 충치를 유발시키는 원인이다. 이에 반하여 신선한 과일이나 채소는 구강 내에서 청정작용을 도와준다. 따라서 설탕이 높은 식품을 줄이고 신선한 과일을 섭취하도록 권장한다.

8) 술, 담배, 카페인 음료 등을 절제하자

알코올은 열량을 제공하지만, 다른 영양소가 거의 없고 식욕을 감퇴시키며, 몇몇 필수영양소의 흡수를 방해하기 때문에 비타민 · 무기질 등의 부족을 일으키기 쉽다. 또한 만성적인 과음자는 간경변이나 지방간 등 간장질환의 위험이 크며, 임신 중에 알코올을 섭취하면 기형아를 낳을 확률이 높아진다.

흡연은 폐포 대식세포에 과산화수소의 발생을 증가시켜 폐기종을 유발하며, 항단백질 분해효소의 부족을 가져와 폐를 상하게 함은 물론, 혈중의 HDL의 수준을 떨어뜨리고 혈청의 중성지방을 상승시켜 심장병과 말초혈관계 질병의 발생을 높이는 경향이 있다. 카페인은 주로 커피나 홍차에 많으나 요즘 많이 마시는 콜라에도 많다. 카페인은 중추신경을 자극하고, 이뇨를 촉진하며 혈압을 상승시킨다. 또한 철분흡수를 방해하며, 불면증을 유발한다. 그러므로 과량의 카페인을 섭취하면 다양한 부작용이 발생한다. 커피중독이 되면 커피를 마시지 않을 경우 두통, 무기력, 초조, 불안 등의 증세를 보인다.

9) 식생활 및 일상생활의 균형을 이루자

한 사람의 하루 일과는 쉬고, 먹고, 활동하는 것의 세 부분으로 나누어 볼 수 있다. 이와 같이 식생활은 하루 생활의 중요한 부분으로, 일상생활과 식생활의 관계는 다음과 같이 관련되어야 한다. 첫째, 섭취하는 열량과 활동에 소비되는 열량 사이에 균형을 맞추기 위해 열량이나 한두 가지 영양소의 다량섭취를 지양해야 한다. 둘째, 개인 식사의 양과 질은 그날의 일과량과 현재까지의 건강상태에 의해서 결정된다. 따라서 식사의 질과 양, 활동량과 운동량을 조절함으로써 건강을 유지하도록 해야 한다. 셋째, 규칙적으로 식사하고 배설하고 수면을 취함으로써 일상생활과 식생활에 있어 항상 정상적인 관계를 유지해야 한다. 넷째, 원만한 식생활은 일상생활의 성취감에 중요한 영향을 미친다. 따라서 규칙적인 식사, 균형된 식사 및 유쾌한 식사를 하도록 노력해야 한다.

10) 식사는 즐겁게 하자

가족들이 한자리에 모여 정성껏 만든 음식을 섭취할 때 가족들의 즐거움은 한층 더 커질 수 있다. 즐겁고 바람직한 식사시간을 위해서는 몇 가지 사항을 고려할 필요가 있다. 즉 영양소가 골고루 섭취될 수 있도록 여러 가지 식품을 선택하며, 적합한 조리방법으로 영양소의 손실을 막는다. 식품의 특성과 조리 시의 변화를 잘 이해하여 식품의 소화율을 증가시키고 가족들의 기호를 만족시킬 수 있는 방법으로 조리한다. 또한 식품에 들어있는 미생물이나 기생충이 파괴될 수 있도록 식품에 맞는 조리온도를 선택한다. 이와 더불어 가정 내에 사랑과 존경이 존재할 때 식사시간은 하루 생활을 즐겁게 만들 수 있는 원동력이 될 수 있고, 더 나아가 밝은 사회의 기초가 될 것이다.

간이 식생활 진단지

문항 \ 분류(점수)	항상 그렇다	그렇다	아니다
우유나 유제품(요구르트, 요플레 등)을 매일 1컵(아동 2컵) 이상 마신다.	5	3	1
육류, 생선, 달걀, 콩, 두부 등으로 된 음식을 매일 3~4회 이상 먹는다.	5	3	1
김치 이외의 채소를 식사할 때마다 먹는다.	5	3	1
과일(1개)이나 과일주스(1잔)를 매일 먹는다.	5	3	1
튀김이나 볶음요리를 많이 먹는 편이다.	1	3	5
지방이 많은 육류(삼겹살, 갈비, 장어 등)를 많이 먹는 편이다.	1	3	5
식사할 때 음식에 소금이나 간장을 더 넣을 때가 많다.	1	3	5
식사는 매일 세 끼를 규칙적으로 한다.	5	3	1
아이스크림, 케이크, 스낵, 탄산음료(콜라, 사이다 등)를 간식으로 많이 먹는다.	1	3	5
하루에 30가지 이상의 식품을 매일 섭취한다.	5	3	1

평가 : 총 50점 만점 기준 30점 이상일 경우 건강한 식생활을 유지하는 것으로 평가

위 문항의 점검표에서 자신에게 해당되는 것을 골라 우측의 점수를 합산하시오.

(4) 한국인의 영양섭취기준

한국인 영양섭취기준(dietary reference intakes, DRIs)은 한국인의 건강을 최적으로 유지할 수 있는 영양소 섭취수준이다. 영양섭취기준은 평균필요량(estimated average requirements, EAR), 권장섭취량(recommended intake, RI), 충분섭취량(adequate intake, AI), 상한섭취량(tolerable upper intake level, UL)의 4가지로 구성되어 있다. 평균필요량(EAR)은 대상 집단을 구성하는 건강한 사람들의 절반에 해당하는 사람들의 일일필요량을 충족시키는 값으로 대상 집단의 필요량 분포치 중앙값으로부터 산출한 수치이다. 권장섭취량은 평균필요량에 표준편차의 2배를 더하여 정한 값이다[권장섭취량(RI) = 평균필요량(EAR) + 표준편차의 2배(2SD)]. 충분섭취량(AI)은 영양소 필요량에 정확한 자료가 부족하거나 필요량의 중앙값과 표준편차를 구하기 어려워 권장섭취량을 산출할 수 없는 경우에 제시하였다. 주로 역학조사에서 관찰된 건강한 사람들의 영양소 섭취기준을 기준으로 한다. 각 영양소는 필요량에 대한 충분한 자료가 있으면 평균필요량(EAR)과 권장섭취량(RI)을 가지며 이러한 자료가 충분하지 못할 때는 충분섭취량(AI)을 가진다. 상한섭취량(UL)은 인체 건강에 유해 영향이 나타나지 않는 최대 영양소 섭취수준이다. 과량 섭취 시 건강에 악영향의

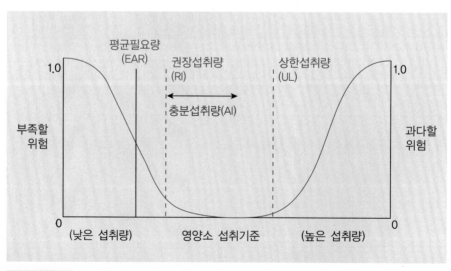

그림 1-4   영양섭취기준(dietary reference intakes)

위험이 있다는 자료가 있을 경우 상한섭취량(UL) 설정이 가능하다. [그림 1-4]는 위의 4가지 영양섭취기준을 개념적으로 나타내고 있다.

　연령 구분은 생리적 성장 발달단계를 고려하여 영아, 유아, 아동 및 청소년, 성인 및 노인으로 분류하였으며 생리적 특성이 상이한 임신, 수유기는 별도로 구분하였고, 체위기준은 산업자원부 기술표준원의 자료를 활용하여 체위기준치를 정하였다. 새로운 개념의 영양섭취기준은 한 영양소에 대해 2~3가지 수치가 있으며 식생활 내용을 보다 정밀하게 평가하고 식사에 적용할 수 있도록 제정되었으므로 내용을 충분히 이해하고 올바로 사용하는 것이 중요하다[표 1-6].

표 1-6 영양섭취기준의 활용 : 개인과 집단의 영양섭취상태 평가	
평균필요량(EAR) estimated average requirements	건강한 인구집단의 평균적인 섭취량. 인구집단의 50%에 해당하는 사람들의 영양필요량을 충족시켜주는 수준
권장섭취량(RI) recommended intake	개인차를 감안하여 건강한 인구집단의 평균섭취량(EAR)에 2배의 표준편차값을 더한 값. 통계적으로 집단의 97.5%의 영양필요량을 충족시켜주는 값
적정섭취량(AI) adequate intake	평균필요량을 산정할 자료가 부족하여 섭취기준을 정하기 어려운 영양소의 경우 건강한 인구집단의 섭취량을 실험적으로 추정 또는 관찰하여 정한 값
상한섭취량(UL) tolerable upper intake level	인구집단에 속한 거의 대부분의 사람들에게 위해가 되지 않는 영양소 섭취의 상한선

(5) 영양섭취기준의 활용

영양섭취기준을 적용하는 대상은 건강한 개인이나 건강한 사람으로 구성된 집단이다. 영양섭취기준은 여러 용도로 쓰이지만, 대표적인 활용방안은 개인 및 집단의 식사섭취상태 평가와 식사계획을 보면 다음과 같다.

1) 식사평가

개인이나 집단의 식사평가를 할 때는 목적에 맞는 영양섭취기준을 활용해야 한다. 개인의 경우, 평소 섭취량이 평균필요량보다 낮아질수록 부족할 확률이 높아짐을 의미하며, 집단의 경우는 평소 섭취량이 평균섭취량보다 이하인 사람의 비율로 부족한 사람의 비율을 추정한다. 상한섭취량 기준은 개인의 과잉 섭취 위험도나 집단의 과잉 섭취 비율을 추정하는 데 활용된다. [표 1-7]은 개인과 집단의 식사평가에 영양섭취기준을 활용하는 방안을 요약한 것이다.

2) 식사계획

식사계획은 영양이 부족하거나 과잉이 되지 않으면서 적절하게 영양을 공급할 수 있는 식사를 하도록 하는 것이다. 개인의 경우는 식사계획의 목적을 권장섭취량이나 충분섭취량에 가까운 수준으로 섭취하도록 하는 것이며, 집단의 경우는 평균필요량이나 상한섭취량을 기준으로 하여 평상시 섭취 부족이나 과잉 비율이 최소화되도록 식사계획을 세운다. 영양섭취기준 사용방안은 [표 1-7]과 같으며, 각 영양소의 섭취기준에 관한 정보는 [부록 1-1, 1-2, 1-3, 1-4, 1-5]에 참고로 첨부하였다.

표 1-7 식사계획을 위한 영양섭취기준 활용

	개 인	집 단
평균필요량	개인의 영양섭취 목표로 사용하지 않는다.	평소 섭취량이 평균필요량 미만인 사람의 비율을 최소화하는 것을 목표로 한다.
권장섭취량	평소 섭취량이 평균필요량 이하인 사람은 권장섭취량을 목표로 한다.	집단의 식사계획 목표로 사용하지 않는다.
충분섭취량	평소 섭취량을 충분섭취량에 가깝게 하는 것을 목표로 한다.	집단에서 섭취량의 중앙값이 충분섭취량이 되도록 하는 것을 목표로 한다.
상한섭취량	평소 섭취량을 상한섭취량 미만으로 한다.	평소 섭취량이 상한섭취량 이상인 사람의 비율을 최소화하도록 한다.

한국인의 영양섭취기준(30세 성인의 에너지 필요 추정량)

성별	신장 (cm)	신체활동 수준	체중(kg)		에너지 필요 추정량	
			기준 BMI 18.5	기준 BMI 24.9	기준 BMI 18.5	기준 BMI 24.9
남자	160	비활동적	47.4	64.0	1,993	2,257
		저활동적			2,171	2,464
		활동적			2,397	2,727
		매우 활동적			2,769	3,160
	170	비활동적	53.5	72.2	2,114	2,442
		저활동적			2,338	2,670
		활동적			2,586	2,959
		매우 활동적			2,992	3,434
	180	비활동적	59.9	81.0	2,301	2,635
		저활동적			2,513	2,884
		활동적			2,782	3,200
		매우 활동적			3,225	3,720
여자	150	비활동적	41.6	56.2	1,625	1,762
		저활동적			1,803	1,956
		활동적			2,025	2,198
		매우 활동적			2,291	2,489
	160	비활동적	47.4	64.0	1,752	1,907
		저활동적			1,944	2,118
		활동적			2,185	2,385
		매우 활동적			2,474	2,699
	170	비활동적	53.5	72.2	1,881	2,057
		저활동적			2,090	2,286
		활동적			2,350	2,573
		매우 활동적			2,662	2,917

에너지 적정비율

영양소	1~2세	3~18세	19세 이상
탄수화물	55~70%	55~70%	55~70%
단백질	7~20%	7~20%	7~20%
지방질	20~35%	15~30%	15~25%
n-6 불포화지방산	4~8%	4~8%	4~8%
n-3 불포화지방산	1.0% 내외	1.0% 내외	1.0% 내외
포화지방산*	–	–	4.5~7%
트랜스지방산*	–	–	1.0% 미만
콜레스테롤*	–	–	300mg/일 미만

* 1~2세, 3~18세 섭취기준을 설정할 과학적 근거가 부족함

영양정보 실태와 문제점

요즘 우리는 식품과 영양에 대한 과잉정보에 시달리면서 정확한 지식에는 굶주려 있다. 즉 식품이나 영양에 관한 정보 중에 지나치게 확대 해석된 이론이 적지 않다는 것이다. 이렇게 잘못된 영양정보가 범람하는 요인으로 과학적으로 증명되지 못한 식사요법이 전문가가 아닌 사람들에 의해 잘못 지도된 것이 많다는 것과 건강에 대한 일반인들의 과다한 관심으로 식품에 과잉 기대를 하고 있는 것을 들 수 있다. 우리가 섭취한 식품은 인체 내에서 소화와 대사과정을 통해 분해되어, 이에 함유된 영양소로서의 기능을 나타낸다. 섭취된 식품들 간의 배합에 의한 독성효과에 관해서는 실험적 또는 임상적으로 증명된 것이 없으며, 자연식품에도 경이적인 치료효능이 있다고 볼 수 없다. 어느 한 식품을 건강에 필수적인 완전식품이라 할 수 없을 뿐만 아니라, 한 식품만을 장기간 섭취하면 오히려 건강을 해치고 질병을 유발할 수 있다. 과학적 증거가 확실하지 않은 정보가 범람하는 현실에서 정확한 영양지식과 정보를 가지고 올바른 식품을 바로 선택하여 균형 있는 식생활을 하는 것이 중요하다고 하겠다.

2. 영양상태 판정

영양상태는 식품 및 영양소의 섭취상태 그리고 영양상태와 관련된 건강지표들을 측정하여 평가한다. 영양상태를 정확히 판정하기 위해서는 영양불량이 진행되는 단계에 따라 각기 다른 평가방법이 사용되어야 한다. 개인 혹은 집단의 영양상태 판정에는 신체계측법(anthropometric method), 생화학적 방법(biochemical method), 임상적 방법(clinical method) 및 식이섭취조사법(dietary assessment)의 네 가지가 주로 쓰인다. 이들 영어 알파벳의 첫 자를 따서 통상적으로 '영양판정의 ABCD'라 칭한다.

(1) 신체계측법

신체계측 방법은 비교적 용이하게 조사 대상자의 영양상태를 평가할 수 있는 방법
이다. 신체계측법에는 성장 정도를 측정하는 방법과 신체 구성성분을 측정하는 방
법이 있다.

1) 성장의 측정

신장 : 신장은 골격발달을 반영하므로 연령별 신장비교는 어린이나 성인에 있어
장기적인 영양상태를 반영하는 지표가 된다. 키가 작은 경우 일반적으로 영양불량
과 관련이 있을 수 있으나, 유전적인 요인도 함께 고려되어야 한다.

머리둘레 : 주로 어린이, 그 중 특히 출생 후 2년까지의 유아를 대상으로 만성적
인 단백질 · 열량의 결핍여부를 판정하는 지표로 흔히 사용된다.

체중 : 성장기 어린이의 경우 영양상태 또는 비만도를 반영하는 지표로 체중이 이
용될 수 있으나, 성인의 경우에는 체중만으로 영양상태를 판정하기 어렵다.

체중과 신장 : 비만도는 체중과 함께 연령 · 신장을 함께 고려하여 평가되어야 하
며, 체중비[weight/height ratio, 실제체중(kg)/신장(m)×100] 또는 체질량지수[Body Mass
Index, 체중(kg)/신장(m)^2]가 흔히 이용된다.

2) 신체 구성성분의 측정

신체를 구성하는 체지방량(body fat) 및 근육질량(lean body mass, LBM)의 절대량과
이들의 상대적인 비율은 영양상태에 의해 크게 영향을 받기 때문에 신체 구성성분
을 측정하는 것이 필요하다.

피부두겹집기(skinfold thickness) : 캘리퍼를 사용하여 피부를 가볍게 집어 올렸을
때 접혀진 피하지방의 두께를 측정한다. 피부두겹집기는 저장에너지의 축적 정도
를 나타내는 체지방량을 평가하는 지표로 사용된다. 주로 삼두근, 이두근, 견갑골
아래, 옆 중심선 부위, 장골 윗부위 등의 피하지방 두께를 측정한다.

상완위(mid-arm circumference) : 상완위는 피하지방 조직으로 둘러싸인 근육과 뼈로 구성되어 있으므로, 영양상태 평가의 좋은 척도가 된다. 어깨와 팔꿈치 중간지점의 팔둘레를 줄자로 측정한다.

허리-엉덩이둘레비(waist-hip circumference ratio, WHR) : 체지방량, 특히 복부 지방량을 반영하는 지표로서, WHR이 1.0 이상인 경우 대사성 질환의 발생위험이 증가한다고 본다.

3) 신체계측법의 장단점

장점 : 측정방법이 간단하고 안전하여 조사 대상자에게 부담을 적게 준다. 또한 숙련이 덜 된 조사원으로도 측정이 가능하여, 가격이 비교적 저렴하다.

단점 : 신체계측법은 단기간의 영양상태 변화를 찾아내기 어려울 뿐만 아니라, 특정 영양소의 결핍을 규명하지는 못한다. 또한 질병이나 유전적 요소 등에 의해 신체계측의 정밀도가 영향을 받을 수 있다.

(2) 생화학적 방법

혈액·소변·대변 및 조직 내의 영양소 또는 그 대사물의 농도를 측정하거나, 체내 영양상태에 의해 영향을 받는 효소의 활성을 분석하여 정상치와 비교하여 평가한다. 영양소 섭취부족에 따른 생화학적 변화는 영양소의 체내 저장량이 고갈되는 초기 단계에서부터 진행되므로 다른 영양판정 방법에 비하여 훨씬 정확하고 객관적인 방법이나, 분석을 위한 설비와 기술이 요구되는 단점이 있다.

(3) 임상적 방법

임상적 판정방법은 영양불량에 의해 나타나는 신체의 변화와 증후군을 전문인이 진단하여 개인의 영양상태를 판정하는 방법이다. 증후군은 장기간이 지난 후에 발견되므로 영양불량이 상당히 진행된 상태에서만 판정이 가능하다. 이와 같은 임상 증상은 한 가지 특정 영양소의 결핍만으로 나타나는 경우는 드물고, 여러 영양소가 복합적으로 작용하여 나타나는 경우가 일반적이다.

(4) 식이섭취 조사법

영양불량의 첫 단계인 부적절한 식사내용을 평가할 수 있는 방법이다. 섭취한 식품의 종류와 양을 조사함으로써 식품의 섭취양상 또는 영양소 섭취상태를 직접적으로 판정할 수 있다.

1) 24시간 회상법

조사 대상자가 일일 섭취한 식품의 종류와 양을 회상하여 기억하게 함으로써 이를 통하여 섭취량을 추정하고, 식품분석표를 이용하여 1일 영양소 섭취량을 계산한다.

2) 식사기록법

대상자가 조사기간 동안 섭취한 식품의 종류와 양을 스스로 기록하도록 하고, 이를 토대로 1일 영양소 섭취량을 산출한다.

3) 식품섭취빈도 조사법

영양소의 섭취를 조사하기 위해 해당 영양소의 주요 공급원이 되는 식품의 목록을 작성하여 섭취빈도(예: 하루 3회 이상, 하루 1~2회, 주 4~6회, 주 1~3회, 2주 1회, 가끔 등)를 표시하도록 한다.

4) 식사력 조사법

장기간 또는 과거의 식이섭취 형태를 파악하기 위한 방법으로 개인의 과거의 식사상태를 조사하는 것이다.

5) 실측법

실제로 섭취한 음식의 식품재료별 분량을 저울로 직접 측정하여 1일 영양소 섭취량을 계산한다.

(5) 영양학적 요인 외의 변수에 의한 판정법

이 방법은 영양상태를 직접 판정하지는 않으나 판정자료의 해석과 문제점을 해결하기 위한 원인의 파악에 도움이 되는 여러 가지 식생활과 관련된 요인을 조사, 분석하는 방법이다. 경제, 사회, 문화, 종교적 상황은 식습관이나 식품에 대한 신념(food belief) 등 개인이나 집단의 영양상태에 영향을 미칠 수 있는 요인에 대한 정보를 얻는 방법도 영양판정의 중요한 부분이다.

판정 방법은 각각의 장점과 단점을 가지고 있다. 따라서 판정자는 영양판정 방법에 대한 충분한 지식과 판정 대상자의 상황에 맞는 여러 가지 판정 방법의 절차를 기획할 수 있어야 한다.

PART II

영양소

제2장 탄수화물

탄수화물은 주로 식물체에 의해 공기 중의 이산화탄소(CO_2) 및 토양 중의 물(H_2O) 그리고 태양 에너지를 이용하여 녹색식물에 존재하는 엽록소(chlorophyll)에 의해서 광합성작용(photosynthesis)을 통하여 합성된다. 이와 같이 합성된 탄수화물은 우리 식사 중 총 섭취열량의 60% 이상을 차지하는 주된 열량원이며 가장 저렴하게 구입할 수 있는 영양소이다. 체내의 대사 장애를 방지하기 위하여 탄수화물의 섭취는 꼭 필요하나 한국인은 보통 탄수화물을 많이 섭취하기 때문에 따로 섭취기준이 책정되어 있지는 않다. 한때 한국인은 당질 섭취가 열량의 70~80% 이상으로 너무 높았으며, 한국인의 특징적인 현상으로 혈중 중성지방 농도가 높은 점을 감안해 당질 섭취량을 낮추도록 권장하였다. 하지만 최근 경제 수준이 점차 향상되어 육류 및 생선 등의 섭취가 높아지면서 지방 섭취량이 증가 추세에 있어 이에 대한 경고도 이루어지고 있다.

탄수화물 중 포도당은 제일 먼저 사용되는 에너지원이다. 특히 뇌, 신경세포, 적혈구 등의 세포는 기본적인 에너지원으로 포도당에만 의존하기 때문에 혈중 포도당 농도를 항상 정상 수준으로 유지시켜 주는 기전이 있을 정도로 당질은 중요한 영양소이다.

1. 탄수화물의 분류

탄수화물은 구조에 따라 단당류, 이당류(2개의 단당류 결합), 올리고당(3~10개의 단당류 결합), 다당류(수십 개~수천 개의 단당류가 결합한 고분자 화합물)로 분류한다. 다당류는 또 전분, 글리코겐, 섬유소로 분류된다. 최근 한국인의 음주 인구비율이 증가하고 1인당 알코올 소비량도 점차 높아지고 있다. 알코올은 기호 식품으로 분류하기도 하지만 크게 나누어 본다면 포도당 대사에서 생성되므로 알코올에 관한 영양학적인 정보와 과음에 의한 결과를 강조하기 위해 본 장에서 그 문제점을 제시하고자 한다.

(1) 단당류(monosaccharide)

단당류 중 포도당(glucose), 과당(fructose), 갈락토오스(galactose)가 자연에 가장 흔하게 존재한다. 포도당은 사람의 혈액 내 약 0.1% 정도 일정하게 함유되어 있어 혈당(blood glucose)이라고도 한다. 포도당은 우리 몸 안에서 우선적으로 에너지로 사용되고, 남은 것은 근육과 간에 글리코겐(glycogen) 형태로 저장되거나 지방으로 전환되어 저장된다.

과당은 가장 단맛을 내며 과일과 꿀에 많이 함유되어 있다. 갈락토오스는 포도당과 결합하여 유당으로 우유나 유제품에 함유되어 있으며 소장에서 소화되어 갈락토오스로 흡수된다. 과당과 갈락토오스는 혈액으로 흡수된 후 간에서 빠르게 포도당으로 전환되어 사용된다.

(2) 이당류(disaccharide)

이당류는 단당류 분자 2개가 결합된 것으로 자당(sucrose, 설탕), 맥아당(maltose) 및 유당(lactose) 등이 이에 속한다. 자당은 포도당과 과당으로 이루어져 있으며 식물계에 널리 분포되어 있고 특히 사탕수수와 사탕무에 많이 들어있다. 맥아당은 2분자의 포도당으로 구성되어 있으며 그 자체로는 자연에 거의 존재하지 않고 고분자의 다당류가 소화를 통해 분해되는 동안에 생성된다. 또한 유당은 유즙에 주로 존재하며, 소화되는 동안 포도당과 갈락토오스로 분해된다.

(3) 올리고당(oligosaccharide)

단당류가 3개에서 10개 정도까지 모여 올리고당을 이루며 식품 중에는 많이 들어있지 않고 탄수화물의 소화 과정에서 주로 형성된다.

(4) 다당류(polysaccharide)

다당류는 수십 개 또는 그 이상인 수천 개의 당이 합쳐진 고분자 화합물을 말하며 자연계에 다량으로 분포되어 있다. 다당류에는 전분(starch), 글리코겐(glycogen)과

식이섬유소가 포함되며 이들의 구조에 따라 물리적인 성질이 다르다. 다당류는 분자의 크기가 매우 크며 동물과 식물에서 저장고의 역할을 한다.

1) 전분(starch)

300개에서 수천 개의 포도당이 서로 결합되어 전분 분자를 이룬다. 전분에는 아밀로오스(amylose)와 아밀로펙틴(amylopectin)이 있다. 아밀로오스는 많은 포도당이 일직선으로 연결된 중합체이지만 아밀로펙틴은 일직선으로 연결된 직쇄에 많은 분지(branch)를 형성한 중합체이다. 식품 중 아밀로오스는 겔(gel)을 형성하여 더 많은 물을 보유하는 성질이 있으며 아밀로펙틴은 분지가 많아서 음식을 더욱 걸쭉하게 하는 성질이 있다[그림 2-1]. 식물에 포함되어 있는 다당류인 전분은 빵과 국수, 과자 등을 만드는 데 필요한 여러 가지 곡물에 들어있으며 또한 감자와 두류에도 많은 양의 전분이 들어있다. 전분은 물에 쉽게 녹지 않으며 단맛도 없다[표 2-1 참조].

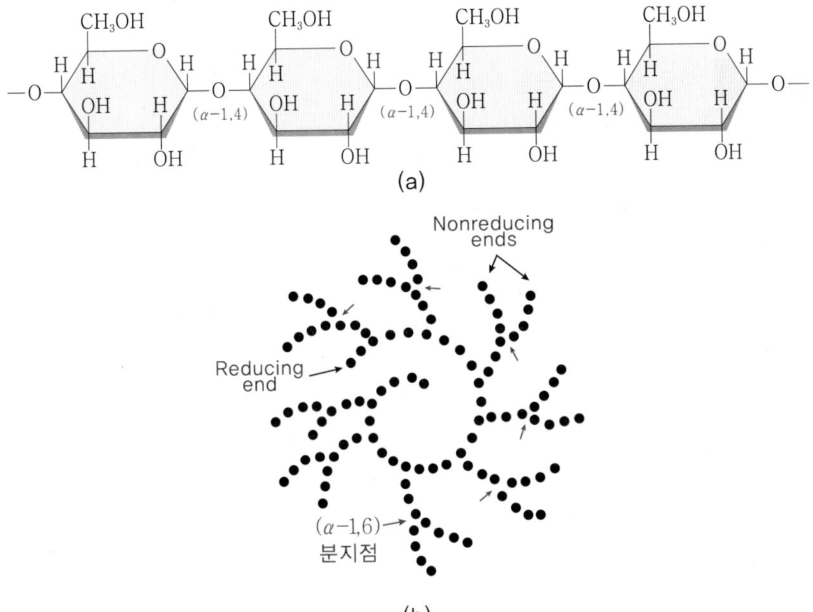

(a) 아밀로오스(amylose) : $\alpha-1,4$ 결합으로 연결된 포도당의 직선 polymer　　(b) 아밀로펙틴(amylopectin)

그림 2-1　전분의 아밀로오스와 아밀로펙틴 구조

2) 글리코겐(glycogen)

글리코겐은 동물성 전분이라고도 불리는데 동물의 간과 근육에 소량 함유되어 있을 뿐 식물성 식품에는 존재하지 않는다. 글리코겐은 몇백 개에서 몇만 개 또는 그 이상의 포도당으로 구성되어 있다. 글리코겐 분자는 아밀로펙틴 분자와 유사하나 분지가 더 많은 구조를 보인다. 소화효소에 의해 유리된 포도당은 혈액으로 흡수된 후 간과 근육에 들어가서 글리코겐으로 저장된다.

3) 섬유소(fiber)

식이섬유소는 필수영양소는 아니지만 상당한 관심의 대상이 되고 있다. 식이섬유소는 식물 세포벽 및 기타 식물체에 존재하는 다당류로서 셀룰로오스(cellulose), 헤미셀룰로오스(hemicellulose), 펙틴(pectin), 검(gum) 등이 포함된다. 산이나 알칼리에 의해 분해되지 않는 셀룰로오스와 리그닌(lignin) 등의 불용성 조섬유소는 식물을 지탱해주는 골격 역할을 한다. 수용성 섬유소인 헤미셀룰로오스, 펙틴, 검, 한천 등은 산이나 알칼리에 의해서는 분해되지만 사람의 소화효소에 의해서는 가수분해되지 않는다.

표 2-1	주요 탄수화물 급원 식품	
분류	구성	급원식품
단당류	포도당	과일, 꿀, 식물성 식품
	과당	과일, 꿀, 식물성 식품
	갈락토오스	유당의 구성 성분
이당류	맥아당	전분소화 중의 중간 산물
	서당(설탕)	설탕, 사탕수수, 사탕무, 당밀
	유당(젖당)	동물의 젖
다당류	전분	곡류 및 그 제품, 두류, 서류
	글리코겐	동물 조직(간, 근육 등)
	섬유소	식물 세포벽의 구성 성분, 전곡, 채소, 과일

셀룰로오스는 포도당으로 구성되어 있는 점에서 전분과 같으나 포도당이 연결되는 방식에 차이가 있으며, 인체에는 이 연결을 끊어주는 효소가 존재하지 않아서 소화되지 않는다. 펙틴은 감귤류, 사과, 복숭아, 양파껍질 등에 많이 함유되어 있는 다당류이며 설탕과 같이 존재하면 젤을 형성하여 잼이나 젤리를 만드는 데 중요한 역할을 한다.

2. 탄수화물의 기능

탄수화물의 기능은 [그림 2-2]에 요약해 표시하였으며 이에 관한 간단한 설명은 다음과 같다.

(1) 당질은 가장 저렴한 에너지원이다.

탄수화물은 가장 저렴하게 구입할 수 있는 영양소이다. 탄수화물은 우리 식사 중 총 섭취열량의 60% 이상을 차지하는 주된 영양소이다. 탄수화물 중 포도당은 제일 좋은 에너지원으로 사용된다. 근육조직에서는 에너지원으로 포도당뿐 아니라 지방산, 케톤체 사용이 가능하지만 뇌, 신경세포, 적혈구 등의 세포는 기본적인 에너지원으로 포도당에만 의존하기 때문에 혈중 포도당 농도를 항상 정상 수준으로 유지시켜야 한다.

1) 정상적인 상태에서 당질을 섭취한 후 혈중 포도당 농도가 정상 이상으로 증가하면 글리코겐 형태로 간과 근육에 저장하고, 만일 배가 고플 때처럼 혈당이 정상 이하로 낮아지면 다시 글리코겐을 분해하여 포도당을 유출시킴으로써 혈중 포도당 농도를 정상으로 유지시켜 에너지를 공급한다.

2) 하지만 정상 이상으로 증가된 포도당은 글리코겐으로 전환되어 저장되지만 간과 근육의 저장용량이 초과되면 포도당은 곧 지방으로 전환되어 피하의 지방 조직에 중성지방 형태로 저장된다. 그러므로 당질을 과잉으로 섭취했을 때 왜 체지방이 증가하는지 설명해 준다.

(2) 당질은 단백질 절약작용을 한다.

당질 섭취량이 높으면 포도당이 에너지로 사용되어 단백질이 분해되어 에너지로 사용되는 것을 막아준다. 그러므로 적당한 당질 섭취는 조직 단백질 유지에 도움을 준다. 정상적인 상태에서 단백질은 성장과 조직세포의 보수 및 필수화합물 합성에 핵심적인 역할을 한다. 그러나 당질 섭취량이 부족할 경우 단백질로부터 포도당을 합성하는 대사에 의해 약간의 당질이 합성된다. 만일 당질 섭취가 장기간 부족할 때에는 신체 내의 근육조직 단백질이 심각하게 감소된다.

(3) 당질은 중추신경계의 주된 에너지원이다.

당질은 중추신경계가 적절한 기능을 하는 데 중요한 역할을 한다. 정상적인 상태에서 뇌는 전적으로 포도당을 연료로 사용하지만 뇌에는 포도당의 저장고가 없다. 따라서 혈중 포도당은 신경조직이 사용하는 중요한 에너지원이므로 항상 정상범위 내에서 조절되어야 한다. 만일 혈당 수준이 정상(70~100mg/dL)이하로 감소되면 간에서 포도당을 새롭게 합성하여 보급한다.

(4) 당질은 간에서 해독작용을 한다.

혈당이 증가하면 간에서 글리코겐(glycogen) 합성이 증가하고, 포도당에서 유도된 글루쿠론산(glucuronic acid) 함량이 증가하여 과잉의 성호르몬에서 생성된 페놀(phenolic) 수산기와 결합해 제독해주며, 국소 마취제 등의 제조용으로 사용하는 약제와 술파제(sulfa) 항균성 약제 등과 반응해 해독함으로써 기관을 보호하여 건강을 유지시켜준다.

(5) 당질은 케톤증 예방효과가 있다.

지방산이 물과 탄산가스로 완전 대사되려면 적당량의 당질 섭취가 필요하다. 만일 당질 섭취가 부족하면 신체는 보통 때보다 더 많은 지방산을 에너지로 사용하게 되므로 결과적으로 지방산이 불완전하게 대사되어 체내에 케톤체(ketone bodies)라는 산성 부산물이 생성된다. 케톤체는 에너지원으로 사용 가능하지만 사용되는 함량보다 과잉으로 생성되면 케톤체가 축적되어 케톤증(ketosis)이 되어 신체 체액을 산성화하여 유해한 결과를 가져온다.

그러므로 케톤체가 축적되는 것을 막기 위해서는 최소한 50~100g의 당질을 섭취해야 한다. 예로 기아 시에는 당질 섭취가 없어 혈중 케톤체 농도가 즉시 증가한다.

(6) 혈중 포도당 농도가 정상수준 이상일 때는?

식사 후 혈중 포도당 농도가 높을 때는 인슐린의 도움을 받아 포도당은 세포 내로 유입되어 글리코겐을 합성하여 주로 간과 근육조직에 저장하였다가 혈당이 감소되면 다시 포도당을 유출시켜 에너지원으로 사용한다. 하지만 간과 근육에 저장할 수 있는 용량을 초과하면 상승된 포도당은 지방으로 전환되어 피하조직에 저장된다. 그러므로 당질은 필수영양소이지만 과잉으로 섭취하면 체지방이 증가하게 된다.

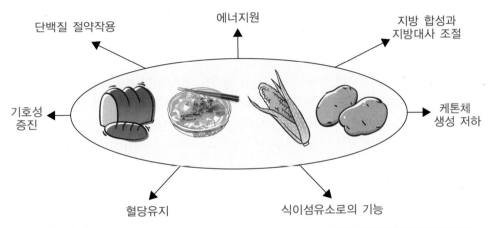

단백질 절약작용

에너지원

지방 합성과 지방대사 조절

기호성 증진

케톤체 생성 저하

혈당유지

식이섬유소로의 기능

그림 2-2   탄수화물의 기능

유당불내성(lactose intolerance)이란?

유당 분해효소인 락타아제(lactase)를 충분히 가지고 있지 않은 사람이 우유를 마실 경우, 유당은 분해되지 못한 채 대장에 머무르게 된다. 이때 대장 내의 박테리아에 의해 유당이 발효되면서 가스가 생기거나 복부경련 혹은 설사를 일으키게 된다. 이런 증상을 '유당불내성'이라 하며 동양인이나 흑인에게 많이 나타난다.

이런 경우 우유를 매일 조금씩 늘려 마시거나 이미 발효시킨 요구르트나 치즈를 먹으면 대부분 문제가 없다. 만약 유당불내성의 정도가 심하여 유제품을 모두 식사에서 제외시켜야 하는 경우에는 우유의 주된 영양소인 칼슘을 두유, 뼈째 먹는 생선, 멸치, 녹황색 채소 등에서 섭취해야 한다.

충치와 설탕

우리가 섭취한 음식물 중 당은 구강 내의 박테리아에 의해 분해되면서 산을 생성하며, 이 산에 의해 치아의 에나멜층이 침식되어 충치가 생기게 된다. 뼈와는 달리 치아조직은 파괴되면 다시 회복될 수 없어 충치에 의한 치아 손상은 영구적이다. 충치를 일으키는 원인으로는 구강 내 미생물과 음식물 통과 시간, 식사 빈도, 양치 횟수, 영양상태 그리고 당이 포함된 음식물의 물리적 형태를 들 수 있다. 입안에 있는 박테리아는 당질로부터 유기산인 젖산을 생산하는데, 이 젖산은 에나멜층에서 칼슘, 인을 유출하고 박테리아는 치아 속으로 들어가 충치를 유발한다.

한편 당알코올(sorbitol, mannitol)은 입 안의 박테리아에 의해 쉽게 대사되지 않는다. 무설탕껌이나 캔디에 이용된 음식물의 형태도 충치에 영향을 미치는데, 서서히 녹아 치아 표면에 달라붙는 끈끈한 캐러멜 같은 식품은 더욱 좋지 않으며, 스낵으로 단 음식을 먹은 후에는 신선한 섬유질 식품을 먹는 것이 바람직하다. 음식물의 섭취 빈도도 충치에 영향을 미친다. 즉, 구강 내 산은 마지막으로 음식을 삼킨 후 20~30분까지 생성되므로 간식을 자주 먹는 사람은 간식을 덜 먹는 사람보다 충치 발생률이 높다.

이러한 충치발생을 억제하는 요인으로는 타액을 들 수 있는데 타액은 치아의 설탕을 씻어주고 치아 에나멜층의 석회화를 촉진하는 물질들을 함유하고 있어 충치를 예방할 수 있다. 식사 직후의 양치질 또한 충치를 예방할 수 있으며 치아의 발달 및 충치 방지를 위하여 에너지, 단백질, 칼슘, 마그네슘, 인, 불소, 비타민 A · C · D 등의 영양소를 적절히 섭취하는 것이 중요하다. 특히 불소는 산으로 인한 침식으로부터 치아를 보호하고 에나멜층을 단단하게 하여 부식을 막아준다.

3. 식이섬유소의 영양학적 장점과 단점

식이섬유소는 필수영양소는 아니지만 상당한 관심의 대상이 되고 있다. 식이섬유소의 종류에 따라 혈중 콜레스테롤 및 영양소의 흡수율에 미치는 영향이 다르다.

섬유소는 크게 수용성(soluble fiber)과 불용성 섬유소(insoluble fiber)로 분류하는데 다음과 같이 섬유소의 물리적 성질에 따라 건강상태에 미치는 영향이 다르다.

(1) 수용성 섬유소는 식사 후 혈당 상승을 지연시키고, 혈중 콜레스테롤 농도를 감소시킨다.

수용성 섬유소는 물에 녹아 팽윤 현상을 보이며 차지고 끈끈한 점성이 있어 소장 내 음식물의 소화 속도를 감소시켜 위와 장의 통과 시간을 연장시킨다. 이런 점성은 소장 점막을 두껍게 만들어 영양소, 특히 포도당, 콜레스테롤, 미네랄 등의 흡수율을 감소시킨다.

하지만 옥수수겨, 밀기울 등에 함유된 불용성 섬유소는 이러한 점성이 없어 혈중 포도당과 콜레스테롤 농도를 감소시키는 효과가 없다.

(2) 고섬유소 식사는 담석증 발생률을 줄일 수 있다.

지방소화에 필요한 담즙은 담즙염, 인지질, 콜레스테롤로 구성되어 있는데 담즙 내 콜레스테롤 함량이 상대적으로 너무 높으면 담석증이 생긴다. 만일 섬유소 섭취가 높아 소장 내 담즙산이 섬유소와 결합해 체외로 배설되면 간에 저장된 콜레스테롤을 분해하여 새로운 담즙산을 만들게 되므로 간에서 분비하는 담즙 내에는 콜레스테롤 함량이 낮아져 담석증 발생률이 감소된다.

(3) 식이섬유소는 변비에 좋다?

섬유소는 수분 보유능력이 크고 점성도가 높으며, 결합력과 흡착력이 높다. 불용성 섬유소는 혈중 콜레스테롤 농도에 큰 영향을 주지는 않으나 변의 양을 증가시키고 장의 통과 시간을 단축시켜 배변에 좋다. 변의 양이 증가하면 대장 내 불필요한 부산물의 농도가 희석되고 장벽과 독성물질의 접촉시간을 감소시켜 주는 장점이 있다.

　수용성 섬유소들은 불용성 섬유소보다 더 큰 보수력을 가지고 있어 다량 섭취하면 설사를 일으킬 수도 있다. 이런 섬유소는 변의 중량을 증가시키는 효과는 없어 변의 대장 내 통과 시간을 단축시키지는 못하고, 거의 전부가 분해되어 하제(laxative)로서는 효과가 없다.

(4) 식이섬유소를 다량 섭취하면 무기질 흡수를 방해한다.

섬유소는 비타민 흡수에 거의 영향을 미치지 않지만 다량 섭취하면 칼슘, 철, 아연, 구리와 같은 영양소의 흡수를 저하시키는 단점이 있다. 이것은 주로 곡류의 피틱산(phytate)이나 과일 및 채소의 수산(oxalate)에 의한 영향이라고 알려져 있다.

하지만 섬유소가 풍부한 과일, 채소, 콩, 전곡류 등이 많은 식사를 하여 하루에 권장되는 섬유소량 25~30g 정도면 심질환 위험도를 36% 낮추어 주는 장점이 있다.

간략하게 사용 가능한 식품의 식이섬유소량[표 2-2 참조]
· 쌀밥 1공기 : 1g
· 보리를 반 정도 섞은 밥 1공기 : 5g
· 사과 1개, 바나나 반 개 혹은 딸기 10알 : 2g 정도
· 감자 1개 : 2g, 시금치나물 1/2컵 : 2g, 삶은 콩 1/2컵 : 3~6g

정제된 섬유소(상업적 음료)의 섭취는 일반적으로 권장하지 않는다. 섬유소를 섭취함으로 얻을 수 있는 유익성은 여러 가지 식품에 들어있는 다양한 영양소와 여러 종류의 섬유소의 효과이기 때문이다.

4. 알코올의 기능

(1) 알코올의 일반적 사항

알코올은 식품의 일부로서 1g당 7.1kcal를 생성한다. 그러나 알코올은 에너지 외

표 2-2	식품의 식이성 섬유소 함량						
분류	식품명	목측량	섬유소(g)	분류	식품명	목측량	섬유소(g)
곡류	백미	밥 1공기	1.19	과일류	사과(부사)	중 1/2개	1.37
	7분도미	〃	1.28		배	중 1/3개	1.50
	현미	〃	3.32		딸기	중 6알	1.27
	감자	소 1개	1.12		수박	소 1쪽	0.19
	고구마	〃	1.18		바나나	중 1/2개	2.10
채소류	양배추	소 1접시	1.72	버섯 및 해조류	양송이	소 1접시	1.60
	오이	〃	0.99		팽이	〃	2.80
	당근	〃	2.58		생표고	〃	4.50
	콩나물	〃	1.56		김	1장	0.63
	브로콜리	〃	2.68		미역	소 1접시	4.61
	시금치	〃	1.74		파래	〃	3.20
	우엉	〃	3.58	기타	콘플레이크	1컵	0.96
	양파	〃	1.48		팝콘	소 1봉지	9.71
	김치	〃	2.28		밤	중 1개	4.27
	깍두기	〃	2.47		식이음료	1병	5.00

에 다른 영양소가 전혀 포함되어 있지 않기 때문에 알코올에서 생성된 에너지는 빈 칼로리(empty calories)라고 하며, 알코올은 영양소의 흡수를 저해하는 항영양소 (antinutrients)로 취급된다. 알코올은 저장되지 않고 완전히 대사되며, 그 대사 자체가 에너지를 낭비하면서 다른 영양소 대사에 영향을 미칠 수 있다.

알코올 섭취량을 하루에 몇 잔을 마시는지로 표현하였는데, 여기서 한 잔이란 약 12g의 알코올 즉, 약 270㎖의 맥주(9온스), 30㎖의 위스키(80 proof=40% v/v, 1온스), 또는 100㎖의 포도주(3.3온스)를 말한다.

덴마크, 영국, 미국 등 여러 나라의 대단위의 남녀 대상자를 통해 얻어진 역학 자료에 의하면 하루 1~2잔의 술을 마시는 사람들의 사망률이 가장 낮았으며, 이에 비해 술을 마시지 않는 사람의 경우 오히려 상대적 사망위험률이 약간 높은 편이었다. 하지만 하루 3잔 이상 술을 마시는 사람들의 사망률은 단계적으로 높아졌다.

총괄적으로 알코올이 건강상태에 미치는 영향을 요약한다면 알코올은 기본적으로 'toxic'한 성질이 있다. 알코올 중독자는 보통 식사를 거르거나 저단백, 고열량의 불균형 식사를 하는 편이라서 몸을 보호하는 급원이 결여되어 있다. 그러므로 과음에 의해 여러 가지 미량영양소의 결핍증과 더불어 질병 발생률이 증가한 사례를 아래에 간략하게 보고한다.

(2) 과다한 알코올 섭취는 미량영양소의 결핍증을 초래한다.

과다한 알코올 섭취는 다음과 같은 영향이 있다.

① 소장에서 영양소 흡수를 감소시키고,

② 신장의 이뇨작용으로 영양소의 소변배설을 증가시키고,

③ 불균형한 식사로 단백질 섭취가 부족하고,

④ 수용성 비타민 B 복합체(B_1, B_2, B_6, 나이아신, 엽산)와 아연의 결핍증을 초래한다.

- 비타민 B_1 결핍으로 신경병리학적 손상인 베르니케-코르사코프 증후군의 안근마비, 운동실조 및 기억력 변화와 알코올성 말초신경병증 등이 발생한다.

- 비타민 B_6 결핍으로 알코올 중독자의 약 25%는 빈혈이 있고 말초신경병증이 발생한다.

- 엽산 결핍으로 빈혈과 설사 증세가 있고, 핵산 합성이 부진해 암 발생 위험률이 높다.

- 아연 결핍으로 미각과 후각의 변화 및 식욕부진, 면역능력 저하, 상처회복의 지연, 선단피부염, 야맹증이 발생한다.

(3) 알코올 섭취와 질병발생률

① 알코올은 대사되어 혈중 젖산 농도를 증가시켜 저혈당증과 고요산혈증을 악화시켜 통풍(gout) 증상이 나타날 가능성이 높다.

② 하루 3잔 이상의 알코올 섭취는 심혈관계 질환의 예방효과가 없다.

③ 하루 2잔 이상의 음주로도 구인두암과 식도암, 결장·직장암, 간암, 유방암 발생률이 증가되며, 흡연이 병행되면 현격히 증가되지만 채소를 섭취함으로써 최소화할 수 있다.

1) 알코올은 아무리 많이 마셔도 체중이 늘지는 않는다?

식사 중 탄수화물 대신 알코올로 대체하였을 때 알코올이 함유한 에너지는 일을 할 수 있는 열량을 내지는 못하므로 알코올 자체만으로 체중을 증가시키지는 않는다. 하지만 알코올은 다른 영양소의 흡수를 저해하기도 하고, 이뇨작용에 의해 영양소의 소변 배설을 촉진하므로 항영양소로 취급한다. 알코올은 완전히 대사되며, 대사 자체가 에너지를 낭비하면서 다른 영양소 대사에 영향을 미칠 수 있다.

2) 알코올은 많이 마시면 체지방량이 증가한다.

알코올이 함유한 에너지는 일을 할 수 있는 열량을 내지는 못해도 알코올 대사산물에 의해 체내 중성지방 합성이 촉진되도록 조건을 갖추어 주므로 체내 총 지방량이 증가한다. 만일 알코올을 고지방식사와 더불어 마신다면(예: 삼겹살과 소주) 식이지방의 산화보다는 저장을 촉진시키게 되므로 비만을 악화시킬 수도 있다.

3) 알코올은 간질환 위험률을 증가시킨다.

① 간장에 생기는 이상은 여러 단계로 표현되므로 알코올성 간질환에 대한 위험률을 알코올 섭취량만으로 정의하기는 힘들다. 알코올이 함유한 에너지는 일을 할 수 있는 열량을 내지는 못하지만 체내에 중성지방 합성을 증진하도록 주변 환경에 영향을 준다. 또한 만성적 알코올 섭취에 불균형 식사가 동반될 경우(특히 단백질 섭취 부족), 간조직 내 증가된 지방을 혈액으로 내보낼 때 필요한 단백질 부족으로 지방이 간에 더욱 축적되어 지방간이 될 가능성이 높다.

② 지방간의 경우는 간세포 손상이 적어 재생 가능성이 있지만 지속적인 알코올 섭취로 인한 알코올성 간염의 경우 약 50%는 간경변으로 발전하고 10%는 사망할 가능성이 높다.

③ 지방간은 적은 양의 음주를 단기간만 지속하여도 나타날 수 있으며, 알코올성 간염과 간경변은 과음을 심하게 하지 않더라도 10년 정도 계속될 때는 나타날 수 있다. 간경변 위험률은 성별, 가족적 양상과 유전적 요인, 식이요인에 의해 차이가 있다.

제3장 지방

지 방은 물에는 용해되지 않으나 벤젠과 같은 유기용매에 잘 용해된다. 일반적으로 '지질(lipid)'이라 함은 상온에서 고체상태의 지방(fat)과 액체상태의 기름(oil)을 다 포함해서 사용하는 용어이지만 보통 지방 또는 기름을 구별하지 않고 사용하기도 한다.

최근에는 체중을 의식해 지방 섭취를 기피하고 불필요한 영양소처럼 취급하는 경향이 있으나 지방은 당질이나 단백질과 마찬가지로 에너지를 생성하는 필수영양소 중의 하나이다. 지방은 당질과 단백질에 비해 2배 이상의 열량을 생성하며, 보통 음식의 맛을 돋아주는 성질이 있으며 경제수준과 비례하여 지방섭취량이 점차 증가하고 있다. 한국인의 지방 섭취량은 총 열량의 약 20~30% 정도이지만 이보다 높게 섭취하는 집단이 증가하고 있다. 하지만 과다한 지방섭취는 여러 가지의 만성질환 즉, 관상동맥심질환, 뇌졸중, 당뇨증, 암, 비만과 같은 질병을 초래할 확률이 높아진다. 그러므로 한국에서는 식이지방을 총 섭취열량의 20% 이하로 비교적 적게 섭취하도록 권장한다. 일단 지방섭취량이 높아진 후에 건강을 위해 지방 섭취를 낮추기는 상당히 어려워 좋은 식습관의 필요성을 강조하는 것이다.

지방을 크게 분류해 보면 동물이나 식물 내에 가장 많이 있는 중성지방(triglyceride)과 세포막에 주로 존재하는 인지질(phospholipid)과 스테롤(sterol), 식물의 잎사귀나 오리의 깃털 등에 존재하는 왁스(wax), 지용성 비타민(A, D, E, K) 등으로 분류할 수 있다. 그러나 본 장에서는 중성지방과 콜레스테롤에 관해 중점적으로 다루고자 한다.

1. 지방의 구조와 특성

(1) 중성지방의 구조

중성지방은 지방산과 다르게 [그림 3-1]에서와 같이 글리세롤(glycerol) 한 분자에 세 분자의 지방산(fatty acid)이 결합되어 있다. 그러므로 중성지방의 물리적 특성은 결합된 지방산의 종류와 함량에 의해 결정된다. 예로 중성지방을 구성하는 지방산은 탄소 수가 16개 이상인 포화지방산이 많으면 상온에서 굳기름으로 존재하며, 이중결합이 있는 불포화지방산이 많으면 액상인 기름으로 존재한다.

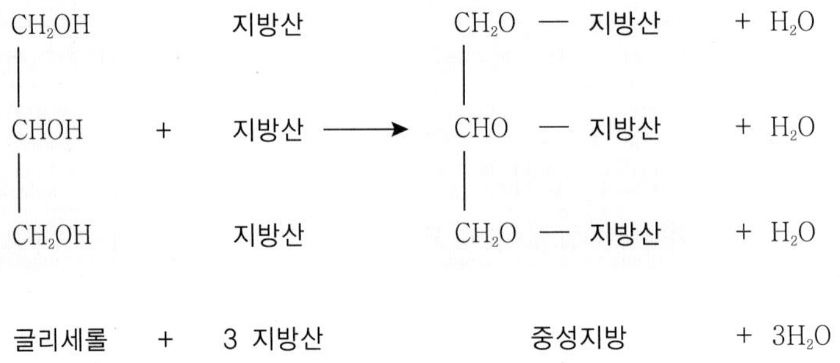

CH_2OH		지방산		CH_2O — 지방산	+	H_2O
│				│		
$CHOH$	+	지방산	⟶	CHO — 지방산	+	H_2O
│				│		
CH_2OH		지방산		CH_2O — 지방산	+	H_2O
글리세롤	+	3 지방산		중성지방	+	$3H_2O$

그림 3-1   중성지방의 구조

체내에서 지방산은 글리세롤에 결합되지 않은 유리상태로 존재하는 경우는 드물며, 보통 중성지방 형태로 지방조직에 저장되었다가 에너지원으로 사용되기 위해 간이나 근육 또는 다른 조직으로 혈액을 통해 운반될 때에는 단백질과 결합되어 운반된다. 지방의 물리적, 화학적 성질은 지방을 구성하는 지방산의 구조와 특성에 따라 좌우되므로 아래와 같이 지방산에 관하여 언급하고자 한다.

(2) 지방산의 구조와 종류

지방산의 기본 구조는 [그림 3-2]와 같은 형태로 탄소와 탄소가 연속적으로 결합되어 있다. 탄소 하나 하나에 수소원자가 결합되어 있으며 마지막 끝에는 산소를 함유한 카르복실기(carboxyl, -COOH)로 구성되어 있다. 또한 지방산은 탄소의 결합방법에 따라 2가지 형태가 있다. 첫째, 탄소와 탄소의 결합이 단일결합(C-C)일 때는 포화지방산(saturated fatty acids, SFA)이라 하고, 이중결합(C=C)이 있을 때는 불포화지방산(unsaturated fatty acids)이라고 한다. 만일 이중결합이 하나 있을 때는 단일불포화지방산(monounsaturated fatty acid, MUFA), 두 개 이상 있을 때는 다불포화지방산(polyunsaturated fatty acid, PUFA)이라고 명명한다.

지방산은 탄소수와 이중결합의 수효 및 그 위치에 따라서 물리적 · 화학적 성질과 체내에서 대사되는 경로가 다르므로 다음에서 몇 가지만 언급하고자 한다.

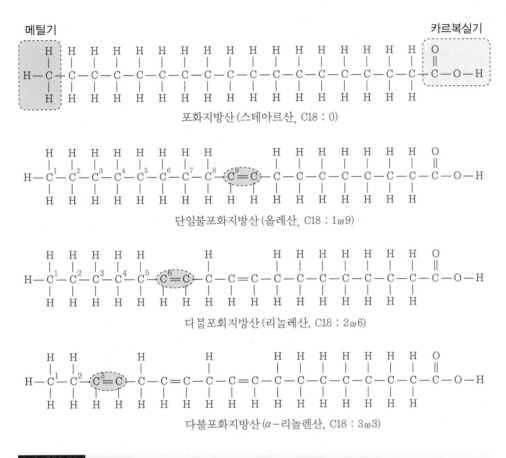

그림 3-2   포화지방산, 단일불포화지방산, 다불포화지방산의 구조 비교

(3) 지방산의 일반적 특성

지방산은 탄소의 수에 따라, 즉 탄소사슬의 길이에 따라 그 이름이 다르며, 포화지방산에서 탄소사슬의 길이가 길수록 상온에서 융점(melting point)이 높다. 즉 지방이 녹는 온도가 높아지고, 용해도는 낮아진다는 뜻이다. 그러나 탄소와 탄소의 결합 중 이중결합(C=C)이 있을 때는 융점이 낮아 상온에서 액상이며, 이와 같은 불포화도가 높을수록(탄소간의 이중결합 수가 많을수록) 융점이 더욱 낮아지고 용해도가 높아진다.

[표 3-1]에서처럼 지방산을 탄소사슬의 길이에 따라 크게 분류하여 설명하는 경우도 있다. 탄소수가 4~8개로 짧은 지방산으로 구성될 때는 단쇄지방산(short-chain fatty acid)이라 하는데 우유나 버터 등에 비교적 많이 함유되어 있다. 탄소수가 4개인 부티르산(butyric acid) 같은 지방산은 상온에서 기체 상태로 증발되는 경우도 있다. 탄소수가 10~12개 정도로 구성된 중간 사슬 지방산은 중쇄지방산(medium-chain fatty acid)이라 하며, 야자유(coconut oil)와 같은 기름에 많이 함유되어 있다. 탄소수가 14개 이상인 긴 사슬 지방산은 장쇄지방산(long-chain fatty acid)이라고 한다. 동물성 식품에는 대개 탄소수가 16~18개인 지방산이 많이 함유되어 있어 상온에서 고체 상태로 존재한다. 그러나 불포화지방산인 경우에는 탄소의 길이와는 상관없이 상온에서 액상으로 존재하는데 이중결합의 수가 많을수록 더 낮은 온도에서도 액상으로 있다. 식물성 기름은 불포화지방산이 동물성 지방에 비해 많이 함유되어 있어 상온에서 액체 상태로 존재한다. 하지만 팜유(palm oil)는 예외로 식물성이기는 하지만 내용적으로 탄소수가 16~18개인 포화지방산의 함량이 높기 때문에 상온에서 쇠기름처럼 고체 상태로 존재한다. 식품에 있는 지방은 포화지방산, 단일불포화지방산, 다불포화지방산을 모두 함유하고 있으나 보통 동물성 지방은 포화지방산을 상대적으로 더 많이 함유하고 있고, 식물성 기름은 불포화지방산을 더 많이 함유하고 있다.

표 3-1 탄소수에 따른 지방산의 분류

명칭	탄소수	식품	비고
단쇄지방산	4~8	우유, 버터	* 자연계에는 C18이 가장 많이 함유됨
중쇄지방산	10~12	야자유	
장쇄지방산	14~20	동물성유, 식물성유	* 동물성유에는 C16~C18이 많이 함유됨
초장쇄지방산	22 이상	어유	

지방산의 구조에 따른 체내 기능을 고려해 명명하는 방법으로 오메가 지방산이라는 용어를 사용하는 경우가 있으며 상품명에도 흔하게 사용하므로 아래 간략하게 설명한다.

오메가 지방산 (ω-지방산 또는 n-지방산)

지방산을 구성하는 탄소 중 이중결합(C=C)이 몇 번째 탄소에서부터 시작하는가에 따라 대사 경로에 큰 차이가 있다. [그림 3-2]에서 보여주는 바와 같이 이중결합이 메틸기(CH_3) 끝에서부터 3번째 탄소에서부터 시작하면 오메가-3(ω-3, 또는 n-3)계열의 지방산이라 하며, 6번째 탄소에서 시작하면 오메가-6 계열의 지방산, 만일 9번째 탄소에서 시작하면 오메가-9 계열의 지방산이라고 한다. 이 중에서 기능성 지방산으로 특별히 관심을 주는 지방산은 오메가-3 계열의 지방산이다. 다음의 자료를 참고하기 바란다.

올레산 (oleic acid, C18:1, ω-9)

오메가-9 계열의 지방산으로 탄소 수는 18개, 이중결합은 9번째 탄소에 한 개가 있다.

리놀레산 (linoleic acid, C18:2, ω-6)

오메가-6 계열의 지방산으로 탄소 수는 18개, 이중결합은 6번째 탄소부터 시작해 2개가 있다.

리놀렌산 (α-linolenic acid, C18:3, ω-3)

오메가-3 계열의 지방산으로 탄소 수는 18개, 이중결합은 3번째 탄소부터 시작해 3개가 있다.

(4) 필수지방산의 기능과 권장량

필수지방산(essential fatty acids)이란 사람이나 동물 세포 내에서 합성이 불가능한 지방산을 뜻한다. 위에서 언급된 오메가-6 지방산의 리놀레산과 오메가-3 지방산의 리놀렌산의 합성이 불가능하다. 그러므로 이와 같은 지방산은 반드시 식품으로 섭취해야만 한다.

필수지방산인 리놀레산과 리놀렌산은 면역체계나 시력, 두뇌작용, 세포막, 호르몬 등의 여러 가지 기능을 하므로 총 열량의 1~2% 정도는 반드시 섭취할 것을 권장한다. 그러나 총 열량의 10% 이상 과잉으로 섭취하는 것은 권장하지 않는다.

필수지방산이 결핍되면 피부병과 설사 증세가 보이고 성장이 지연된다. 그러나 다행히 필수지방산은 일반적인 식용유에 다량 함유되어 있으므로 오랫동안 지방을 전혀 섭취하지 않는 경우를 제외하고는 하루에 식물성 기름 1작은술(약 5g) 정도면 필수지방산 공급이 충분하기 때문에 결핍증세가 생기는 경우는 흔하지 않다.

(5) 인지질의 역할

지방질 중 인지질(phospholipid)은 모든 세포막의 중요한 구성 성분으로서 작용할 뿐 아니라 지방의 소화작용에도 중요한 역할을 한다. 그러나 인지질은 식품에 많이 함유되어 있지만 체내에서 필요하다면 언제든지 합성할 수 있기 때문에 반드시 식품으로 섭취해야만 하는 것은 아니다.

(6) 콜레스테롤의 역할

콜레스테롤(cholesterol)은 중성지방과는 그 형태가 다르나 에테르와 같은 유기용매에 용해되는 지방의 성질을 가지고 있다. 식품에 있는 콜레스테롤은 대부분 동물성 식품에 함유되어 있다[그림 3-3]. 매일 간에서 약 800mg 정도가 합성되며 혈액을 통해 필요한 곳으로 운반되어 세포막을 구성하거나 성호르몬, 담즙,

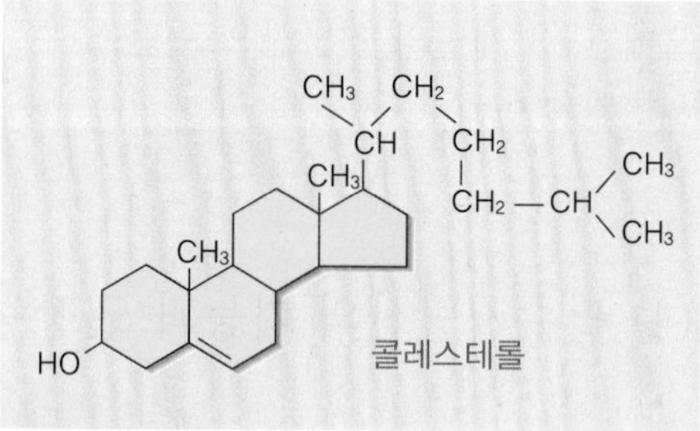

그림 3-3   콜레스테롤의 구조

비타민 D 전구체를 합성하는 데 사용된다. 식물에는 콜레스테롤이 함유되어 있지 않으며 대신 에르고스테롤(ergosterol)이라는 스테롤이 있지만 흡수가 되지 않아서 사용이 어렵다.

(7) 콜레스테롤은 얼마나 필요한가?

한국인은 식생활을 통해 매일 150~200mg 정도의 콜레스테롤을 섭취한다. 그러나 식품으로 매일 콜레스테롤을 섭취하든 섭취하지 않든 간에서는 체내에 필요한 콜레스테롤을 합성한다. 만일 콜레스테롤 섭취가 너무 적으면 합성이 더욱 증진되어 체내 균형을 맞추어 준다. 하지만 콜레스테롤을 너무 많이 섭취한다면 소장에서 흡수율이 낮아질 뿐 아니라 간에서 콜레스테롤 합성 속도를 억제해 체내 총 콜레스테롤 함량의 평형을 이루도록 한다. 그러나 지속적으로 매일 콜레스테롤 섭취가 많으면 혈중 콜레스테롤 수준이 높아질 가능성이 커진다. 그러므로 콜레스테롤 함량이 높은 식품들, 즉 간, 신장 및 뇌 같은 내장 종류의 육류와 새우, 가재, 오징어 같은 해산물, 가금류 등의 알종류(계란, 생선알 등), 그 외 콜레스테롤 함량이 높은 식품은 [표 3-2]를 참고하여 평소 식사요법 시 절제하여 섭취하는 것이 현명하다.

표 3-2　중요한 식품의 콜레스테롤 함량

식품명	목측량	콜레스테롤(mg)
우유 (탈지유)	1컵	4
마요네즈	1큰술	10
버터	1쪽	11
라드	1큰술	12
우유 (저지방, 2%)	1컵	18
혼합우유	1/4컵	23
아이스크림 (약 10% 지방)	1/2컵	30
치즈, 체다치즈	30g	30
우유 (전지유)	1컵	34
굴, 연어	90g	40
조개, 넙치, 참치	90g	55
닭, 칠면조(흰 살 부분)	90g	67
쇠고기, 돼지고기, 닭고기, 칠면조	90g	75
양고기, 송아지고기, 게	90g	85
새우	90g	130
가재	90g	170
심장 (쇠고기)	90g	230
계란, 계란 노른자	1개	250
간 (소, 송아지, 돼지, 양)	90g	370
신장	90g	680
뇌	90g	1700

2. 지방의 기능과 역할

지방은 체내에서 필수적인 여러 가지 기능을 가지고 있다. 지방은 무엇보다 가장 좋은 에너지원이며, 세포막을 구성하는 기본물질이고, 호르몬의 생성과 비타민의 운반 및 저장에 관여한다. 또한 생체기관을 보호할 뿐 아니라 단열재로서도 역할을 한다.

(1) 지방은 가장 좋은 에너지원이다.

당질, 단백질, 지방의 3대 영양소는 세포 내에서 모두 열량을 낼 수 있다. 지방은 단백질과 당질에 비해 두 배 이상의 열량을 낼 수 있고, 체내에서 소비하고 남는 에너지는 저장될 때도 많은 열량을 효율적으로 저장할 수 있다. 그러나 만일 필요한 에너지 이상으로 더 많은 열량을 섭취했을 때 3대 영양소의 상대적 비율과는 관계없이(예를 들어 지방은 적게, 단백질은 많이 섭취했다 해도) 남는 에너지는 세포 내에서 지방으로 전환되어 저장된다.

  포도당이 세포 내에서 바로 에너지로 사용되는 것보다 글리코겐(glycogen)으로 저장되었다가 사용되면 5%의 에너지가 손실된다. 하지만 포도당이 지방으로 전환되어 저장되었다가 사용하면 28%의 에너지가 손실된다. 이렇게 포도당이 지방으로 저장되는 것은 에너지가 손실된다는 점에서 손해가 더 큰 것 같지만 글리코겐은 간(liver)이나 근육에만 저장되고, 또 저장될 때 물이 같이 결합되어 저장되기 때문에 많은 에너지를 저장할 수가 없다. 이에 비해 지방은 지방조직에 무한정 저장될 수 있고 수분 결합이 거의 없는 농축된 상태이므로 많은 에너지를 비축할 수 있는 좋은 창고 역할을 한다.

(2) 지방은 유산소 운동을 할 때 더 좋은 에너지원이다.

신체는 조직의 종류나 산소의 공급 정도에 따라 에너지원으로 사용하는 영양소가 다르다. 뇌 조직에서는 항상 포도당만을 에너지원으로 사용하지만 근육에서는 쉬거나 적당하게 가벼운 운동을 할 때는 세포에 산소공급이 충분해 지방산이 에너지원으로 사용된다. 그러나 만일 운동을 극심하게 하여 산소 보급이 충분하지 못한 상태라면 근육에 저장된 글리코겐에서 포도당을 유출시켜 주된 에너지원으로 사용한다. 예를 들어 실제로 유산소 운동을 지속적으로 계속할 때는 에너지의 약 90%까지도 지방산으로 쓸 수 있으나 무산소 운동을 할 때는 근육에 저장된 글리코겐으로부터 유출된 포도당이 주된 에너지원이 된다. 그래서 체중을 줄이기 위해서는 유산소 운동을 하여야 더 효과적으로 체내 지방을 연소시킨다.

(3) 지방은 단백질의 도움으로 혈액을 통해 조직에 운반된다.

1) 지단백질이란?

지방(콜레스테롤, 중성지방)은 쉽게 물과 혼합되지 않기 때문에 혈액을 통해 다른 조직으로 운반되기 어렵다. 따라서 단백질 및 인지질과 결합하여 '지단백질(lipoprotein)'이라고 하는 입자[그림 3-4]를 형성함으로써 혈액 내 물과 융합되어 지방이 필요한 조직으로 운반된다.

2) 지단백질의 종류와 주된 역할은 무엇인가?

지단백질은 각 입자의 크기와 밀도에 따라 크게 4가지(카일로마이크론, 초저밀도지단백, 저밀도지단백, 고밀도지단백)로 구분한다[그림 3-4, 부록 3-1참조]. 각 지단백질의 역할은 다음과 같다.

① 카일로마이크론(chylomicron, CM)

카일로마이크론(CM)은 식품으로 섭취한 중성지방을 주로 운반하는 지단백질이며 식사 직후에 혈액 내 CM 농도가 높아지지만 5분 이내로 모세혈관 세포나 지방세포, 근육세포 등에 존재하는 효소에 의해서 깨끗하게 제거된다.

② 초저밀도지단백(very low density lipoprotein, VLDL)

초저밀도지단백(VLDL)은 식품을 통해 들어온 중성지방이 아니라 간에서 합성된 중

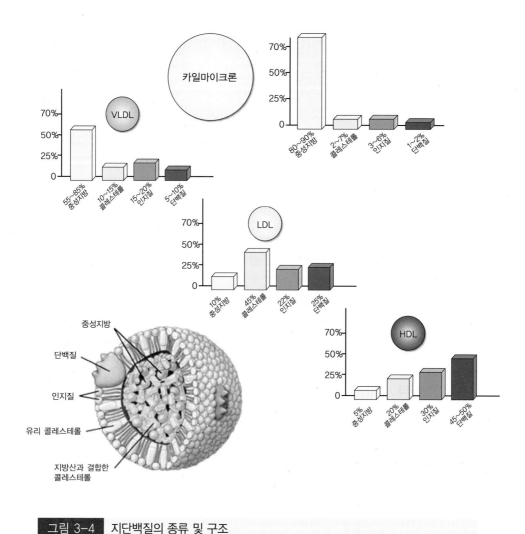

그림 3-4   지단백질의 종류 및 구조

성지방이 콜레스테롤과 함께 단백질, 인지질 등과 결합하여 혈액으로 나가 운반된다. 이 입자는 혈액에서 중성지방을 가장 많이 가지고 운반해 주는 역할을 한다.

③ **저밀도지단백**(low density lipoprotein, LDL)

저밀도지단백(LDL)은 혈중 콜레스테롤을 가장 많이 가지고 필요한 조직으로 운반해 주는 역할을 한다. 하지만 혈중 LDL 농도가 너무 높을 때는 혈관벽 같은 말초조직에 콜레스테롤이 축적되는 경우가 발생하고 동맥경화증의 원인이 될 수도 있다.

콜레스테롤은 꼭 필요한 영양소이지만 필요 이상으로 넘치게 되면 오히려 질병을 초래하게 된다. LDL이 운반하는 콜레스테롤은 동맥벽에 가장 많이 침착되어 심장 질환을 일으킨다 하여 LDL을 '나쁜 콜레스테롤'이라고 표현하기도 한다.

④ 고밀도지단백(high density lipoprotein, HDL)

고밀도지단백(HDL)은 간과 소장에서 혈액으로 분비되어 혈관벽과 같은 말초조직에 축적되어 있는 콜레스테롤을 간으로 되돌려 보내 혈중 콜레스테롤을 제거할 수 있도록 역이동하는 역할을 한다. 고로 HDL은 동맥벽에 콜레스테롤이 축적되는 것을 막아주므로 '좋은 콜레스테롤'이라고 표현하며, HDL 농도가 높을 경우 동맥경화증에 걸릴 위험도는 낮아진다.

3) 고지혈증이란 어떤 상태를 뜻하는가?

고지혈증(hyperlipidemia)은 콜레스테롤과 중성지방의 농도가 정상수준보다 상승될 때 사용되는 일반적 용어이다. 고지단백혈증(hyperlipoproteinemia)은 혈액의 지질을 운반하는 지단백(lipoprotein)이 정상수준 이상으로 상승되었을 때와 같은 의미로 사용되는 용어이다. 이때 어떤 종류의 지단백질이 상승되었느냐에 따라 고지혈증의 형태(type) 즉, 콜레스테롤과 중성지방 중 어느 것이 더 문제가 있는지 판단한다.

생선에 있는 기름은 건강에 좋다?

등푸른 생선(고등어, 숭어, 정어리, 참치) 등에는 $\omega-3$ 지방산인 EPA와 DHA 등이 다량 함유되어 있다. 이 지방산들은 인체 내 리놀렌산($\omega-3$ 지방산)으로부터 합성될 수도 있지만 속도가 너무 느리기 때문에 생선에 들어있는 EPA나 DHA를 어느 정도 섭취하기를 권장한다.

에스키모인처럼 식사를 하는 것이 좋은가?

에스키모인들은 전형적인 서구식 식사에 비해 더 많은 열량과 지방을 섭취하지만 바다 생산물을 많이 섭취함으로써 ω-3 지방산의 섭취량이 높아 관상동맥심질환에 의한 이환율이 더 낮다. ω-3 지방산은 혈액이 응고하는 것을 막고, 혈압을 낮추며, 면역체계나 염증반응을 감소시키는 역할을 한다. 또한 혈액의 고밀도지단백(HDL)을 증가시키고, 초저밀도(VLDL)와 저밀도지단백(LDL)을 감소시켜서 혈중 콜레스테롤과 중성지방의 수준을 감소시켜 준다.

그러므로 우리 식단에 1주일에 2번 정도는 생선(총 280g 정도)을 섭취하도록 권장한다. ω-3 지방산이 포함되어 있는 식품을 참고하여 평소에 사용하는 것이 현명하다고 본다. 하지만 전문가의 처방 없이 고농도의 EPA와 DHA가 농축되어 상품화된 어유 캡슐을 남용하는 것은 오히려 건강을 해칠 위험이 있으므로 조심할 것을 경고한다. 예를 들어, 혈중 콜레스테롤이 높은 사람이 포화지방산이 많이 함유된 육류 등을 그대로 섭취하면서 어유캡슐을 너무 많이 섭취하면 오히려 LDL이 증가하는 경우가 있기 때문이다.

3. 지방 섭취기준

많은 나라에서 지방 섭취 기준이 정확하게 정해진 것은 아니지만 영양학자나 의학계에서는 건강을 위해 지방 섭취량이 총 에너지양의 30%를 넘지 않아야 된다고 주장하고 있다. 하지만 경제수준이 향상되면서 지방의 섭취량이 증가하는 것은 피할 수 없는 현상이다. 또한 지방 섭취량이 일단 증가한 후에는 다시 낮은 수준으로 섭취한다는 것은 쉽지 않고 많은 노력이 필요하므로 우리나라에서는 지방의 섭취기준을 총 열량의 20% 수준으로 낮출 것을 권장하고 있다.

마가린과 버터의 차이는 무엇인가?

마가린과 버터의 칼로리 함량은 큰 차이가 없으나 지방산 조성이 다르다.

① 마가린은 약 20%가 포화지방산이지만 버터는 약 62%가 포화지방산이다.

② 마가린은 트랜스 지방산량이 17~25% 정도이고, 버터는 7% 정도이다. 마가린은 옥수수유, 대두유 또는 해바라기씨 기름 등의 식물성 기름을 가수소화해서 제조해 트랜스 지방산량이 더 높다.

③ 마가린은 식물성 기름으로 제조되어 콜레스테롤이 함유되어 있지 않지만 버터는 우유의 유지방으로 제조되었기 때문에 무게 5g당(1작은술) 11~15mg 정도의 콜레스테롤이 함유되어 있다.

제4장 단백질

단백질(protein)은 성장과 발달 과정 중 단백질이 체내 축적되고 성인에서는 조직단백질을 유지시켜줌으로써 생명체를 유지하는 데 중요한 역할을 한다. 단백질은 체내에서 많은 종류의 효소를 구성하여 유기촉매제로서 대사에 관여하며, 세포를 형성하는 데 구조적인 기능과 물질이동에 중요한 역할을 한다. 또한 체내에서 일어나는 모든 대사를 진행시키는 데 주도적인 역할을 하는 호르몬을 구성하며, 모든 항원에 대처할 수 있는 항체를 형성하여 외부의 침입에 대해 저항할 수 있도록 면역작용을 한다.

1. 단백질과 아미노산 구조 및 성질

단백질의 가장 작은 기본단위는 아미노산(amino acid)이며, 여러 개의 각 아미노산은 '펩티드'란 결합으로 연결되어 단백질을 형성한다. 단백질을 구성하는 아미노산 종류는 약 20가지이며, 결합된 아미노산의 수와 배열에 따라 수많은 종류의 단백질이 형성되고 기능도 다양하게 표현된다.

　아미노산은 알칼리성(염기성)의 성질이 있는 아미노기($-NH_2$)와 산성의 성질이 있는 카르복실기($-COOH$)를 함유하여 약산성과 약염기성을 다 가지고 작용하는 성질이 있다. 그러므로 체내에서 산성 또는 알칼리성을 띠는 물질을 중화시켜 중요한 완충역할을 함으로써 체액의 pH를 정상으로 유지하는 데 중요한 역할을 한다.

(1) 필수아미노산과 비필수아미노산은 어떻게 다른가?

아미노산은 보통 충분한 질소와 아미노산의 탄소골격만 있으면 체내에서 합성이 가능한데 이런 아미노산을 '비필수아미노산'(nonessential amino acids)이라 한다. 그러나 체내에서 합성이 불가능한 아미노산은 '필수아미노산'(essential amino acids)이라고 하며 반드시 식사로 공급해주어야 정상적인 성장과 대사가 진행된다.

　필수아미노산은 대부분의 동물성 단백질에 골고루 함유되어있다. 반면 식물성 단백질에는 비필수아미노산은 충분하게 존재하지만 필수아미노산 중 1개 또는 그 이상이 미량이거나 함유되지 않은 경우가 있다. 예를 들어 곡류에는 리신, 두류에는 메티오닌, 옥수수에는 트립토판이 거의 함유되어 있지 않다.

필수아미노산에는 이소류신(isoleucine, Ile), 류신(leucine, Leu), 발린(valine, Val), 리신(lysine, Lys), 메티오닌(methionine, Met), 페닐알라닌(phenylalanine, Phe), 트레오닌(threonine, Thr), 트립토판(tryptophan, Trp), 히스티딘(histidine, His) 등 9개가 있다. 그 외 아미노산은 모두 비필수아미노산이다[표 4-1].

표 4-1   아미노산의 분류

필수아미노산 (essential amino acids)	비필수아미노산 (nonessential amino acids)
히스티딘(histidine) *	알라닌(alanine)
이소류신(isoleucine)	아르기닌(arginine)
류신(leucine)	아스파르트산(aspartic acid)
리신(lysine)	시스테인(cysteine)
메티오닌(methionine)	글루타민산(glutamic acid)
페닐알라닌(phenylalanine)	글루타민(glutamine)
트레오닌(threonine)	글리신(glycine)
트립토판(tryptophan)	프롤린(proline)
발린(valine)	세린(serine)
	티로신(tyrosine)

* 특히 유아에게 필수임

2. 단백질의 중요한 기능

단백질은 지방질에 비해 비교적 체내에 오래 저장되지 않는 영양소로 효소, 호르몬, 항체 및 세포막을 구성하고 중요한 대사에 가장 활발하게 관여하는 영양소이

다. 이 외에도 체조직 형성에 기본 영양소가 되어 매일 다량으로 필요하기 때문에
적정량이 공급되지 않으면 결핍증에 걸릴 가능성이 크다. 그러므로 단백질의 중요
한 기능을 요약하여 [그림 4-1]에 제시하였으며, 아래에 자세하게 설명하였다.

식이로 섭취한 단백질이 소화되어 혈액으로 흡수된 아미노산은 조직단백질이 분
해되어 혈액으로 유출된 아미노산과 체내에서 함께 아미노산 풀(amino acid pool)을
형성하여 아래와 같이 사용된다.

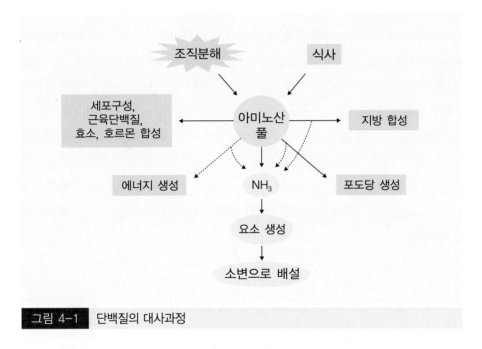

그림 4-1 단백질의 대사과정

① 이렇게 형성된 풀의 아미노산은 다른 조직의 근육단백질을 합성하거나 세포구
성, 효소, 호르몬 등 합성에 재사용된다.

② 에너지가 부족할 때는 단백질도 에너지원으로 사용된다. 혈중 아미노산 풀의
아미노산은 일단 아미노기($-NH_2$)를 제거하고 에너지를 생성하는 데 사용된다.

③ 혈당이 내려가 조직에 포도당 공급이 부족하면 간과 신장에서 아미노산을 이용
해 포도당을 합성한다.

④ 하지만 에너지 섭취가 높아 남는 아미노산은 지방으로 전환되어 저장된다.

⑤ 아미노산에서 이탈되어 나온 아미노기는 간에서 요소로 전환되어 소변으로 배설된다.

(1) 완전단백질이란?

식품 중의 단백질에는 필수와 비필수아미노산이 함유되어 있지만 식품의 종류에 따라 단백질을 구성하고 있는 아미노산의 종류와 함량이 다르다. 동물성 단백질은 필수아미노산이 보통 충분히 함유되어 있지만 식물성 단백질은 항상 한 개 이상의 필수아미노산이 비교적 적게 함유되어 있다. 그러므로 식품의 단백질이 모든 필수아미노산을 골고루 함유하고 있으면 이 단백질을 완전단백질(complete protein) 또는 양질의 단백질(high-quality protein)이라고 한다. 반면에 식물성 단백질은 대개 한 개 이상의 필수아미노산이 부족하여 불완전단백질(incomplete protein) 또는 불량한 단백질(low-quality protein)이라고 한다. 예로서 우유, 계란 등의 동물성 단백질은 모든 필수아미노산이 골고루 함유되어 완전단백질이라고 한다. 쌀 같은 곡류의 식물성 단백질은 필수아미노산 중 리신(lysine)이 부족하고, 두류의 단백질은 메티오닌(methionine)이 부족하고, 옥수수 단백질은 트립토판(tryptophan)이 부족한 불완전단백질이다.

(2) 모든 필수아미노산을 동시에 섭취해야 하는 이유는?

체내에서 단백질 합성이 원활하게 이루어지기 위해서는 모든 필수아미노산이 필요한 비율로 존재하여야만 가능하다. 만일 필수아미노산 중 하나라도 없거나 부족하면 그 순간의 단백질 합성은 가장 적게 존재하는 필수아미노산 함량에 비례해서 일어난다. 다른 필수아미노산이 아무리 충분히 있어도 대신 사용할 수 없고, 이 부족한 필수아미노산 함량만큼만 단백질 합성이 일어나므로 나머지 필수아미노산은 다른 비필수아미노산처럼 사용된다. 이와 같이 단백질 합성에 제한을 주는 이런 필수아미노산을 제한아미노산(limiting amino acid)이라 한다.

(3) 채식으로 식물성 단백질만 섭취하면 성장이 지연되는가?

만일 한 가지의 식물성 단백질 식품만 계속 먹으면 단백질 합성이 원활하지 못하여 성장이 지연될 수도 있다. 하지만 식물성 단백질만 섭취한다 해도 여러 가지 식물성 식품을 섞어서 먹으면 부족한 필수아미노산을 서로 보완하여 줄 수 있어 큰 문제는 없다. 곡류, 두류, 옥수수 등의 단백질은 일반적으로 필수아미노산 중 리신, 메티오닌, 트립토판 중 한 개가 부족한 경우가 많으나 부족한 필수아미노산을 보강하는 의미에서 '빵과 우유', '밥과 육류', '밥과 두부' 등과 같이 골고루 식사를 하면 필수아미노산의 불균형을 해결할 수 있다. 부족한 필수아미노산을 서로 보강해 주면 단백질의 질이 향상될 수 있어 성장에 큰 영향을 미치지 않는다.

3. 단백질의 가장 효과적인 이용 방법

(1) 충분한 열량을 섭취한다.

식이로 섭취하는 단백질이 신체 구성이나 세포대사에서 필수적인 기능을 발휘하려면 섭취한 단백질이 에너지원으로 분해되지 않아야 한다. 따라서 단백질과 같이 섭취한 식사의 열량이 충분하여야 한다. 즉, 단백질이 가장 효과적으로 이용되려면 에너지원으로 당질과 지방을 얼마나 섭취하였느냐에 좌우된다. 하지만 섭취한 열량이 충분하여도 같이 섭취한 단백질의 질과 양에 따라서도 단백질 합성 및 이용률에 영향을 미친다.

(2) 단백질의 아미노산 균형과 적절한 섭취량이 필요하다.

1) 세포에서 단백질이 합성될 때는 모든 필수아미노산이 동시에 존재해야 한다. 만일 하나의 필수아미노산이 아주 적은 양 존재한다면 다른 필수아미노산도 그 수준에 맞추어 이용된다. 역으로 만일 하나의 필수아미노산이 과잉 섭취되어 높은

수준으로 존재한다면 오히려 독성이 있어서 성장이 지연되는 결과를 초래할 수도 있다. 예를 들어, 저단백식사에 하나의 필수아미노산을 첨가하여 보완하면 오히려 아미노산의 불균형을 초래할 가능성이 높아진다.

2) 체내에서 단백질이 합성되기 위해서는 필수아미노산만 필요한 것이 아니라 비필수아미노산도 비례해서 반드시 필요하다. 다만 비필수아미노산은 체내에서 합성이 가능하다는 뜻이지 단백질 합성에 필요 없다는 뜻이 아니다. 그러므로 단백질 합성이 원활하게 이루어지려면 필수아미노산 양에 비례해서 비필수아미노산의 섭취가 필요하다. 총 단백질 섭취량의 약 20~25%가 필수아미노산으로 구성되어야 최대의 효과가 있다.

(3) 체내 단백질의 보유와 생리적인 상태에 따라 효과가 다르다.

성장기의 유아, 임산부, 회복기 환자의 경우에는 조직이 합성된다. 즉, 체내에서 단백질 합성이 일어나고 있으므로 더 많은 질소가 체내에 보유될 수 있기 때문에 단백질이 더욱 효율적으로 이용될 수 있다.

4. 단백질의 섭취기준

단백질을 식이로 전혀 섭취하지 않아도 내인성 단백질, 즉 탈락된 장점막과 소화효소 등 약 70g 정도의 단백질이 분해되어 아미노산 급원이 될 수 있으므로 소변에는 항상 질소의 배설이 있다. 따라서 단백질의 필요량은 최소한 이 정도의 질소배설을 보충할 수 있어야 한다. 하지만 이 정도의 단백질만 보충해 준다면 다음과 같은 문제점이 있다.

① 어떤 사람에게는 충분해도 어떤 사람에게는 부족하기 때문에(개인차이가 있기 때문에) 적어도 30%는 더 높여서 섭취해야 한다.

② 단백질 섭취량이 점차 증가하면 그 효율이 떨어지므로 아무리 양질의 단백질이라도 완벽하게 효율을 발휘하기 어려워 실제로 단백질을 30% 더 높여 섭취해야 한다.

③ 가장 양질의 단백질을 함유한 계란만 먹는 것이 아니고 혼식을 하므로 더욱 단백질의 효율이 떨어진다. 이와 같은 여러 가지 요인을 고려하여 산출된 단백질의 섭취기준이 미국에서는 19세 이상 남자나 15세 이상 여자의 경우 체중 1kg당 단백질 0.8g씩, 즉 체중 70kg인 성인은 단백질 56g만 섭취하면 충분하다는 뜻이다. 그러나 우리나라는 식이의 구성이 미국과는 다른 점을 감안하여 좀 더 높게 계산되어, 20~29세 남녀 표준 체중(남자 67kg, 여자 54kg)에 대해서 단백질 섭취기준이 남자는 55g, 여자는 45g으로 정해져 있다.

단백질 결핍증이란?

위에서 이미 언급되었지만 단백질은 지방에 비해 체내에 저장되는 기간이 짧으며, 효소, 호르몬, 항체, 세포막 구성 및 체조직 형성에 필요한 기본 영양소로 다른 영양소에 비해 매일 다량 공급되지 않으면 결핍증에 걸릴 가능성이 크다.

한편 단백질은 다른 영양소에 비해 가격이 비싼 영양소이므로 부유한 나라에서는 결핍될 우려가 없지만 경제력이 낮은 층에서는 총 열량섭취에 비해서 단백질 섭취가 부족할 경우 영양의 불균형으로 단백질 결핍증인 콰시오커(kwashiorkor) 증세를 보일 수 있다. 또한 단백질뿐만 아니라 열량까지도 충분히 공급되지 않으면 마라스무스(marasmus)라는 영양결핍증의 증세를 보인다[그림 4-2 참조].

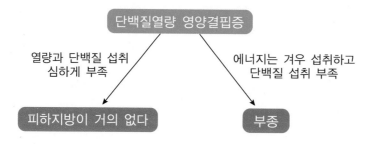

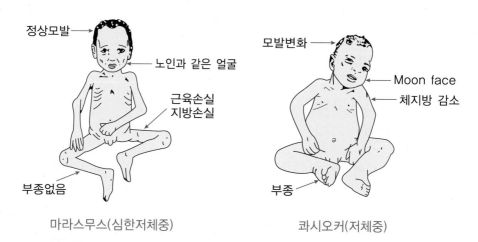

마라스무스(심한저체중)   콰시오커(저체중)

그림 4-2   마라스무스와 콰시오커의 증상 비교

제5장 비타민

1. 비타민

비타민은 신체조직의 기능과 성장 및 유지를 위해서 식이에 아주 적은 양이 필요한 필수 유기물질이다. 비타민은 조금만 있어도 효과가 좋은 영양소이기 때문에 많은 양을 섭취하면 더욱 좋을 것이라고 생각할 수 있다. 그러나 실제로 비타민은 어떤 결핍증을 방어하기 위한 것으로 아주 소량만 있으면 된다.

비타민은 식물과 동물에 모두 함유되어 있는데 식물은 필요한 비타민을 자체 내에서 다 합성할 수 있지만 동물은 비타민을 합성할 수 있는 능력이 종마다 다양하다. 비타민은 인체 내에서 합성될 수 없거나 또는 체내 신진대사에 필요한 것만큼 빠르게 합성하지 못하면 반드시 식사로 보급해 주어야 하는 유기물질이다. 예외로 비타민 D는 햇빛(자외선)에 의해 체내 피하조직에서 전구체인 콜레스테롤로부터 합성될 수도 있으며, 나이아신(niacin)이란 비타민은 필수아미노산인 트립토판(tryptophan)이 대사되어 생성될 수도 있다. 그런가 하면 비타민 K와 비오틴(biotin)은 대장 내에서 박테리아에 의해 생성되기도 한다.

비타민은 식품 중에 적은 양이 존재하며 한 가지 식품 내에 모든 비타민이 모두 함유되어 있지는 않는다. 하지만 어떤 식품이든 간에 한 가지 이상의 비타민은 함유하고 있다. 그러므로 필요한 비타민을 골고루 섭취하기 위해서는 여러 가지 식품을 다양하게 섭취할 것을 권장한다.

체내에서 비타민 자체는 에너지를 내지 않지만 에너지를 생성하는 화학적인 반응에 관여한다. 탄수화물, 단백질, 지방질은 체내에서 에너지를 생성하는 3대 영양소이지만 비타민 B_1, B_2, 나이아신 등이 에너지 생성의 대사과정에 보조역할로 반드시 필요하다.

비타민 B_6는 단백질과 아미노산 대사에 보조역할을 하여 중요한 호르몬 등의 대사물질을 생성하며, 비타민 D, 비타민 C, 비타민 K 등은 골격대사에 관여하고, 적혈구 형성에는 철분(Fe)뿐만 아니라 비타민 B_{12}, 엽산, 비타민 B_6 등의 역할이 필요하다. 이 외에도 비타민 E, 비타민 C, 비타민 A, 카로티노이드 등은 항산화 영양소로서 질병 발생과 관련해 항산화 방어체계에 중요한 역할을 한다.

비타민은 식품에서 그대로 분리 정제한 것이나 화학적으로 합성한 것이나 신체 내에서는 같은 효과를 주는 유기물질이다. 그러나 상업적으로 판매하는 정제된 비타민을 섭취하는 것보다는 여러 가지 식품을 골고루 섭취하여 비타민 필요량을 충족시키기를 권장하는 이유는 식품에 있는 비타민과 더불어 다른 영양소도 함께 섭취할 수 있기 때문이다.

비타민은 많이 섭취해도 독성은 없다?

비타민 중 섭취기준보다 다량을 투여하면 질병에 대한 치료효과를 보이는 경우도 있다. 그 예로 나이아신은 혈중 콜레스테롤을 낮추어 주는 효과가 있으나 다량 사용 시에는 얼굴이 화끈거리고 간의 손상을 줄 수 있는 부작용이 있어 최근에는 사용을 권하지 않는다. 비타민 E, 비타민 B_6, 나이아신 같은 것은 섭취기준의 50~100배를 섭취하였을 때 독성을 나타내지만 비타민 A와 D는 섭취기준의 5~10배 정도에서도 독성을 나타낸다. 그러므로 임신부는 비타민 정제도 함부로 남용하는 것을 금하도록 한다.

수용성 비타민은 조리 시 열이나 알칼리를 사용할 경우 또는 잿물에 거를 경우에 성분이 파괴될 수도 있으므로, 채소를 익힐 때 최소량의 물을 사용해서 습한 상태에서 스팀을 하든지, 저으면서 프라이를 하든지, 전자오븐 사용이나 뭉근한 불에 서서히 끓여야(simmering) 비타민 B와 C를 최대한으로 보존할 수 있다. 그러나 채소를 더 파랗게, 푸른 콩 같은 것을 더 부드럽고 무르게 하기 위해서 베이킹소다를 사용하면 알칼리성 때문에 비타민 B와 C가 파괴된다.

비타민은 물에 용해되어 신장을 통해 잘 배설되는 수용성 비타민과, 지방에 잘 용해되며 체외로 쉽게 배설이 안 되고 간이나 다른 조직에 축적되어 독성을 나타낼 수 있는 지용성 비타민으로 구분할 수 있다.

2. 지용성 비타민

지용성 비타민(A, D, E, K)은 지방과 함께 약 40~90%까지도 흡수되며, 혈액에서도 운반체 역할을 하는 지방과 함께 간조직으로 운반되어 저장되기도 하고 다른 조직에서 사용되기도 한다.

(1) 비타민 A 기능과 결핍증

저개발 국가에서는 아직도 어린이들의 비타민 A 결핍으로 인한 실명이 문제가 되고 있는 실정이다. 비타민 A는 주로 동물성 식품에 많이 들어있으며, 식물성 식품에는 활성도는 떨어지지만 비타민 A의 전구체 형태인 카로틴(carotene)이 많이 함유되어 있어 세포 내에서 비타민 A로 전환되어 같은 기능을 보인다. 비타민 A의 중요한 기능은 다음과 같다.

1) 비타민 A는 시각기능에 중요한 역할을 한다.

어두울 때 망막의 간상세포에서 로돕신(rhodopsin)이라는 물질을 만들어 물체를 흑백영상으로 옮겨주는 시각과정에 작용하므로 비타민 A가 결핍되면 어두움에 적응하는 능력이 떨어지고 야맹증에 걸리기 쉽다. 그러나 비타민 A를 공급해 주면 빠른 회복이 가능하다.

2) 비타민 A는 점액을 분비하여 세포막의 건강을 유지한다.

만일 비타민 A가 결핍되면 점액을 합성하는 세포가 파괴되어 윤활유 역할을 하는 점액합성이 안 되며, 이때 약한 눈의 각막이 제일 먼저 가장 큰 영향을 받게 되어 야맹증이 초래된다.

3) 기타 기능

· 비타민 A는 성장과 발달에 관여한다.

· 비타민 A가 결핍되면 면역기능이 저하되어 감염에 약해진다.

· 비타민 A는 항암효과를 갖고 있다.

비타민 A는 여드름 치료에 효과가 있다?

여드름 치료제 tretinoin(Retin-A)은 피부의 세포활성도를 변화시켜서 주름과 거친 피부를 줄이고 검은 점을 탈색해주며 더욱 부드럽고 매끄러운 감촉을 준다. 그러나 햇볕을 쪼이면 쉽게 피부가 타므로 조심해야 한다.

하지만 비타민 A 유도체인 13-cis retinoic acid(Accutane)는 심한 여드름 치료약(경구용)으로서 과량 투여하면 독성증세를 보일 수도 있으며, 임부가 다량 사용하면 유산이나 태아가 기형이 될 위험성이 있다. 그러므로 임신계획이 있는 경우에는 사용을 금하고 있다.

비타민 A는 과량 섭취하면 위험하다?

비타민 A를 과량 섭취하면 골격과 근육에 통증이 오고, 입맛이 없고, 두통과 머리털이 빠지며, 간이 커지고 구토가 나지만, 일단 중단하면 서서히 문제가 없어진다. 그러나 지속적으로 과량 섭취하면 죽음을 초래할 수도 있으므로 주의하여야 한다. 반면 카로틴은 다량 섭취하여도 쉽게 독성을 나타내지 않는다.

4) 비타민 A 급원식품

비타민 A는 동물의 간, 어유, 우유, 계란, 마가린에 많이 들어있고, 당근, 시금치, 호박, 깻잎, 토마토, 파파야, 살구 등 주로 진한 녹색이나 주홍색을 띤 채소와 과일에는 카로틴이 많이 들어있다.

(2) 카로틴(carotene)

카로틴은 비타민 A 전구체로서 비타민 A 기능을 가지고 있다. 채소 및 과일에 풍부한 카로틴은 항산화작용이 있어 암과 그 외의 만성질병에 대한 위험도를 낮춘다고 한다. 녹황색채소에 많은 베타(β)-카로틴이나 토마토에 있는 라이코핀(lycopene)은 좋은 항산화제이므로 항암효과가 있다고 하였으나 아직은 논란의 여지가 있다.

(3) 비타민 D 기능과 결핍증

비타민 D는 비타민이라기보다는 호르몬으로 간주할 수 있다. 이유는 피하조직에 있는 콜레스테롤 유도체가 햇빛(자외선)에 노출되면 활성화되어 비타민 D로서 호르몬의 전구체로 전환되기 때문이다. 따라서 비타민 D가 식품으로 섭취되지 못하였을 때는 피하에서 비타민 D 합성에 필요한 최소한의 햇빛을 쪼여야 하고, 만일 햇빛을 못 보는 사람이라면 반드시 비타민 D를 섭취해야 한다. 이때 자외선을 너무 쪼이면 비타민 D가 과잉으로 합성되어 비타민 D 독성에 걸릴 가능성이 있으나, 실제로 과잉으로 햇빛에 노출되었을 때는 피부가 검게 타면서 루미스테롤(lumisterol)이라는 물질이 생성되어 과잉으로 비타민 D가 합성되는 것을 억제한다고 한다.

1) 비타민 D 역할

비타민 D는 다른 지용성 비타민처럼 지방과 함께 흡수되어 지단백 형태로 간과 다른 조직으로 운반되어 저장된다.

비타민 D는 간과 신장에서 더욱 활성화되어 혈액의 칼슘 농도와 골격형성을 조절하는 호르몬으로 전환된다.

2) 비타민 D 결핍증

골격에 적절한 칼슘과 인의 축적이 없으면 골격의 석회질화가 어려워져서 골격이 약해지고, 체중의 압력에 다리가 휘게 된다. 가장 많이 알려진 결핍증은 다음과 같다.

리킷츠(rickets)

주로 어린이에서 발생하는 결핍증이다. 머리 · 관절 · 늑골관이 커지고, 골반이 변형되며, 다리가 휜다. 특히 노인과 6개월 이전 모유를 먹인 아기가 햇빛을 충분히 쪼이지 않는다면 비타민 D 급원식품을 섭취해야 한다. 이때 어른형 결핍증은 골연화증(osteomalacia)이라고 하는데 엉덩이와 척추뼈에 골절이 잘 생긴다.

3) 비타민 D 독성

만일 섭취기준의 5배 정도를 규칙적으로 섭취하면 어린이에게는 독성이 나타난다. 비타민 D를 과잉으로 섭취하면 칼슘을 과잉 흡수해서 신장과 다른 기관에 축적시키고, 입맛이 없으며, 설사, 허약증세, 구토, 정신착란, 소변배설 증가, 과잉 축적된 조직의 세포사 등이 초래된다.

(4) 비타민 E 역할과 결핍증

1) 비타민 E의 역할

비타민 E의 종류는 여러 가지가 존재하지만 알파-토코페롤(α-tocopherol)이라는 종류가 가장 많이 알려졌다. 알파-토코페롤은 현재 시판되고 있으며 다양하고 좋은 효과만이 많이 알려져 있는 상태이다. 비타민 E 역시 다른 지용성 비타민과 마찬가지 형태로 혈액에서 운반된다.

비타민 E는 주로 지방산이 많은 세포막 같은 곳에 주로 집결되어 항산화 역할을 담당해 세포막이 산화되어 파괴되는 것을 막아 보호해 준다. 이외에도 비타민 E는 다른 지용성 영양소(비타민 A, 카로틴, 다불포화지방산)들의 산화를 막아 주는 역할도 한다.

자유기의 연쇄반응에 의해서 지질과 산화물이 많이 형성됨으로써 다양한 질병이 발생한다. 그래서 비타민 E는 산소가 다량 존재하는 허파에 많이 존재하고 흡연이나 공기오염(예: 오존, ozone)이 심한 곳에서는 더 많은 비타민 E가 필요할지도 모른다. 그러나 비타민 E만이 항산화 역할을 하는 것은 아니며, 다른 항산화 역할을 하는 효소와 무기질 및 물질과 같이 세포의 손상을 방어해준다.

2) 비타민 E 결핍증

비타민 E 결핍증은 사람에게서는 찾아보기 힘들다. 그러나 특별히 조숙아 · 미숙아인 경우에는 적혈구막이 터지는 용혈성 빈혈이 발생할 가능성이 있다. 그리고 유난히 불포화지방이 높은 식사를 하면서 비타민 E 섭취가 부족한 경우에도 결핍증이 생길 가능성이 있다. 곡류, 종과류, 식물성 기름에 많으며, 도정한 곡류에는 대부분의 비타민 E가 손실되고, 동물성 지방에는 사실상 비타민 E가 없다. 한 큰 스푼(15g)의 식물성 기름은 하루 필요한 비타민 E를 충분히 공급해 준다.

(5) 비타민 K 역할

비타민 K는 혈액의 응고요인을 합성하는 데 필수영양소이며, 또한 골격형성에서 칼슘을 결합시키는 역할을 하는 필수영양소이다.

1) 비타민 K 급원식품

간, 녹색채소 잎사귀, 브로콜리, 완두콩, 녹색콩 등을 이용한 음식, 즉 대부분의 식이에 충분한 양의 비타민 K가 함유되어 있어 결핍이 드물고 조리과정에 의한 손실이 적은 편이다.

비타민 K는 장내 세균에 의해 합성이 가능하나 항생제를 장기간 복용하였을 경우에는 결핍이 발생될 수도 있으므로 유의해야 한다.

3. 수용성 비타민

수용성 비타민에는 B_1, B_2, B_6, B_{12}, C, 나이아신, 엽산, 비오틴, 판토테닉산 등이 있다. 비타민 B_1, B_2와 나이아신은 주로 에너지 대사에 관여하는 효소가 필수로 요하는 유기물질이다. 그러므로 이 비타민들이 없으면 당질, 단백질, 지방질을 아무리 많이 섭취해도 에너지를 생성해 낼 수가 없다. 비타민 C는 조효소 역할은 하지 않지만 세포 내에서 물질을 합성하는 화학적 반응에 참여한다.

식품에 있는 비타민 B는 소장에서 약 50~90%나 흡수되고, 비타민 B와 비타민 C는 수용성이므로 쉽게 배설되며, 조리과정에 장기간 열을 가하면 쉽게 파괴된다. 비타민 B와 C는 찌거나(steam), 튀기거나, 전자레인지를 사용하는 경우 혹은 적은 양의 물을 사용해서 뭉근한 불에 끓이는 경우에 가장 많이 보전된다. 하지만 알칼리 용액 내에서 끓이면 쉽게 파괴된다.

(1) 비타민 B_1의 역할 및 결핍증

비타민 B_1(티아민, thiamin)은 주로 당질과 아미노산 대사에 관여해 에너지를 생성하는 데 필요할 뿐만 아니라 신경세포에서도 작용하여 신경자극 전달물질 합성에 관여한다.

1) 비타민 B_1 결핍증

도정한 쌀을 몇 주 동안 먹어도 베리베리(beriberi, 각기병) 발생이 가능하다. 약 10일간만 티아민이 결핍되어도 자극적이고, 두통, 피로감, 우울증, 허약함 등의 증세가 나타나므로 매일 식품으로 티아민을 충분히 섭취할 것을 권장한다.

비타민 B_1은 다량 섭취해도 소변으로 배설되기 때문에 독성은 없다. 하지만 고도로 가공된 식품, 강화하지 않은 식품과 설탕과 지방, 알코올을 많이 섭취하는 경우에는 결핍증을 초래할 수 있다.

알코올 중독자에게서는 비타민 B_1 흡수와 사용이 감소되고, 배설은 증가되어 결핍증에 걸리기 쉬우며, 불량한 식사로 더욱 증세가 악화된다.

2) 비타민 B_1 급원식품

티아민은 적은 양이지만 식품에 널리 분포되어 있다. 특히 좋은 급원식품으로는 전곡류, 강화된 곡류, 파란콩, 아스파라거스, 기관고기(예: 간), 땅콩, 종실류, 버섯 등이 있다. 그러나 이스트(yeast)와 돼지고기 제품만큼 높게 함유한 식품은 없다. 비교적 적은 양을 함유한 식품은 육류, 우유, 우유제품, 해산물, 대부분의 과일 등이 있다.

날생선, 갑각류, 고사리(생것)에는 티아민(B_1)을 파괴하는 효소가 있다. 그러나 익히면 그 효소는 파괴된다.

(2) 비타민 B_2의 역할 및 결핍증

비타민 B_2(리보플라빈, riboflavin)는 당질이나 지방산이 대사되어 에너지를 생성할 때 관여하는 효소를 도와주는 조효소이다. 그러므로 이 비타민은 조효소 형태로 식품에 다양하게 존재하며, 유리상태의 리보플라빈도 우유와 곡류제품에 존재한다.

1) 비타민 B_2 결핍증

에너지 대사에 관여하는 비타민이기 때문에 지방과 열량 섭취가 높을 때는 비타민 B_2 섭취량을 높여야 한다(예: 운동선수). 우유나 우유제품 섭취가 낮을 때는 비타민 B_2 결핍증을 보일 수 있으며, 알코올 중독자는 평소에 잘 먹지를 않아 결핍증이 초래될 가능성이 높다.

2달 동안 비타민 B_2가 결핍된 식사를 하면 첫 증세로 입과 혀에서 염증이 발생하고, 입 가장자리가 헐며, 습진성 피부염이 생긴다. 더욱 심해지면 목, 눈, 신경계통 질병이 오고 결국에는 혼돈상태까지 간다. 아직까지 비타민 B_2는 식품으로 다량 섭취하는 경우에 독성을 보이지 않았다.

2) 비타민 B_2 급원식품

비타민 B_2는 총 섭취량의 1/4을 우유와 유제품으로 섭취하고(예: 우유, 요거트, 치즈), 나머지는 강화된 빵 종류와 크래커, 계란, 육류 등으로 섭취한다. 비타민 B_2는 빛에 쪼이면 파괴되므로 우유 같은 것은 유리제품보다는 빛이 통과되지 않는 플라스틱이나 종이팩을 사용하는 것이 더 좋다.

(3) 나이아신의 역할 및 결핍증

나이아신(niacin)은 세포 내에서 약 200개 효소의 조효소로서 산화-환원 반응에 관여하여 주로 에너지(ATP) 생성에 관여한다.

1) 나이아신 결핍증

펠라그라(pellagra) : 대부분의 대사과정에 나이아신이 필요하므로 이 영양소의 결핍은 전신에서 나타난다. 나이아신 결핍식이를 약 50~60일간 섭취하면 우선 초기에는 입맛이 감퇴되고, 체중감소와 허약해짐을 느끼면서 점차 전신에서 검은색 피부를 띠며 '펠라그라'라는 결핍증이 나타난다. 이 증세를 보통 3D 또는 4D라고 부르는데, 치매증(dementia), 설사(diarrhea), 피부염(dermatitis)이 나타나고 계속 치료하지 않으면 죽음(death)까지 가기 때문에 붙여진 명칭이다.

나이아신은 식품 내에 나이아신으로 존재하기도 하지만 단백질을 충분히 섭취하면 단백질을 구성하는 필수아미노산인 트립토판에서 합성될 수 있으므로 양질의 단백질만 충분히 섭취해도 나이아신 결핍에는 걸리지 않는다.

　나이아신은 수용성 비타민인데도 다량 섭취하면 심각한 후유증이 발생된다. 혈중 지질을 낮추기 위해서 다량(약 1.5~3g)의 나이아신을 섭취하면 지질은 감소하여도 피부가 화끈거리고 가려우며, 메스껍고, 간에 손상을 준다.

　나이아신은 수용성이지만 열에 강한 비타민이므로 조리 시 손실이 적은 편이다. 급원식품으로는 쇠고기, 닭고기, 칠면조, 생선, 밀겨, 버섯 등에 상당량 함유되어 있고, 강화시킨 빵, 크래커, 아침 시리얼 등도 좋은 급원이다. 그러나 커피, 홍차 등은 좋은 급원이 못 된다.

(4) 비타민 B_6의 역할 및 결핍증

비타민 B_6는 단백질과 아미노산 대사에 절대적으로 필요한 영양소이므로 단백질을 다량 섭취할 때는 비타민 B_6의 섭취량도 같이 높여서 섭취해야 한다. 그렇지 않으면 비타민 B_6 결핍증이 올 수도 있다.

1) 비타민 B$_6$ 결핍증

비타민 B$_6$는 적혈구 형성에 직접적으로 관여해 철분 결핍성 빈혈과 같은 증세를 보이고, 신경 자극전달 물질 합성에 관여하므로 결핍 시에는 우울증, 두통, 혼수 상태, 경련 등을 일으킨다.

비타민 B$_6$는 식품에 골고루 들어있어서 비타민 B$_6$ 결핍증은 흔하지 않으나, 알 코올 중독자에게서는 비타민 B$_6$가 결핍될 수 있다.

비타민 B$_6$가 결핍되면 나이아신 결핍 증세가 나타날 수 있다.

양질의 단백질을 충분히 섭취하면 나이아신 결핍은 발생되지 않는 다. 하지만 비타민 B$_6$가 결핍되어 있다면 나이아신 결핍 증세를 보 일 수가 있다. 이유는 단백질을 구성하는 아미노산 중 트립토판에서 나이아신이 합성될 때 비타민 B$_6$가 꼭 필요하기 때문이다. 하지만 비 타민 B$_6$가 결핍되어도 이미 식품 중에 나이아신이 충분히 들어있다면 문제는 없다.

2) 비타민 B$_6$ 급원식품

고단백 식사를 하면 비타민 B$_6$ 필요량이 더욱 높아진다. 급원식품으로는 동물근육 에 저장되기 때문에 육류, 생선, 조류 등이 가장 좋고, 곡류도 좋은 급원이지만 도 정 과정 중에 손실된다. 이 외에 바나나, 시금치, 감자 등도 좋은 급원이다. 비타 민 B$_6$는 열과 알칼리에 쉽게 파괴되므로 열처리 과정에서 식품 중 약 10~50%가 감소된다.

(5) 비타민 C 역할 및 결핍증

비타민 C는 사람, 원숭이, 기니피그(guinea pigs) 등을 제외한 동물에서는 체내에서 합성이 가능하다. 돼지는 비타민 C를 하루에 8g이나 합성하지만 돼지고기는 가공 중 비타민 C가 파괴되어 좋은 급원이 못 된다.

비타민 C는 소장에서 80~90%까지 흡수되지만 다량(하루 6g) 섭취하면 흡수력이 20%로 감소된다. 그리고 이와 같은 과잉 섭취는 흡수되지 않은 비타민 C가 장내에서 삼투압 현상을 일으켜서 설사를 하게 되고, 흡수된 비타민 C는 결국 소변으로 배설되어 경제적으로도 많은 비용을 낭비하게 된다.

1) 비타민 C 역할

비타민 C는 항산화제 즉, 환원제 역할을 하여 소장에서 철분이온을 환원형태 (Fe^{2+})로 보존하여 흡수가 더 잘되게 한다. 또 엽산도 환원형태로 보존시켜서 더 잘 이용되게 한다. 비타민 C는 골격과 혈관을 튼튼하게 하는 결체조직의 콜라겐 (collagen)을 합성하여 조직을 강하게 한다.

비타민 C는 수용성 항산화제이다. 비타민 E와 같이 짝을 이루어 자유기(free radical) 를 제거해 세포를 보호해 준다. 비타민 E는 세포막에서 지용성 항산화제이다(예: 비타민 C는 비타민 E를 재활시킨다).

2) 비타민 C 결핍증

괴혈병(scurvy) : 비타민 C가 결핍되면 혈관의 결체조직이 약해져서 잘 터지게 된다. 결핍식이를 20~40일 동안 먹은 후 첫 사인으로 괴혈병이 되고, 출혈이 생긴다.

3) 비타민 C 섭취기준

성인을 위해서는 하루 70mg 섭취할 것을 권장하지만 흡연자나 알코올중독자에게는 더 높은 양을 섭취할 것을 권장한다. 비타민 C는 가공과정이나 조리 시 쉽게 손실되며, 열, 철분, 구리, 산소와 접하면 쉽게 파괴된다.

4) 비타민 C 독성

비타민 C는 하루 1g 이하 섭취하면 비교적 독성이 없으나 때로는 철분흡수를 도와 주어 간조직에 과잉으로 철분이 저장될 가능성이 있다. 또한 규칙적으로 하루 1g 이상 섭취하면 위염증, 설사, 신장 결석을 초래할 가능성이 있다. 과잉의 비타민 C는 대개 대변과 소변으로 배설되며, 비타민 C가 감기를 치료하거나 약화시킨다는 확증은 없다.

(6) 엽산의 역할 및 결핍증

엽산(folate)은 비타민 B_{12}와 서로 연관되어 대사되고 DNA 합성에 관여하기 때문에 결핍증세가 비슷하다.

1) 엽산의 역할

엽산은 DNA 합성에 필요하므로 세포분열과 적혈구 성숙에도 필요하다. 엽산은 혈관벽 세포에 유해한 호모시스테인(homocystein)이 혈액 내 축적되는 것을 방어하기 위해서 비타민 B_6, 비타민 B_{12}와 같이 작용을 한다.

엽산의 결핍으로 호모시스테인과 같은 물질이 혈액 내에 축적되면 동맥경화증뿐 아니라 임신부에서 조산, 유산 등 임신·출산에 치명적인 영향을 미친다.

거대적아구성 빈혈(megaloblastic anemia)은 언제 발생하는가?

엽산 결핍은 적혈구 합성에 영향을 준다. 골수에 있는 적혈구 세포가 정상적으로 분열을 못해 미성숙한 거대한 세포가 된다. 정상적인 적혈구의 수가 적고 거대한 적아세포가 많아 산소 운반능력이 감소되어 빈혈이 생긴다. 만성적으로 엽산이 결핍되면 소화기관 전역에 걸쳐서 미성숙한 거대한 세포가 되어 소화 흡수력이 감소되고, 지속적인 설사를 한다.

엽산과 비타민 B_{12}의 대사가 서로 연결되어 있어 과잉의 엽산 섭취는 비타민 B_{12}의 결핍을 가릴 위험성이 있다. 그러므로 임산부는 엽산을 알약으로 과잉 섭취하는 것을 피하는 것이 좋다.

2) 엽산 급원식품

가장 좋은 급원으로는 간 종류, 강화한 아침 시리얼, 그 외 곡류 제품과 두류, 녹색채소 등이 있고, 적게 함유한 급원에는 계란, 마른 콩, 오렌지 등이 있다. 엽산은 열, 산화, 자외선 등에 의해서 식품가공과 조리과정에서 50~90%까지 손실될 수 있다. 그러므로 신선한 채소 또는 살짝 익힌 채소로 섭취할 것을 권장한다. 이때 식품 중 비타민 C는 엽산이 산화되는 것을 막아준다.

(7) 비타민 B_{12} 역할 및 결핍증

비타민 B_{12}는 주로 박테리아, 곰팡이, 해조류에 의해서 합성되고, 반추동물(소, 양)의 위 내 박테리아에 의해서도 합성된다. 사람은 주로 동물성 식품에서 비타민 B_{12}를 얻으며, 식물성에는 비타민 B_{12}가 없으나 채소들이 박테리아와 흙에서 오염되어 존재하고, 발효과정에 의해서도 식품에 적은 양이 함유되었을 가능성이 있다. 그러므로 채식주의자의 모유로 기른 아이는 비타민 B_{12} 결핍이 와서 빈혈과 뇌성장이 지연되고 척추가 퇴화되며 지적 발달이 늦어지는 경우도 있다.

1) 비타민 B_{12} 역할

비타민 B_{12}는 엽산 대사에 관여하므로 비타민 B_{12}가 없으면 엽산을 정상적으로 사용하기가 어려워 세포는 엽산 부족으로 핵산(DNA) 합성을 못하게 된다. 즉, 비타민 B_{12} 부족으로 인해 2차적인 엽산 결핍증이 오는 것이다. 결과적으로 엽산이나 비타민 B_{12}가 결핍되었을 때는 같은 증상인 거대적아구성 빈혈 증세를 보인다.

2) 비타민 B_{12} 결핍증

비타민 B_{12} 결핍증은 부적절한 식사가 문제인 것이 아니라 대개 비타민 B_{12} 흡수에 문제가 있는 사람에게서 발견된다.

만일 흡수에 문제가 있어 비타민 B_{12} 결핍증이 생기는 경우에는 한 달에 한 번 정도 주사 또는 매주 다량의 비타민 B_{12}(권장량의 300배) 섭취로 치료가 가능하다.

급원식품으로는 육류, 조류, 해산물, 계란, 기관육류(특히 간, 신장, 심장)에 가장 많이 함유되어 있고, 우유나 유제품에는 보통으로 함유되어 있다.

악성빈혈(pernicious anemia)은 언제 발생하는가?

비타민 B_{12} 결핍증은 임상적으로 보면 마치 엽산 결핍증처럼 거대적아구성 빈혈 증세를 보인다. 그러나 비타민 B_{12} 결핍증은 엽산 결핍과는 다르게 신경의 퇴화가 오므로 결국 사망한다. 실제로 신경퇴화는 빈혈 전에 일어나며 일단 발생된 후에는 다시 회복이 어렵다.

악성 빈혈이란 비타민 B_{12} 흡수력이 떨어져서 오며 주사로 치유가 가능하다. 빈혈은 주로 중년 이후에 나타나며, 노인 중 10~20%가 이 증세를 보인다. 나이가 들면서 위벽에서 염산을 만드는 세포가 노화되어 비타민 B_{12} 흡수를 도와주는 내인성 인자의 합성능력이 같이 감소되기 때문에 악성 빈혈은 무산증인 사람에서 더욱 나타난다. 임상적으로 악성 빈혈은 몸에 힘이 없고, 혀가 벌거면서 통증이 있다. 또한 체중 감소와 소화불량이 일어나며 입맛이 없고, 설사를 하며 수족에 이상감각을 느끼게 된다.

제6장 무기질과 물

1. 무기질

우리 신체는 적어도 31가지의 화학원소로 구성되어 있는데, 그 중 24가지는 생명유지를 위한 필수성분이다. 이 필수 원소들은 다양한 방법으로 결합되어 신체의 여러 조직을 구성하고 있다. 이들 중 가장 많은 양의 비금속 원소는 산소로서 체중의 65%를 차지하고 있고, 탄소(18%), 수소(10%), 질소(3%) 등이 체중의 31%를 차지하고 있다. 신체의 나머지 부분은 '무기질'이라고 하는 원소들로 구성되어 있으며, 체내의 무기질 양은 비록 소량이지만 다양한 기능을 가지고 있다.

대부분의 무기질들은 효소나 호르몬 등의 보조인자로 작용하고, 때로는 주요물질의 구성요소로 작용(철분은 적혈구 혈색소의 구성요소)하기도 한다. 또한 무기질들은 뼈에 있는 칼슘 인산염(calcium phosphate)처럼 어떤 특정한 물질과 결합되어 존재하거나, 세포액에 있는 칼슘이온(Ca^{2+})과 나트륨 이온(Na^{+})처럼 단독으로도 존재하며 신경자극전달에 한 역할을 하기도 한다. 체내의 무기질은 다량원소(하루 필요량이 100mg 이상인 무기질)와 미량원소(하루 필요량이 100mg 미만인 무기질)로 분류되며 체내에 있는 미량원소의 총량은 15g 미만이다.

무기질은 비타민과 같이 골격 및 적혈구 형성과 대사에서 하는 주요 역할과 체내 항산화 방어체계를 담당하는 역할을 다음과 같이 요약 분류한다.

1) 칼슘, 인, 마그네슘, 불소 등은 비타민 C, 비타민 K와 같이 골격형성의 주된 구성요소로서 역할을 하며, 호르몬으로 전환되어 작용하는 비타민 D가 골격대사에 관여한다.

2) 철, 구리, 비타민 B_6, 비타민 B_{12}, 엽산, 비타민 C 등은 적혈구 형성과 대사에 관련된 무기질과 비타민이다.

3) 셀레늄, 철분, 구리, 아연 등의 무기질과 비타민 C, 비타민 E, 비타민 A, 카로티노이드 등의 비타민은 질병발생을 예방하기 위한 체내 항산화 방어체계와 관련된 항산화 영양소이다.

2. 무기질 생체이용률

무기질의 생체이용률이란 특정한 무기질이 체내에서 얼마나 잘 흡수되어 생화학적 기능에 유효한지를 나타내는 것이다. 한 종류의 무기질을 다량 섭취하면 다른 무기질들의 흡수와 대사를 방해한다.

왜냐하면 몇몇 무기질들은 서로 비슷한 분자량과 이온을 가지고 있다. 예로, 마그네슘(Mg^{2+}), 칼슘(Ca^{2+}), 철(Fe^{2+}), 구리(Cu^{2+}) 이온은 모두 2가 이온인 무기질이다. 그러므로 흡수 시에 무기질이 서로 경쟁을 하여 이용률과 대사에 영향을 준다. 실제로 과량의 칼슘섭취가 철분과 마그네슘 흡수를 방해할 수 있으며, 과도한 아연(Zn^{2+}) 섭취는 구리의 흡수를 감소시킬 수 있다.

1) 무기질과 비타민의 상승작용

어떤 무기질과 비타민을 같이 섭취하면 상승작용(synergism)이 생길 수 있는데, 이것을 무기질-비타민 상호작용이라 한다. 예를 들면, 철분흡수는 비타민 C에 의해 증가되고, 비타민 D와 칼슘이 풍부한 음식을 같이 섭취하면 칼슘은 최대한 흡수 이용된다. 또한 칼슘과 철분 같은 무기질의 이용률은 섬유소-무기질 상호작용에 의해서도 영향을 받는다. 곡류에 들어있는 섬유소나 커피에 들어있는 피틱산(phytate), 또 시금치·차 등에 들어있는 수산(oxalate)에 의해 흡수율이 감소한다. 실제로 너무 많은 양의 섬유소(매일 35g 이상)를 섭취하면 칼슘, 아연, 마그네슘과 철분의 흡수율이 떨어지는데, 이 무기질들은 피틱산과 수산과 결합하여 대변으로 배출되기 때문이다.

2) 무기질의 급원

무기질은 자연에 존재하며 식물의 뿌리나 이 식물을 먹고 사는 동물들의 몸속에 존재한다. 식물보다 동물조직 속에 더 많은 무기질이 포함되어 있으므로 동물성 식품이 더 좋은 공급원이 될 수 있다.

비타민의 경우와 마찬가지로 대부분의 무기질은 음식과 물로부터 쉽게 얻을 수 있기 때문에 무기질을 약제로 복용하는 것은 일반적으로 필요하지 않다. 그러나 특정한 무기질이 자연적으로 땅이나 물에 부족한 곳에서는 어느 정도의 무기질 보충이 필요할 경우도 있다. 예를 들어, 미국 오대호나 북서 태평양 연안에는 요오드(I)의 급원이 매우 귀한데, 이 무기질은 갑상선에 의해 흡수되어 기초대사를 촉진시키는 호르몬인 티록신의 구성성분이 된다. 요오드 결핍증은 음료수나 소금에 요오드를 첨가하면 쉽게 예방할 수 있는데, 요오드가 첨가된 소금을 'iodized salt'라고 한다.

3. 무기질의 기능

위에서 언급한 바와 같이 무기질 필요량이 하루 100mg 이상인 다량원소[표 6-1]와 필요량이 100mg 미만인 미량원소[표 6-2]로 분류하여 무기질의 주요 기능과 결핍증 및 급원식품을 요약하였으며 이 외에도 추가 설명을 하였다.

(1) 칼슘(calcium, Ca)

칼슘은 체내에 가장 많이 함유된 무기질로서 체중의 1.5~2.0%(약 1,200g)를 차지한다. 체내 총 칼슘 함량의 99% 이상이 인과 결합하여 골격과 치아의 결정체 구조를 이루고 있으며, 나머지 1%는 이온형태로서 중요한 역할을 한다.

　칼슘은 소장에서 약간의 산성상태에서 비타민 D에 의해서 흡수가 더욱 증진된다. 칼슘 흡수는 보통 20~40% 정도이지만 칼슘 필요량이 높은 시기(유아, 임신부)에는 50~75%까지 증가되고, 70세 이상인 노인보다 젊은이에게서 칼슘 흡수가 더 좋다.

　폐경 이후 여성 호르몬인 에스트로겐 혈중 농도가 떨어졌을 때 칼슘이 가장 적게 흡수되므로 골다공증을 예방하기 위해 보통 에스트로겐 처리를 받는 경우가 많다. 또한 식이 포도당, 유당, 정상적인 장운동에 의해서 흡수가 증진되는가 하면 식이 중 다량의 피틱산이나 인산 함량에 의해서 감소된다(예: 홍차, 비타민 D 결핍, 폐경, 설사, 고령인 경우 흡수량이 감소된다).

표 6-1	주요 다량무기질의 급원식품, 기능 및 결핍증		
무기질	급원식품	주요기능	결핍증
칼슘 (Ca)	우유, 치즈, 녹황색 채소, 멸치, 말린 콩	뼈·치아형성, 혈액응고, 신경전달, 근육수축	구루병, 골다공증, 성장위축
인 (P)	우유 및 유제품, 어육류, 곡류	뼈·치아 형성, 산-염기 균형	식욕부진, Ca 손실, 근육 약화
칼륨 (K)	녹황색 채소, 콩류, 바나나, 우유, 육류	신경전달, 산-염기 균형, 물의 균형	근육경련, 식욕저하, 불규칙한 심박동
나트륨 (Na)	육류, 우유 및 유제품, 베이킹소다, 화학조미료	산-염기 균형, 물의 균형, 신경전달	근육경련, 구토, 식욕감소, 현기증
염소 (Cl)	소금 함유식품, 채소, 과일	물의 균형, 삼투압 조절, 산-염기 균형, 위산생성	구토, 설사
마그네슘 (Mg)	전곡, 견과류, 녹색잎 채소	단백질합성 효소활성화/ 신경, 심장기능	성장저해, 행동장애, 식욕부진

1) 칼슘의 역할

① 칼슘은 골격 형성의 가장 중요한 무기질이다.

② 칼슘은 혈액응고에 중요한 단백질(피브린)을 형성한다.

③ 칼슘은 신경자극 전달물질이 분비되게 한다.

④ 칼슘 이온은 근육수축을 유도한다.

⑤ 칼슘은 효소를 활성화하여 대사를 조절한다.

⑥ 칼슘은 세포막의 투과성을 조절한다.

2) 칼슘 급원식품

우유와 유제품(치즈 종류), 생선 통조림, 탈지유 등은 좋은 급원이지만 코티지 치즈 (cottage cheese)는 생산과정 중 칼슘이 손실된다. 그 외 녹색채소(예: 시금치)도 좋은 칼슘 급원이나 칼슘은 채소에 있는 수산(oxalate) 같은 물질이 결합하여 흡수가 어렵다. 그러나 케일, 녹색 겨자 잎사귀, 무 잎사귀 등은 칼슘 급원으로 인정받고 있다. 탈지유 같은 우유는 생체이용률이 높고 에너지 함량이 적기 때문에 가장 좋은 칼슘 급원으로 인정받고 있다.

최근 새로운 제품으로 칼슘을 강화한 오렌지 주스와 채소, 칼슘을 강화한 코티지 치즈, 요거트, 아침 시리얼과 스낵 등이 등장하고 있다. 만일 두부에 칼슘을 첨가해서 만들었다면 좋은 급원이 될 수 있으며, 통조림 생선(연어, 정어리, 고등어)의 뼈가 좋은 급원이 된다.

3) 골다공증에 관한 정보

① 골다공증(osteoporosis)이란 뼈의 석회화는 정상적이었지만 여러 가지 이유로 뼈에서 칼슘 용출이 높아져 골밀도가 낮아지고 뼈에 구멍이 있어 골절이 잘 일어나는 질병이다. 골격은 실제로 대사가 활발한 조직이며, 조골세포와 파골세포가 있다. 조골세포는 콜라겐이라는 단백질을 만들어 여기에 무기질이 축적되어 골격을 유지시켜 준다. 파골세포는 부갑상선호르몬과 비타민 D에서 유래된 호르몬과 같이 골격분해를 촉진해 혈액으로 칼슘을 내보낸다. 이와 같이 골격은 분해되었다가 다시 형성되는 과정을 반복한다.

② 성장하는 동안은 조골세포의 활성이 파골세포의 활성을 능가하여 골격형성이 활발해진다. 하지만 노인기에는 파골세포 활성이 더 우세해 골격분해가 더 일어난다. 골격의 강도는 무기질 밀도가 높을수록 강하며, 골밀도는 성별 및 연령과 연관이 있다. 사춘기에는 계속 골격이 성장하고 석회질화가 일어난다. 골밀도는 20~30세 사이에 더욱 증가되고, 이때 밀도가 높을수록 노인기에 골손실이 적다.

③ 남성은 50세 이후에 매년 0.4% 정도 골격 손실이 시작되어 80세까지는 정상적인 속도로 골격 손실이 일어나므로 그리 큰 문제가 되지 않는다. 여성의 경우는 35세부터 남성보다 빠른 속도로 골격 손실이 시작되어 폐경기 이후 1~3% 정도의 골격

이 손실되어 극심한 골다공증을 경험한다. 백인이나 아시아인, 운동량이 적은 사람들, 폐경기가 일찍 온 사람들, 흡연이나 알코올중독자, 장기적으로 다이어트를 하는 사람들, 가족병력이 있는 사람들이 골다공증에 걸리기 쉽다.

④ 활발한 운동을 하는 사람은 운동을 거의 하지 않는 사람에 비해 더 많은 골량을 유지한다. 성인에게 운동은 골량을 유지하고 증가시키는 안전하고도 효과 있는 자극제이다.

　칼슘의 보충 섭취는 칼슘제제로 취하든 식품을 통해서 취하든 결핍증을 교정하는 데 도움이 된다. 적당한 비타민 D의 섭취는 칼슘 흡수를 증진시키는 반면, 과량의 고기, 커피, 소금, 알코올 섭취는 칼슘의 흡수를 저해시킨다.

4) 칼슘 독성

하루에 2,000mg 이상 칼슘을 섭취할 경우에는 혈액과 소변에 칼슘 농도가 높아지고, 두통이 생기며, 신경질적이 된다. 또한 신장이 나빠지고, 연한 조직이 석회질화되며, 신장에 돌이 생기고, 다른 무기질의 흡수가 나빠진다.

(2) 인(phosphorus, P)

체내 인의 약 80% 정도가 뼈에 존재하며 나머지는 세포와 체액에 있다. 인은 칼슘과 결합하여 골격과 치아조직을 형성하는 중요한 기능 외에도 에너지를 공급하는 고열량 물질의 필수 성분이다. 인은 지방과 결합하여 인지질을 형성함으로써 세포막의 구성성분이 되며 DNA와 RNA의 구조에서도 중요한 역할을 한다. 또한 인은 에너지 대사의 최종 산물인 산을 완충시키고 신장에서 수소이온(H^+)의 분비를 도와줌으로 체액의 pH를 조절한다. 인은 단백질, 지질, 당질의 에너지 대사에도 관여하며, 또한 신경과 근육기능을 조정하는 데에도 관여한다.

　사람의 인 섭취량은 충분해서 결핍증은 드문 편이다. 인 섭취량의 30%가 가공육류, 치즈 그리고 청량음료의 식품첨가물로 섭취되고 있다. 인의 좋은 급원식품은 현미 전곡, 베이킹소다와 통밀로 만든 음식, 치즈, 아몬드, 간, 농축 우유와 전지유, 생선 등이다.

(3) 마그네슘(magnesium, Mg)

마그네슘은 우리 몸 안에서 4번째로 많은 무기질이다. 성인의 신체 내에는 마그네슘이 25g 정도 함유되어 있으며, 그 중 60%가 골격을 구성한다. 나머지 적은 양이 혈액 내를 순환하면서 작용한다. 대부분 근육조직의 세포 내에서 200개 이상의 효소가 마그네슘을 필요로 하고, 특히 ATP를 생산하는 곳에 사용한다. 그 외 신경의 자극전달과 심장기능 등에 중요한 역할을 한다.

1) 마그네슘 급원식품

칼슘의 과량섭취는 마그네슘의 흡수를 방해할 수 있기 때문에 골다공증을 치료하기 위해 추가로 칼슘을 섭취해야 하는 여성은 마그네슘의 좋은 급원식품을 알아두는 것이 중요하다.

마그네슘은 대개 식물의 엽록소와 동물의 근육조직에 존재한다. 좋은 급원식품으로는 전곡류, 땅콩버터, 해바라기 씨, 콩, 브로콜리, 애호박, 종실류 및 채소류가 있다. 만약 채소를 끓이게 되면 약 50%의 마그네슘이 물을 통해 손실된다.

2) 마그네슘 결핍증

마그네슘은 일반적으로 식사를 하면 결핍증을 보이지 않으나 불량한 마그네슘 영양상태를 보이는 경우는 다음과 같다.

① 이뇨제를 사용하여 소변으로 마그네슘 배설이 증가되는 경우

② 아주 무더운 날씨에 땀을 과잉으로 몇 주 동안 계속 흘릴 경우

③ 지속적으로 설사를 하거나 토할 경우

④ 알코올 중독자처럼 식사로 충분한 마그네슘 섭취를 못하면 결핍이 가능하며, 알코올로 인해 소변으로 마그네슘 배설이 높아지는 경우 등이다.

사람은 마그네슘 결핍 시 불규칙적인 심장박동과 신체의 허약함, 근육통증 및 손발 동작이 안 맞으며, 심할 경우에는 발작 등을 일으킨다. 예로, 알코올중독자들은 손발 동작이 잘 안 맞고 경련(tetany) 및 허약함을 초래한다.

(4) 나트륨(Na), 칼륨(K), 염소(Cl)

나트륨, 칼륨 및 염소는 체액에 이온으로 녹아 있기 때문에 이들을 한데 묶어서 전해질(electrolytes)이라고 한다. 전해질의 주요 기능은 세포외액과 세포내액 사이의 균형을 이루게 하여 체액의 교환을 조절하는 것인데, 이 기능이 세포와 세포외액 사이에 영양소와 노폐물의 교환을 용이하게 한다.

1) 나트륨

일반적으로 나트륨 섭취가 낮으면 부신피질에서 알도스테론(aldosterone)이라는 호르몬이 분비되어 나트륨을 보유하게 한다. 반대로, 나트륨 섭취가 높으면 초과량은 소변으로 배출시킨다. 따라서 이 전해질의 균형은 적게 섭취하거나 혹은 많이 섭취하여도 비교적 잘 유지된다. 하지만 이상이 있을 경우 나트륨의 균형이 정상적으로 조절되지 못하면 체내 수분 보유가 증가되어 혈압이 올라가 건강에 위협을 준다.

　장기간 동안 다량의 나트륨 섭취는 고혈압을 유발할 수도 있으므로 너무 많은 섭취는 권장하고 있지 않다. 식탁의 소금은 40%의 나트륨과 60%의 염소로 구성되어 있기 때문에 이 수치를 환산하면 보통 서구인들의 하루 소금 섭취량은 7.5g~18g이 된다. 그러나 한국인은 훨씬 많은 양의 소금을 섭취하며 일부 한국인들은 간장, 젓갈, 조미료를 통해 하루에 40g의 나트륨을 섭취하기도 한다. 이렇게 한국인의 나트륨 섭취량은 주로 식품의 제조 가공, 조리, 양념 및 저장 과정 중 많은 양의 소금을 첨가함으로써 생긴 결과이다. 식탁의 소금 이외에도 일반적으로 나트륨이 풍부한 급원으로는 조미료, 간장, 양념류, 통조림 식품들, 베이킹소다 등이 있다.

2) 고혈압의 식이요법 시 주의사항

나트륨 섭취를 제한하는 식이요법에 의해서도 고혈압 치료에 효과가 없는 경우 소변 배출을 유도하는 이뇨제를 사용하는 경우가 있다.

하지만 체내에서 체액과 나트륨을 줄이는 방법이나 이뇨제를 사용하는 방법은 다른 무기질, 특히 칼륨(K) 손실이 있을 수 있으므로 이뇨제를 사용하는 환자는 칼륨이 풍부한 음식을 섭취해야 한다.

식품 중 미량원소의 식물성 급원은 주로 토양에 있는 무기질 함량에 좌우된다. 그러나 동물성 급원은 여러 가지 식물을 먹고 자라고 다른 지역으로 이동도 가능하므로 더 좋은 급원이 된다.

미량원소의 생체이용률은 흡수력에 좌우된다. 식물성 식품에는 흡수의 방해요인이 많이 있으며, 동물성 식품의 무기질은 흡수가 더 효율적이고 오히려 흡수를 증진시키는 요인이 있어 식물성 식품 내에 있는 무기질의 흡수까지 도와주기도 한다. 그러므로 무기질 섭취를 위해서 여러 가지 식품을 골고루 섭취할 것을 권장하는 것이다. 그리고 가공이 많이 된 식품일수록 미량원소의 손실이 많아 그 함유량이 적다.

(5) 철분(iron, Fe)

1) 철분 분포와 흡수

일단 흡수된 철분은 제거가 어려우며, 정상인은 보통 식품의 철분이 5~10% 정도 흡수되지만 철분이 결핍된 경우에는 10~20%로 증가된다. 철분 흡수율은 여러 가지 요인에 의해 영향을 받으며, 그 중 가장 중요한 요인은 체내에 저장된 철분 함량으로 이에 따라 흡수율이 좌우된다.

체내 철분의 총량 중 70%는 적혈구의 헤모글로빈(hemoglobin, Hb)과 근육조직의 미오글로빈(myoglobin)에 존재하고, 일부는 골수에 저장되며 적은 양이 췌장과 간에 저장된다. 철분이 과잉으로 흡수되면 간조직 내 저장이 증가되어 필요할 때 저장된 철분이 혈액으로 유출되어 철분 농도를 유지시켜 준다. 그러나 간조직에 철분 저장이 너무 높아지면 간조직을 상하게 할 수도 있다. 그러므로 철분 흡수는 저장된 철분 저장고에 따라 흡수가 좌우되며, 정상적인 상태에서 철분은 필요에 따라 흡수됨으로써 과잉으로 철분이 흡수되는 것을 방어해 주는 기능이 있다.

헤모글로빈이나 미오글로빈을 구성하는 철분은 채소, 곡류 및 다른 식물성 식품뿐만 아니라 계란, 우유 등에 있는 철분보다 흡수력이 2배 이상 좋다. 철분도 칼슘과 마찬가지로 체내 요구가 더 높을수록 흡수가 더 좋으며, 육류와 같이 채소와 곡류 제품을 섭취하면 철분의 흡수를 증진시킨다. 비타민 C와 유기산도 채소와 곡류의 철분 흡수를 증가시키고, 위의 위산은 철분을 용해시켜 흡수를 증진시킨다. 예로, 노인의 경우 위산 분비가 감소되어 철분 흡수도 감소되고 결국 체내 철분 저장고가 줄어든다[표 6-2].

칼슘에서와 마찬가지로 곡류의 피틱산이나 섬유소, 채소에 있는 수산 등은 철분과 결합하여 흡수를 낮추어 준다. 하루에 섬유소 35g 이상 섭취하면 철분과 다른 미량원소 흡수를 낮추며, 홍차(tea)에 있는 타닌(tannins)과 커피에 있는 비슷한 물질들은 철분 흡수를 낮추어 준다.

2) 적혈구의 헤모글로빈에 결합된 철분의 역할

적혈구의 헤모글로빈이나 근육세포의 미오글로빈에 결합된 철분은 허파 내 함유된 산소를 조직의 세포로 운반하고, 또 조직의 세포에 결합된 탄산가스를 허파로 운반하는 데 관여한다. 그뿐 아니라 철분은 효소의 보조자로서 콜라겐과 신경자극전달물질을 합성하는 데 작용하며, 면역기능 증진에 관여한다.

3) 적혈구 합성은 언제 시작되는가?

적혈구의 기본 역할은 체내에 산소를 공급해 주는 데 있기 때문에 일단 혈중 산소 농도가 낮을 때나 혈액이 손실되었을 때, 또는 가스에 중독되어 일산화탄소 같은 분자가 적혈구와 결합하여 산소가 부족할 때 골수세포에서 더 많은 적혈구를 합성하여 산소를 신속하게 운반해 준다.

표 6-2	미량무기질의 급원식품, 기능 및 결핍증		
무기질	급원식품	주요기능	결핍증
철(Fe)	간, 굴, 육류, 채소	헤모글로빈 구성, 효소구성	빈혈, 허약, 면역저하
요오드(I)	해조류	갑상선호르몬 구성, 기초대사율	갑상선종, 크레틴증
아연(Zn)	식품에 널리 분포	효소활동에 관여	성장저해, 미각감퇴증
구리(Cu)	간, 굴, 코코아, 견과류	헤모글로빈 합성, 뼈 석회질화	빈혈
셀레늄(Se)	해조류, 고기, 곡류	항산화제 역할, 세포막유지	매우 드묾
불소(F)	불소 첨가음료, 해조류	골격형성, 충치예방	충치

4) 적혈구는 합성된 후 얼마 동안 활동하는가?

적혈구는 다 성숙되면 세포 내에서 핵이 빠져나가기 때문에 새로운 단백질 합성이 불가능하여 생명이 120일밖에 안 된다. 적혈구가 120일 후에 죽으면 철분이 유리되어 나와서 약 90%는 재사용하게 된다.

5) 철분 결핍성 빈혈이란?

① 빈혈 증상을 가진 사람 중 반 정도가 철분 결핍성 빈혈이다. 만일 식사로 섭취하는 철 함량 또는 체내 저장 철 함량으로 헤모글로빈 합성에 필요한 만큼 보충을 못하면 적혈구 합성의 감소로 산소공급이 부족해 빈혈이 온다.

② 학년 전 아동, 사춘기 청소년들, 가임기 여성들 또는 운동을 활발히 하는 여성들 가운데 철분 섭취가 부족하기 쉽다. 임신 중에는 모체와 태아를 위해 철분 요구량이 증가하므로 철분 결핍성 빈혈이 흔하게 일어나며 조산출산이 가능하다. 여자는 생리를 통해 더 많은 철분을 손실하기 때문에 남자의 경우보다 결핍증이 쉽게 일어난다. 철분 결핍성 빈혈에서는 적혈구의 헤모글로빈 수치가 감소하고 적혈구 세포의 크기가 작아진다.

③ 정상인의 경우 혈중 헤모글로빈 값이 남자는 15.0g/100㎖, 여자는 13.6g/100㎖이다. 빈혈의 경우 혈액 중 적혈구가 차지하는 부피가 감소되고 헤모글로빈 값은 10~11g/100㎖로 감소된다. 철분 결핍성 빈혈의 증세는 혈액의 산소운반 능력의 감소로 피부가 창백해지며 호흡이 가빠지고 무기력증 혹은 식욕감퇴로 나타난다. 유아 초기의 철분 결핍은 키가 안 크고, 체중증가가 어려우며, 행동발달이 부진하고, 학습능력이 떨어지며 면역상태가 약해진다.

6) 철분 섭취기준과 급원식품

2005년에 개정된 한국인 철분 섭취기준은 성인 남자는 하루에 10mg이고, 여자는 14mg이다. 미국인 식사 중에는 1,000kcal당 철분이 약 5~7mg 함유되었으며 동물성 육류 섭취가 높아서 보통 흡수가 좋은 급원이지만 한국인은 주로 곡류 및 채소와 식물성 식품 섭취가 높은 편이라서 철분 흡수를 방해하는 물질이 높아 좋은 급원이 못된다.

성인은 하루 약 1mg의 철분이 소화기관, 소변, 피부를 통해 손실되는데, 여자는 생리로 인한 혈액손실에 의해 철분의 손실이 더 크다(약 1.3mg). 여자는 열량 섭취가 낮기 때문에 철분이 더욱 강화된 아침 시리얼과 붉은 육류 종류를 섭취할 것을 권한다. 또한 채식주의자와 운동선수(특히 달리기 선수)는 빈혈이 오기 쉽다고 한다. 어린이의 철분 결핍성 빈혈은 주로 우유(철분 불량한 식품)에 너무 의존하고, 육류섭취가 너무 적기 때문에 오는 것이다.

동물성 식품에는 흡수가 좋은 헴(heme)형의 철분이 있다. 그러므로 육류는 가장 좋은 급원이며 그 중에서도 간 같은 것은 철분이 저장되기 때문에 가장 좋은 급원이 된다. 비헴철이 들어있는 밀가루 제품은 다음 급원으로 중요하나 여기에 강화시킨 철분은 흡수력이 아주 저조하다.

7) 철분 섭취는 조심해야 한다.

특히 1세 어린이는 하루 60mg 정도만 섭취해도 철분 독성이 올 수 있으며, 더 적은 양이라도 장기간 섭취하면 독성이 생긴다. 남성은 30~50대 사이에, 여성은 폐경 이후 철분 과잉 섭취로 독성이 있을 수 있다. 철분섭취가 부족해서 오는 빈혈도 유의해야 하지만 최근에는 철분의 과잉섭취와 유전적인 과잉흡수에 의해서도 간, 췌장, 심장, 근육, 뇌하수체 등에 축적되어 조직을 파괴하게 되므로 중요한 문제로 대두되고 있다.

4. 물

물은 체중의 50~65%를 차지하는 주요한 인체의 구성 성분이다. 인체 내의 수분 함량은 각 조직에 따라 다르며 연령, 성별, 체지방 함량에 따라 차이가 있다. 신생아의 수분 함량은 몸무게의 약 75%를 차지하며, 성인은 체내 지방량과 근육량에 따라 다르다. 근육조직은 무게의 65~75%가 수분으로 되어 있으나 체지방은 수분을 가장 적게 함유하고 있는 조직으로서 20~30%만이 수분이다. 그러므로 남성은 체중의 57~65%, 여성은 46~53%의 물을 함유하고 있다.

(1) 체액의 구성

체내 함유된 물은 세포외액(세포 밖에 있는 액, 물 총량의 약 1/3)과 세포내액(세포 안에 있는 액, 물 총량의 약 2/3)으로 구성되어 있으며, 세포외액은 세포간액(세포와 세포 사이에 있는 액)과 혈액(세포외액의 약 20%)으로 구성되어 있다. 세포간액은 여러 종류의 조직과 조직 사이를 흐르는 액을 말하며 혈액은 세포내액과 세포외액을 연결해 주는 역할을 한다.

세포외액에는 림프, 타액, 눈의 액, 장과 선에서 분비되는 액, 척수액 그리고 신장과 피부를 통해 분비되는 액도 포함되어 있다. 나이가 들어감에 따라 신체의 세포내액이 점차 감소되면서 체내 물의 총량이 감소된다.

세포내액에는 Na^+과 Cl^- 이온이 낮은 농도로 있으며, K^+ 이온은 높은 농도로 함유되어 있다. 반대로 세포간액과 혈장에는 Na^+, Cl^- 이온 농도는 높고, K^+ 이온은 매우 낮은 농도로 존재한다. 바로 이 전해질들의 농도 차이에 의해 세포막을 통한 화학물질의 교환이 가능한 것이다.

(2) 물의 기능

물은 신체 내의 모든 물질을 이동시키며 모든 대사 반응을 돕는 용매이다. 가스의 확산은 언제나 수분에 의해서 이루어지며 영양소도 물을 용매로 하여 운반된다. 또한 노폐물도 물을 통해 소변과 대변으로 배출된다. 물은 약간의 체온변화에도 민감하게 반응하여 체온을 안정시키는 능력이 있다. 또한 물은 관절에서 윤활유 역할을 하며, 뼈가 움직일 때 서로 마찰을 일으키는 것을 방지하여 준다.

(3) 물의 균형

체내 물 함량은 비교적 일정하며 호르몬 등 여러 기전에 의해 조절된다. 즉 물 배출량이 섭취량보다 많더라도 불균형은 약간의 수분 섭취로 곧 회복이 된다. 그리고 전체적으로 체내 물 보유량을 일정하게 하려는 기전이 있어 만일 땀으로 물 배출량이 클 때는 소변량이 감소되어 전체적으로 물의 균형을 조절하려고 한다.

(4) 물의 급원

정상적인 기온에서 운동을 심하게 하지 않는 성인은 하루에 약 2.5ℓ의 물이 필요하다. 하루에 섭취하는 물의 양은 식사의 성분과 식사량, 바깥기온과 습도 그리고 운동량에 따라 상당한 차이가 있다. 물은 음료, 식품 및 대사를 통하여 인체에 공급된다. 물의 급원을 분류해 보면 다음과 같다.

1) 음료를 통한 물

보통 사람들은 정상적으로 하루에 약 1,200㎖의 물을 마신다. 이 양은 운동 중이나 고온 하에서 급격하게 변화되는데, 수분 총 섭취량이 정상보다 5배 또는 6배로 늘어날 수도 있다.

2) 식품 중의 물

식품에 함유된 물량은 매우 큰 차이가 있어 과일과 채소에는 물 함량이 높은 반면에 버터, 기름, 건육류, 초콜릿, 과자와 케이크에는 아주 소량 들어있다. 일반적으로 하루 동안 섭취한 식품 중 물의 양은 약 1,000㎖ 정도이다.

3) 대사성 물

인체 내에서 영양소가 대사되어 에너지(ATP)를 생성할 때 동시에 물과 탄산가스를 생성한다. 이 대사성 물은 보통 가벼운 일을 하는 사람에 있어서 필요한 수분량의 약 25%에 해당된다. 보통 사람 기준으로 하루에 약 300㎖의 물이 대사과정을 통해 생성된다[표 6-3].

표 6-3	수분균형		
물의 급원		**물의 배출**	
음료	550~1,500㎖	소변	500~1,400㎖
식품	700~1,000㎖	피부	450~900㎖
대사	200~300㎖	허파	350㎖
		대변	150㎖
합계	1,450~2,800㎖	합계	1,450~2,800㎖

(5) 물의 배출

1) 소변을 통한 배출

소변의 약 95%는 물이고 나머지는 여러 가지 수용성 및 불용성 물질로 구성되어 있다. 정상적으로 신장은 매일 140~160ℓ의 물을 여과하며 이 중 약 99%를 재흡수한다. 결과적으로 매일 신장을 통해 배출되는 소변 양은 약 1,000~1,500㎖이며, 1g의 물질이 신장을 통해 배출되려면 약 15㎖의 물이 필요하다. 소변 중에 포함된 물은 대사 과정에서 생긴 부산물질, 즉 요소(단백질 분해의 부산물), 요산(핵산의 분해산물)과 전해질인 나트륨, 칼륨, 황산이온 그리고 크레아틴을 신체로부터 제거하는 데에 필수적이다. 우리가 과량의 단백질을 섭취했을 경우 단백질 대사를 통해 많은 양의 요소가 생성되며, 이 노폐물을 제거하기 위해 다량의 수분이 동반 배출되어야 한다.

2) 피부를 통한 배출

소량의 수분이 지속적으로 피부를 통해 발산된다. 이런 수분손실을 무감각하게 나오는 땀(insensible perspiration)이라 한다. 정상적인 상태에서 피부 밑에 있는 2~4 백만 개의 땀샘을 통해 매일 500~700㎖의 땀이 배출된다. 격렬한 운동 시 체액은 땀을 통해 1~2kg 정도 손실된다. 땀을 통한 수분 손실이 체중의 2% 정도 되면 혈류량은 감소되고, 곧 순환기가 긴장하여 체온을 조절하는 기능이 저하된다.

3) 증발을 통한 배출

사람이 의식하지 못하는 중에 호흡을 통해 배출되는 수분 손실은 하루에 약 250~350㎖이다. 운동은 이 수분 배출에 큰 영향을 미치므로 격렬한 운동 중에 호흡을 통해 매분 3.5㎖의 수분이 손실된다. 이 손실되는 수분의 양은 기온에 따라 상당한 차이가 있다. 즉 덥고 습할 때는 적게 배출되고, 흡입한 공기에 수분이 적게 포함되어 있는 추운 날씨나 호흡이 매우 증가되는 고지에서는 이 수분 배출이 증가된다.

4) 대변을 통한 배출

대변 중 약 70%는 수분으로 구성되어 있으며 장을 통해 약 100~200㎖의 수분이 배출된다. 나머지는 비소화성 물질로 소화과정 중 장, 위 및 췌장으로부터 분비된 소화액과 박테리아의 잔여물이다. 설사나 구토로 인한 수분손실은 1,500~5,000㎖로 증가될 수 있으며 이 손실로 인하여 심각한 탈수나 전해질 손실이 올 수 있다.

PART Ⅲ
식생활과 질병

제7장 비만과 영양

우리나라는 생활수준의 향상으로 식품의 섭취 패턴이 급변하고 다양해짐에 따라 과거의 질환 양상과 다른 질병들이 새롭게 증가하고 있다. 특히, 에너지 과잉 섭취로 인한 비만은 당뇨병, 심장병, 고혈압의 발병원인이 되는 것으로 밝혀져 사람들은 영양의 부족뿐만 아니라 과잉도 건강에 해로운 요인임을 알게 되었다.

미국의 질병예방과 건강증진을 위한 보고서에 따르면 건강에 영향을 미치는 위험요인 중에서 생활양식이 50%를 차지하고 있으며, 생활양식 중 가장 중요한 요소로 식생활을 들고 있다. 여기서 50%는 '적어도'의 의미를 포함하고 있으며, 실제로 건강연구 보고서에 의하면 관상심장질환의 발생에 식습관, 운동, 흡연, 음주 등 생활습관의 기여 정도가 82%나 되었다.

본 장에서는 우리나라에서 높은 빈도로 발생하고 있는 만성질환인 비만, 당뇨병, 고혈압, 암과 같은 질환의 위험요인과 영양학적 관리 및 식사요령에 대하여 알아보고자 한다.

1. 비만과 영양

우리나라에서도 경제발전, 국제화 등으로 식생활의 패턴이 변화하고 생활양식이 변화함에 따라 비만 인구가 증가하고 있다. 2009년 국민건강영양조사에 따르면 국내의 비만인구는 성인에서 31.3%로 추정되며, 구미 선진국의 통계를 보면 남자의 약 72.3%와 여자의 약 64.1%가 과체중 및 비만인 것으로 보고되었다.

비만은 대부분 섭취한 열량 중에서 소모되고 남는 부분이 지방으로 전환되어 체내의 여러 부분, 특히 피하조직과 복강 내에 축적되는 현상이다. 신체 기능에 필요한 지방보다 훨씬 많은 양이 체내에 축적되면 정상적인 생리적 기능에 장애를 줄 뿐 아니라 여러 가지 질환의 원인이 되므로 예방과 조기치료에 많은 노력을 기울여야 한다.

(1) 에너지 필요량

인체는 섭취한 식품 중 탄수화물, 단백질, 지방으로부터 에너지를 공급받아 생명유지, 성장과 발육, 신체활동 등을 영위하는 데 사용한다. 인체에 필요한 에너지는 일반적으로 ① 휴식대사량, ② 활동대사량, ③ 식품에 의한 열발생으로 구분한다.

(2) 휴식대사량(resting energy expenditure, REE)

휴식대사량은 인체의 생명과 기능을 유지하는 데 필요한 에너지로서 아침에 기상한 후 안정상태에서 산소소비량을 측정하여 결정한다. 휴식대사량은 연령, 성별, 체격과 체성분, 내분비 또는 정신상태 등에 따라서 영향을 받으며 아동기에 높다가 점차 감소하여 20세가 되면 어느 정도로 일정하게 유지된다. 체지방량이 많은 여자는 남자보다 휴식대사량이 낮으며, 또 근육이 발달한 운동선수나 신체 근로자가 더 높다.

(3) 활동대사량(physical activity)

활동대사량은 육체적으로 얼마나 활동적인가에 따라 다르며, 활동에 필요한 에너지는 운동의 종류, 강도 또는 소요시간 등에 따라서 다르다. 중정도의 활동을 하는 사람은 활동대사량이 하루 전체 소비에너지의 30% 정도를 차지한다.

(4) 발열작용(thermogenesis)

식품이 소화되어 흡수된 후에 에너지를 내기 위해 대사될 때에 쓰이는 에너지를 식품섭취에 따른 열량 소모량 또는 열 발생작용이라고 한다. 식품을 섭취한 후 영양소의 소화, 흡수, 이동, 대사, 저장에 따른 열량 소모량은 섭취한 영양소 종류에 따라 다르다. 그러나 혼합식을 할 경우, 식품에 의한 열량 소모량은 총 열량의

6~8% 정도이므로 하루에 식품에 의한 열량 소모량은 기초대사량과 활동에너지의 10% 정도로 계산한다.

2. 비만의 원인

(1) 유전

비만의 원인으로 유전적 요인이 중요한 역할을 한다는 것은 잘 알려져 있다. 비만 발생에 유전이 미치는 영향을 살펴보면 양쪽 부모가 모두 비만일 경우, 자손이 비만일 확률은 약 80%이나, 어느 한쪽 부모가 비만일 경우에는 약 40%이고, 부모가 모두 정상체중일 때는 10%의 확률을 보인다. 이러한 양상은 순수하게 유전적인 요인도 있겠지만 자녀들이 부모와 같은 음식을 먹고 식습관도 유사하기 때문에 환경적인 요인도 같이 작용할 가능성이 높다.

(2) 과다한 열량섭취

소비하는 열량보다 많은 열량을 섭취하게 되면 여분의 열량이 체내에 지방의 형태로 축적되어 비만이 된다. 하루에 얼마만큼의 양을 먹느냐 그리고 얼마나 자주 먹느냐 하는 식사습관도 비만의 원인이 될 수 있다. 하루에 두세 차례에 걸쳐 폭식을 하는 것이 같은 양이라도 5~6번에 나누어 식사를 할 때보다 더욱 비만해지는 결과를 가져온다. 특히, 아침과 점심을 거르고 저녁을 한꺼번에 많이 먹는 식습관은 아주 좋지 않다. 그것은 낮 동안의 배고픔이 오히려 한 끼의 폭식으로 인해 지방 축적 과정을 자극하는 요인이 되기 때문이다. 또한, 비만한 사람은 대개 정상 체중을 가진 사람보다 음식을 빨리 먹는 습관이 있는데, 음식을 너무 빨리 먹게 되면 실제로 음식이 장으로 들어가 만복감을 느끼기도 전에 이미 많은 양을 먹게 되기 때문이다.

산업 발달과 경제수준 향상은 우리의 영양소 섭취의 패턴을 변화시켜 과다한 열량섭취를 유도하였다. 즉, 식사 내 섬유질 함량이 낮아지고 에너지가 농축된 식품을 더 섭취하게 되었는데 이런 식단은 단백질 및 지방의 함량과 단순당의 함량이 높아 필요 이상으로 열량섭취를 증가시켰다. 한편, 다량의 섬유질을 섭취하는 지역에서는 비만이 잘 발생하지 않는 것으로 보고되었는데 이는 가공이 되지 않은 식품을 섭취하게 되면 섬유질로 인하여 위에서 포만감을 빨리 느끼게 될 뿐 아니라 결국에는 에너지 섭취량이 적어지기 때문이다.

(3) 에너지 소모의 저하

현대인들의 열량 섭취량은 과거에 비해 감소하였으나 비만비율이 높아진 이유는 에너지 소모의 저하 때문인 것으로 보인다. 인체의 에너지 요구량은 10대에 가장 높으며 그 후에는 점차 감소되므로 연령증가에 따른 체중증가는 에너지의 과잉섭취보다는 에너지 소모량의 감소에 기인한다는 주장도 있다. 특히, 컴퓨터 사용시간 및 TV 시청시간이 늘어나면서 활동량 감소는 에너지 소모의 저하를 유도할 뿐만 아니라 무의식적인 음식 섭취를 조장하여 비만의 원인이 되기도 한다.

(4) 기타 요인

내분비 및 대사 장애, 쿠싱증후군(뇌하수체의 기능이상) 등과 같은 질환이 비만의 원인이 될 수 있다. 이와 같은 경우는 그 원인을 치료하면 비만이 교정되는 경우가 많다. 한편 심리적 요인, 스트레스도 비만의 원인이 될 수 있는데 이들 요인이 비만 발생에 어떤 역할을 하는지는 아직도 불확실하다. 과거에는 우울증, 불안 또는 불행감 등이 비만 유발 요인으로 생각되었으나, 최근에는 이들 감정 장애가 비만으로 인하여 발생되어 비만증을 악화시키는 것으로 보고 있다. 또한, 과도한 스트레스는 섭취량의 추정능력을 저하시켜 식사섭취 시 정상 또는 저체중자에 비하여 음식물 섭취량도 많고 빨리 먹는 것을 볼 수 있다.

3. 비만의 분류

비만의 유형은 [표 7-1]에서와 같이 여러 가지 방법으로 구분하며, 이에 대한 설명은 아래와 같다.

(1) 원인에 따른 분류

1) 단순성 비만 또는 본태성 비만

단순히 과식과 운동부족에 의해서 생긴 비만을 뜻한다. 비만한 사람의 대부분(약 95%)이 이에 속한다[표 7-1 참조].

표 7-1	비만의 유형
구분방법	**비만의 종류**
원인에 따라	단순 비만, 증후성 비만
발생 시기에 따라	소아 비만, 성인 비만
지방조직 형태에 따라	지방세포 증식형, 지방세포 비대형
지방 분포에 따른 체형	복부형비만(상체비만, 사과형), 둔부형비만(하체비만, 서양배형)
위치에 따라	내장지방형, 피하지방형

2) 증후성 비만

유전 또는 내분비 질환 및 신경학적인 이상에 의하여 발생된 비만이다. 이와 같은 비만의 빈도는 매우 낮지만 비만한 사람을 치료하는 경우, 항상 증후성 비만이 아닌가를 염두에 두고 원인을 찾아내는 것이 필요하다.

(2) 지방조직의 형태에 의한 분류

지방조직의 세포 수와 세포 크기에 의한 분류이며 대사이상이 지방세포의 크기를 변화시켜 비만을 일으킨다. 지방세포의 증식능력과 비만의 발생시기와 관계가 있다[그림 7-1 참조].

1) 지방세포 증식형

지방세포의 크기는 정상이지만 세포 수가 증가해서 발생된 비만이 정상인에서도 임신 후기, 생후 1년과 사춘기에 지방세포의 증식이 있다. 어려서부터 시작되는 비만은 지방세포 증식형이 많고 대사 이상이 원인인 경우는 드물다.

2) 지방세포 비대형

지방세포의 크기가 증가해서 발생된 비만이고 성인에서 발생하는 비만의 대부분에서 볼 수 있는 형태이다. 대사이상을 반영하는 경우가 많고 체중감소 요법에 의해서 치료가 가능한 형태이다.

3) 혼합형

지방세포의 크기와 세포 수가 같이 증가된 형태로서 고도의 비만에 흔히 보인다. 세포 수의 증가가 현저한 경우 체중감소 요법으로 큰 효과가 없다.

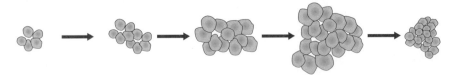

성장과정에 지방 세포 수가 증가함

열량섭취가 소비량보다 더 높을 시에는 지방세포의 크기가 증가함

지방세포가 최고의 크기로 증가한 후에도 열량 섭취가 계속 소비량보다 초과하면 지방세포는 수가 다시 증가함

지방세포 내에 지방량이 줄 때 지방세포의 크기는 감소되어도 지방 세포 수는 그대로 있음

그림 7-1   지방세포 발달과정

(3) 지방조직의 체내분포에 의한 분류

체지방의 분포에 따라 비만에 의한 합병증 발생양상이 다르므로 지방 분포에 따라 비만을 분류한다. 이러한 분류에 피하지방 두께를 측정하여 체형을 평가하며, 최근에는 컴퓨터 단층촬영에 의해서 복부의 지방층을 직접 측정하는 방법도 시도되고 있다.

1) 복부비만(상체비만, 사과형 비만)

비만에서 지방 분포와 합병증의 관계에 대해 최초로 보고된 보고서에서는 상완과 대퇴의 둘레와 피하지방을 측정하여 지방축적이 주로 상체에 축적되었을 경우를 복부비만 또는 남성형 비만(android obesity)으로 정의하였다. 합병증은 주로 복부비만에서 많이 나타났다[그림 7-2].

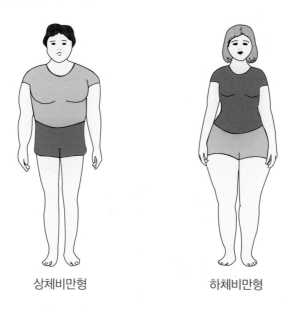

상체비만형   하체비만형

그림 7-2   비만유형

2) 둔부비만(하체비만, 서양배형 비만)

체지방이 주로 대퇴에 축적된 경우를 둔부비만 또는 여성형 비만(gynoid obesity)으로 분류한다.

3) 내장지방형 비만

복부의 내장에 지방이 축적된 비만을 내장지방형 비만으로 지칭하며 컴퓨터 촬영
을 실시하여 지방과 피하지방을 측정한 후 내장지방의 면적이 100cm를 초과하면
내장비만형으로 정의한다. 내장지방형 비만 발생의 위험요인과, 이와 관련된 질병
은 [그림 7-3]에서와 같다.

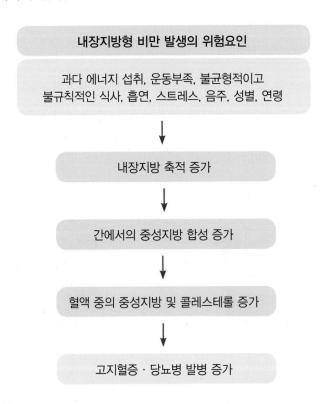

내장지방형 비만 발생의 위험요인

과다 에너지 섭취, 운동부족, 불균형적이고
불규칙적인 식사, 흡연, 스트레스, 음주, 성별, 연령

↓

내장지방 축적 증가

↓

간에서의 중성지방 합성 증가

↓

혈액 중의 중성지방 및 콜레스테롤 증가

↓

고지혈증 · 당뇨병 발병 증가

그림 7-3   내장지방형 비만 발생의 위험요인 및 질병과의 관련성

4) 피하지방형 비만

지방이 주로 피하에 축적된 비만을 일컬으며, 컴퓨터 촬영에서 내장지방/피하지
방의 비율이 0.4 이하이면 피하지방형 비만으로 판정한다.

4. 비만의 평가

(1) 표준체중표

표준체중표는 관찰 집단의 신장에 따른 체중분포의 평균치를 통계적 대표치로 이용하는 방법이며, 미국의 생명보험 회사에서 최저사망률을 나타내는 체중을 기준으로 작성한 것이 가장 유명하다. 표준체중법으로 몇 퍼센트(%) 이상을 비만으로 할 것인가에 대해 일정한 견해는 없지만 보통 10% 이상을 초과했을 때 과체중, 20% 이상을 초과했을 때 비만으로 평가한다.

(2) 체격지수

체격지수는 체중을 신장과 비교하여 여러 가지가 고안되었는데 Kaup 지수는 체중(kg)/신장(cm)^2, Rohler 지수는 체중(kg)/신장(cm)^3, Ponderal 지수는 신장(cm)/체중(kg)$\frac{1}{3}$ 등으로 계산한다. 체지방량과 상관계수가 높은 체질량지수(body mass index, BMI)는 체중(kg)을 신장(m)의 제곱으로 나눈 값, 즉 체중(kg)/[신장(m)]^{2}으로 계산한다. 예를 들어, 체중이 70kg, 신장 170cm인 경우, BMI=$70 \div (1.7)^2 = 24.2 \text{kg/m}^2$이다.

바람직한 정상범위의 BMI 값은 $18.5 \text{kg/m}^2 \sim 22.9 \text{kg/m}^2$이고, BMI $\geq 23 \text{kg/m}^2$은 과체중에 해당되며, BMI 25kg/m^2 이상은 비만으로 판정한다[표 7-2].

표 7-2	성인에서 체질량지수와 비만 분류		
체중 분류		체질량지수(BMI)(kg/m²)	비만관련 질환위험
저체중(underweight)		< 18.5	낮음
정상(normal)		18.5~22.9	
과체중(overweight)		≥ 23	
비만(obese)	위험 체중	23~24.9	보통
	1단계 비만	25~29.9	심함
	2단계 비만	≥ 30	매우 심함

* 대한비만학회의 기준

(3) 이상체중(ideal body weight)

개인의 이상체중은 신장을 기준으로 다음과 같이 설정하고, 현재의 체중이 이상체중을 20% 이상 초과하면 비만으로 판정하고, ±10% 범위 안에 포함되면 정상체중, 10~20%이면 과체중이라 평가한다. 이상체중을 설정하는 방법은 여러 가지가 있으나, 브로카(Broca) 방법이 주로 쓰인다.

본인의 신장에 맞추어 이상체중(kg)은 다음과 같이 변형된 브로카(broca) 방법으로 계산한다.

> 161cm 이상 : (신장-100) × 0.9
> 150~160cm : (신장-150) ÷ 2 + 50
> 150cm 미만 : (신장-100) × 1

본인의 체중을 이상체중의 백분율로 계산하여 이상체중에 대한 백분율 값에 따라 90% 이하이면 저체중, 90~110%이면 정상체중, 110~120%이면 과체중, 120% 이상이면 비만으로 판정한다.

$$\text{이상체중 백분율(\%)} = \frac{\text{현재 체중(kg)}}{\text{이상 체중(kg)}} \times 100$$

(4) 허리둘레/엉덩이둘레 비율(waist/hip ratio, WHR)

허리둘레/엉덩이둘레 비율이 남자의 경우, 0.95 이상이고 여자의 경우, 0.85 이상이면 복부비만으로 판정한다. 허리둘레 수치는 복부지방량 및 심혈관계 합병증의 발생 빈도와 일치하는 것으로 나타나 최근에는 허리둘레 수치만으로 복부 비만을 판정하고 있으며 우리나라의 판정기준은 남자는 90cm 이상, 여자는 85cm 이상이다.

(5) 피하지방 두께

피하지방 두께의 측정부위는 삼두근(tricep), 이두근(bicep), 견갑골 하부(subscapular) 등이 있으나 보편적으로 삼두근 부위 측정을 많이 이용한다. 피하지방 두께는 정확한 캘리퍼를 사용하여 측정하며[그림 7-4], 조사대상이 두 팔을 편하게 내려뜨리고 반듯하게 서 있는 상태에서 측정한다.

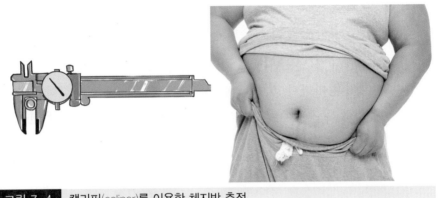

그림 7-4　캘리퍼(caliper)를 이용한 체지방 측정

(6) 컴퓨터 단층 촬영

컴퓨터 단층촬영(CT)이나 자기공명영상(MRI) 등을 통해 복부의 내장지방과 피하지방을 측정하여 내장지방/피하지방의 비율이 0.4 이상인 경우를 내장지방형 비만, 그 미만을 피하지방형 비만으로 판정한다. 또는 내장지방의 면적이 100cm를 초과하면 내장비만형으로 판정한다[그림 7-5].

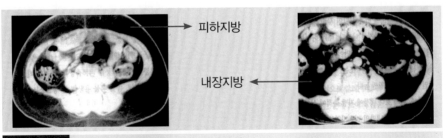

그림 7-5　컴퓨터 단층 촬영에 의한 비만판정

5. 비만과 관련된 질환

비만은 당뇨병, 고지혈증, 고혈압 및 관상동맥질환 등과 관계가 있어 심각한 건강
상의 문제를 초래할 수 있다. 1959년부터 1972년까지 75만 명을 대상으로 조사
한 바에 따르면, 체질량지수(BMI)가 $25kg/m^2$를 넘어서면 남녀 모두에서 그 증가
에 비례하여 사망률이 증가하는 것으로 나타났다[그림 7-6]. BMI 값과 질병에 대한
위험도와의 관계를 요약해 보면 다음과 같다.

BMI 값이 $35kg/m^2$를 넘으면 당뇨병으로 사망하는 경우가 비만하지 않은 사람
에 비하여 8배까지 증가하며, 암에 의한 사망률도 약 1.5배 증가한다. 반면에 체
중의 감소는 유병률 및 사망률을 줄일 수 있음이 알려져 있는데, 미국 연구에서는
체중을 약 10% 감량하였을 경우, 관상동맥 질환의 발병률을 약 20% 감소시키는
효과가 있는 것으로 보고하였다.

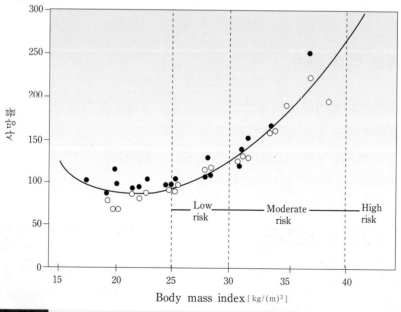

그림 7-6   체질량지수에 의한 위험률

(1) 당뇨병

비만은 제2형 당뇨병의 가장 강력한 위험인자이며, 비만 정도 및 기간이 모두 중요한 요인이다. 체중감량만으로 당뇨병이 호전되는 경우도 있으나 일반적으로 비만할수록 당뇨병이 흔한 것은 사실이지만 비만인 사람 모두에게 당뇨병이 있는 것은 아니다. 즉, 제2형 당뇨병 환자가 모두 비만한 것은 아니기 때문에 비만이 제2형 당뇨병의 위험인자이긴 하나 비만 자체가 당뇨병을 꼭 유발시키는 것은 아니다.

상체비만의 지표로 견갑골하부/상완삼두근 피부지방 두께의 비율과 허리/둔부 둘레의 비율(waist/hip circumference ratio, WHR) 등을 이용하는데, 이 중 WHR 측정이 비교적 간편하고 오차가 작은 편으로 많이 쓰이고 있다. 또한, 비만의 정도에 WHR이 독립적으로 제2형 당뇨병이나 심혈관계 질환 등에 중요한 예후 인자로 알려져 있다.

(2) 심혈관계 질환

일반적으로 체중이 130% 이상 초과 시에는 비만 정도에 비례해서 심혈관계 질환의 한 유형인 관상동맥 질환의 유병률 및 사망률이 증가하는 것으로 알려져 있으나 그 이하에서는 유의성 있는 상관관계를 보이지 않는다. 그러나 최근의 연구 결과들은 체지방의 분포가 관상동맥 질환 및 뇌졸중의 좋은 예후 인자임을 보여주고 있다.

(3) 지질대사 이상

비만에서는 지질대사의 이상이 유발되어 혈청 총 콜레스테롤과 중성지방의 농도가 증가하여 이상지질혈증을 동반한다. 혈중 중성지방의 증가는 과다한 열량섭취로 인해 간에서 중성지방의 생성이 증가하기 때문이다.

(4) 암

비만에서 암에 의한 사망률은 높지 않지만 발병률은 높다. 비만한 남자는 대장암, 직장암 및 전립선암이 많은 반면 비만한 여자는 담낭암, 자궁내막암, 자궁경부암 및 유방암 등이 많다.

6. 비만 치료

비만을 치료하기 위해 많은 치료방안이 고안되고 있는데도 불구하고 비만 치료의 성공률이 매우 낮은 것으로 보고되고 있다. 비만 치료를 '비만인의 체중이 이상체중으로 감소하고, 감소된 체중을 적어도 5년 동안 유지하는 것'으로 정의할 경우, 비만 치료의 성공률은 매우 낮다.

체중이 이상체중의 200% 미만인 사람들에게는 약물이나 수술요법보다는 운동요법 및 행동수정을 포함한 영양치료로 비만을 조절할 것을 권장하고 있다. 이상체중의 200% 이상 되는 병적인 비만 환자들에게는 외과적 수술도 치료에 이용하고 있다.

(1) 영양치료

열량 제한은 체중 조절에 있어 가장 우선적인 방법이다. 섭취한 열량이 소비한 열량보다 적을 때, 체지방이 분해되면서 체중이 감소하게 된다. 영양치료는 섭취하는 열량을 줄이는 것이 원칙이나 하루에 1,200kcal 이하로 열량을 줄이는 것은 제한하고 있으며, 체중을 일주일에 900g 이상 줄이는 경우에는 의사의 지시를 받는 것을 권장한다. 보통 하루에 500kcal씩 7일간 총 열량 3,500kcal을 줄였을 때 체중 450g이 감소하는 것으로 계산한다.

식사는 에너지 함량만이 중요한 것이 아니라 균형적인 식사원칙이 중요하며 식사 횟수는 하루 3, 4회로 나누어 소량씩 먹는 것이 좋으며 끼니는 절대로 거르지 않도록 한다. 특히, 아침과 점심을 거르고 저녁을 한꺼번에 많이 먹는 식습관은 아주 좋지 않다. 그것은 낮 동안의 배고픔이 오히려 한 끼의 폭식으로 인해 지방 축적 과정을 자극하는 요인이 되기 때문이다. 또한 비만한 사람은 대개 정상 체중을 가진 사람보다 음식을 빨리 먹는 습관이 있는데, 음식을 너무 빨리 먹게 되면 실제로 음식이 장으로 들어가 만복감을 느끼기도 전에 이미 많은 양을 먹게 된다.

(2) 열량섭취량

저열량 식사(low calorie diet)는 하루 1,200kcal 정도의 열량을 공급하는 식사인데 영양학적으로 균형된 식사요법으로서 건강전문인들(의사, 영양사)에 의해 가장 흔히 처방되는 방법이다. 열량섭취량의 설정은 목표체중을 구한 다음에 목표체중 유지에 필요한 열량을 구한다. 즉, 1주일에 0.5kg의 지방을 줄이기 위해서는 3,500kcal를 적게 섭취해야 되므로 목표체중에 도달하기까지의 기간을 설정한 후 활동량을 증가시키면서 단계별로 목표체중 도달을 위한 열량을 섭취한다. 균형잡힌 저열량 식사는 중탄수화물(55~60%), 저지방(15~20%), 고단백질(20~25%) 식사로 전곡, 콩류, 채소, 해조류의 복합당질의 섭취를 함으로써 섬유소의 섭취를 늘리고 지방섭취는 줄이는 식사이다. 지방함량을 줄이기 위하여 흰 살코기, 필수지방산이 부족하지 않도록 등 푸른 생선, 견과류의 적절한 섭취가 필수적이며 비타민, 무기질의 공급이 충분히 이루어져야 하므로 영양밀도가 높은 질 좋은 식사를 해야 한다.

초저열량 식사(very low calorie diet)는 하루 400~800kcal 정도의 열량을 공급하는 심한 열량제한 식사로 적어도 체중이 이상체중의 130%가 넘는 비만인들 혹은 BMI가 $32kg/m^2$ 이상인 비만인에게만 권장되고 있다. 이 방법은 급격한 체중감소를 보이지만 사용기간은 12~16주로 제한해야 하며 전문가의 감독 하에 실행하여야 한다. 즉, 전해질을 포함한 혈액학적 검사와 신체계측은 매 주마다, 심전도 검사는 매 4주마다 수행한다. 초기의 빠른 체중감소는 주로 이뇨와 Na(나트륨) 손실 때문이지만 이러한 체중 감소는 비만인들에게 심리적인 이점을 제공하여 계속 이 방법을 사용하려는 의욕을 주게 된다. 그러나 현저한 체중감소의 이점에도 불구하고 근육의 감소로 기초에너지가 줄어들면서 나중에는 폭식으로 연결되어 요요현상도 일어날 수 있다. 현대를 사는 비만인들은 다양한 식품의 유혹과 습관적

인 음식에 대한 충동을 극복하기 어렵기 때문에 이 방법으로는 성공적인 체중감소
를 기대하기 어렵다.

(3) 운동

운동은 비만인에게 많은 이점을 가져다준다. 예를 들어, 체조직의 구성을 변화시
키며, 산소 운반 능력 및 기초대사량을 증가시키고 심리적 스트레스를 해소시켜준
다. 또한, 당대사의 측면에서는 인슐린 수용체의 감수성을 높이고, 인슐린의 말초
조직에 대한 효과를 증진시키며, 고인슐린 혈증을 교정한다. 뿐만 아니라 지질대
사에서 운동은 HDL-콜레스테롤 수준을 증가시킨다는 보고도 있다.

열량제한식이를 따르는 비만인의 경우, 시간이 경과할수록 체중 감소율이 감소
된다. 이것은 열량섭취를 제한함으로 체중이 감소되면서 그만큼 육체적 활동에 소
모되는 열량도 줄어들기 때문이다. 또한 열량제한식이를 시도한 초기에는 물과 전
해질이 많이 배설되기 때문에 체중감소가 눈에 띄게 쉽게 일어나지만, 시간이 지
남에 따라 같은 체중을 줄이기 위해서는 더 많은 열량을 제한시켜야 효과를 볼 수
있다. 많은 사람들이 운동은 식욕을 증진시켜 열량섭취량을 증가시키는 것으로 알
고 있지만 비만인을 대상으로 한 연구에 따르면 육체적 활동량을 25%까지 증가시
켰음에도 열량섭취량에는 변화가 나타나지 않았다. 이러한 결과에 의해서 최근에
는 운동이 비만의 예방과 치료에 중요한 요인으로 제안되고 있다.

그러나 열량제한 없이 운동만으로 체중을 감소시키기는 쉽지 않다. 예를 들어,
30분간 걷는 것은 아이스크림 하나에 들어 있는 열량과 같고, 1시간 동안 골프를
치는 것은 케이크 한 조각의 열량과 같다. 따라서 비만을 치료하기 위해서는 육체
적 활동을 통한 열량 소모를 증진시키는 것과 함께 반드시 식사요법으로 열량섭취
를 감소시키는 것이 필수적이다. 또한 감소된 체중을 지속적으로 유지하기 위해서
는 식사와 생활습관의 변화가 가장 중요하다.

(4) 행동수정

약 20년 전부터 성공적인 비만의 치료를 위해서는 비만인의 생활방식의 분석이 먼저 이루어져야 하고 이러한 분석을 토대로 식사 및 운동습관을 변화시켜 장기간 체중조절을 확실히 하는 데에 관심이 모아지기 시작하였다. 행동수정치료는 크게 3 단계로 나누어지는데, 첫 번째, 좋지 않은 섭취 습관을 초래하는 요인을 찾아내기 위한 자기관찰(self-monitoring) 단계로 시작한다. 이 과정에서 먹는 음식의 종류, 양, 장소, 시간, 자세, 감정 상태 등에 대한 일기를 계속 기록한다. 이러한 일기로부터 과식을 초래하는 문제, 장소, 시간, 감정 상태 등을 찾아낼 수 있다. 두 번째, 과식을 피하기 위하여 섭취 자극을 조절하여야 하는데, 가장 단순한 예로서, 한 장소에서만 먹는 습관 혹은, 먹는 동안 TV를 보는 습관을 고치고, 정해진 횟수만큼 씹거나 한 입 먹을 때마다 물 잔을 들도록 하는 것 등이 있다. 세 번째, 바람직한 행동을 한 경우, 보상을 하는 것이다. 행동치료를 병용한 경우, 체중 감소율이 높고 중도 포기율이 낮으며 감소된 체중을 장기간 유지하는 데 효과가 좋은 것으로 나타났다. 따라서 행동치료는 열량제한식이, 운동요법과 같은 다른 치료법들과 함께 사용될 때 특별히 성공적인 결과를 나타낼 수 있다.

(5) 약물 및 수술

비만 치료를 위한 약물 사용에서는 비싸지 않으면서 독성이 없고, 부작용이 없어야 하는데 어떠한 약물도 이러한 모든 점들을 만족시키지 못한다. 시중에서 판매되는 약물로서 가장 많이 사용하고 있는 것은 식욕 억제제이다. 건강 전문인들은 비만 치료에 약물을 거의 권장하지 않는다. 약물을 끊을 경우, 체중이 다시 증가하고 약물에 너무 의존하거나 남용하면 위험이 따르기 때문이다.

비만 치료를 위한 수술요법으로 소장 회로술, 위 회로술, 위 성형술 등이 있다. 그러나 이러한 수술들은 체중이 이상체중의 200% 이상인 병적인 비만인에게 다른 모든 치료들을 시행하였음에도 불구하고 체중감소를 성공하지 못했을 경우에만 시행한다.

7. 비만 치료의 잘못된 식사요법

(1) 액상조제식

균형된 열량제한식이의 일종으로 단백질, 지질, 탄수화물의 균형된 구성성분을 갖고 있다. 이것은 보통 3끼 식사에서 한 끼를 액체상태의 조제식이로 대치하는 방법이다. 대부분의 비만인들은 초기에는 별 문제없이 받아들이지만 조금 지나면 이 식사요법에 싫증을 느끼고 마시는 것을 중단하든지 다른 식품을 첨가하는 등 비만인의 의지가 결여되어 성공하기가 쉽지 않다.

(2) 불균형 열량제한식

건강전문인들에 의해서 권장되지 않으나 영양 비전문가들에 의해서 공공연하게 사용되고 있는 식사요법이다. 예로서, 저탄수화물 식사가 보편적으로 사용되었으나 최근에 들어서는 저지방 식사도 사용되고 있으며 상당한 위험부담을 갖는 단백질 제거식도 있다.

(3) 한 가지 식품 다이어트

불균형한 다이어트 방법 중의 하나로 한 식품만 계속해서 먹는 원푸드 다이어트(one-food diet)가 있다. 바나나 혹은 초콜릿 등을 며칠간 계속해서 먹는 것이다. 단조로운 식품 선택과 같은 식품만 먹는 지겨움 때문에 하루 열량 섭취량이 빠르게 감소된다. 원푸드 다이어트는 장기간 실시할 경우, 필수영양소 결핍으로 위험성이 있으므로 건강전문인들에 의해서 거의 처방되지 않는다.

체중감량의 예

⊙ 160cm, 76kg, 중정도 활동량을 가진 30세 여성의 열량 섭취 설정

1. 체질량 지수(BMI, kg/m^2)

☞ BMI = 체중(kg)/신장(m^2) = 76/1.6^2 = 29.7(비만)

2. 이상체중 : [Broca 방법에 의해]

☞ (160−150)/2 + 50 = 55kg

☞ %이상체중 = 현재체중(kg)/이상체중(kg) × 100

= 76/55 × 100 = 138.2%(비만)

3. 목표체중

☞ 1차 목표체중 : 체중의 10% 정도 감량

= 76 − 7.6 = 68.4kg(BMI = 26.7kg/m^2)

☞ 2차 목표체중 : 체중의 7% 정도 감량

= 68.4 − 4.8 = 63.6kg(BMI =24.8kg/m^2)

4. 일일 열량 필요량

☞ 중정도 활동량을 가진 여성의 1일 총 열량(kcal)

= 표준체중 × 30~35kcal/day

= 55kg × 35 = 1,925kcal/day

5. 일주일에 0.5kg을 줄이려면 하루 총 섭취 열량을 얼마만큼 줄여야 하나?

☞ 500kcal/day 감소(섭취열량 300kcal + 운동열량 200kcal)

☞ 300kcal/day 섭취열량 감소 + 30분/day 자전거타기

☞ 2kg/month 체중 감량

☞ 1차 목표체중에 도달하기 위해서는 4개월 소요

☞ 2차 목표체중에 도달하기 위해서는 2개월(총 6개월) 소요

(참고) 운동별 열량 소비량 (kcal/hr/kg)	걷기 4.8	배드민턴 5.7	자전거 5.9
76kg, 1시간 운동 시(kcal/hr)	365	433	448

비만을 초래하는 식사 습관

① 음식물을 잘 씹지 않고 빨리 먹는다.
② 배가 부르도록 폭식을 한다.
③ TV나 신문을 보면서 식사한다.
④ 아침과 점심식사를 잘 거르고 저녁식사를 많이 한다.
⑤ 저녁식사 후 잠자리 들기 전에 야식을 먹는다.
⑥ 식사시간이 불규칙하다.
⑦ 근처에 단 음식을 두고 계속 먹는다.
⑧ 주말에 방에 누워서 군것질하는 습관이 있다.

제8장 당뇨병과 영양

1. 당뇨병과 영양

당뇨병(diabetes mellitus)이란 혈당이 상승(고혈당, hyperglycemia)하고 소변으로 당 (glucose)이 배설된다고 하여 붙여진 이름으로 그 어원도 그리스어로 "당(mellitus)이 낭비된다(to pass through)"는 뜻이다. 혈당은 우리가 섭취한 음식으로부터 공급되며 인체 내에서 일종의 연료역할을 함으로써 에너지의 근원이 된다. 정상인은 혈당이 높아지면 그 정도에 맞추어 췌장에서 인슐린(insulin)이라는 호르몬이 분비되어 혈액 내의 당을 세포 안으로 운반해 줌으로써 에너지로 이용되게 하여 혈당치를 정상으로 유지시켜 준다. 그러나 당뇨병 환자의 경우, 혈당이 높아져도 인슐린이 충분히 생성되지 못하거나 또는 기능을 발휘할 수 없어 혈당이 정상치 이상으로 높아지게 된다. 이로 인하여 혈당 농도가 어느 한계(180mg/dℓ) 이상 넘게 되면 소변으로 당이 나오게 된다.

(1) 혈당 조절작용

우리 인체 내에는 혈당을 조절하는 기전이 있는데 식사 후 혈당 농도가 상승하면 췌장의 β-세포에서 인슐린이 생성 및 분비된다. 인슐린의 작용에 의해 혈당은 근육, 지방조직 등에서 내사되어 에너지로 사용되고 간에서 글리코겐으로 저장된다. 한편, 혈당이 낮을 때에는 췌장에서 글루카곤이라는 호르몬이 분비되어 인슐린과 반대 작용을 하여 혈당을 상승시킨다.

인슐린은 영양소 대사에 중요한 역할을 하는 호르몬인데 부족하면 근육, 지방조직 등에서 포도당 대사가 감소하고, 단백질과 지방의 분해가 촉진된다. 인슐린 부족으로 근육에서 단백질 분해가 촉진되면 질소균형이 깨어지고 아미노산이 간으로 운반되어 당을 합성하게 되는데 이는 혈액으로 방출되어 혈당을 상승시킨다. 한편, 지방조직에서는 인슐린이 부족하면 저장되어 있던 중성지방이 분해되어 유리 지방산 형태로 혈액으로 다량 나가게 되며, 이 지방산이 간에서 산화되어 에너지원으로 쓰이나 한계를 넘게 되면 케톤체(ketone bodies) 합성이 항진되어 혈액으로 방출된다. 이런 상태를 케토시스(ketosis)라 하며 혈액의 pH는 저하되어 산혈증(acidosis)이 유발된다.

2. 당뇨병의 원인

당뇨병은 유전과 환경 등 복합요인에 의하여 나타나게 되는데 가족력을 갖고 있는 사람에게는 연령(특히, 65세 이상), 스트레스, 비만(표준체중의 120% 이상), 영양불량, 운동부족, 약물남용 등에 의하여 당뇨병이 발생할 수 있다.

3. 당뇨병의 분류

당뇨병은 크게 제1형 당뇨병, 제2형 당뇨병, 임신성 당뇨병, 내당능장애 등으로 분류할 수 있다. 제1형과 제2형 당뇨병의 특징은 [표 8-1]과 같다.

(1) 제1형 당뇨병

대부분의 경우, 어린이나 청소년기에 흔히 발생하므로 소아형 당뇨병이라고도 하며, 유전적 소인이 많고 갑자기 발병하면서 진행속도가 빠른 것이 특징이다. 췌장에서 인슐린이 생성 및 분비가 되지 않으므로 반드시 인슐린으로 치료하여야 하기에 인슐린 의존형 당뇨병으로 분류하기도 한다. 인슐린 요법과 함께 적당한 운동, 식사요법을 같이 실시하면 만족스러운 치료효과를 거둘 수 있다. 제1형 당뇨병은 인슐린에 대해 매우 예민하기 때문에 일정량의 인슐린을 주사해도 식사나 운동량에 따라 혈당의 변화가 나타난다.

(2) 제2형 당뇨병

제1형과는 달리 췌장의 인슐린 분비 능력은 정상 혹은 약간 미달이나 여러 가지 이유로 인하여 체내에서 생성된 인슐린의 활성도가 낮아져 제2형 당뇨병이 발생한다. 주로 중년기 이후에 잘 나타나 성인형 당뇨병이라고도 하며 비만인 사람에게 발생되는 경우가 많다. 당뇨병 중에 75~80%는 성인형 당뇨병에 속하며 증세가 천천히 발생되어 자신도 모르는 사이에 나타나는 수가 많다. 인슐린 치료가 꼭 필요한 것은 아니나 인슐린 분비가 모자랄 경우, 인슐린의 분비를 증가시켜 주는 경구용 혈당 강하제 복용으로 치료가 가능할 수 있다. 유전적 경향이 있고, 식사요법, 운동요법 또는 경구 혈당강하제의 병용으로 치료가 가능한 경우가 많다.

표 8-1 당뇨병의 분류 및 특징		
종류	제1형 당뇨병	제2형 당뇨병
발생원인	유전적 요인 바이러스에 의한 β-cell 파괴 바이러스에 의한 자가면역반응	연령, 비만, 운동부족 등이 위험요인
발병연령	주로 유년기에 발생	주로 성인기에 발생
체형	정상 또는 마른 체형	일반적으로 과체중, 비만
증세발생	갑자기 발생	서서히 발생
증상 및 치료	인슐린 용법이 필요하다. 경구 혈당 강하제가 필요 없다. 케톤혈증이 발생하기 쉽다. 치료가 힘들다.	인슐린 용법이 필요한 것은 아니다. 경구 혈당 강하제가 필요하다. 케톤혈증이 드물다. 치료가 가능하다. 식사요법 및 운동요법이 필수이다.

(3) 임신성 당뇨병

임신성 당뇨병은 주로 임신 후반기에 나타나고 출산 후에는 정상화되는 특징이 있다. 임신 중에 당뇨병이 발생해도 무사히 아기를 출산할 수 있으나 태아사망률이 높아지므로 조기진단과 적절한 치료가 필요하다.

(4) 내당능장애

내당능장애는 정상과 당뇨병의 중간 형태로 비만, 이상지질혈증, 고혈압 등과 관련이 높고 연령, 운동부족, 약물 등과 상관성을 나타낸다. 운동요법과 식사요법으로 당뇨병으로의 이환을 막는 것이 중요하다.

4. 당뇨병의 진단

당뇨병은 증상이 없는 경우가 많으므로 당뇨병 가족력이 있거나 지나치게 비만인 경우는 예방 차원에서 검사가 필요하다. 당뇨병의 진단기준으로 소변량의 증가, 갈증, 요당 등을 측정할 수 있으나 보다 정확한 진단을 위해서는 반드시 혈당검사가 필요하다. 혈당검사 외에도 혈중 당화혈색소(HbA1C), C-펩타이드 검사를 실시하며 경구 당부하검사를 통하여 정확한 진단을 내린다. 또한 뇨당을 측정하여 소변에서 포도당 유무를 검사하기도 하고 소변의 비중, 케톤체 검사도 실시한다.

혈당검사는 최소 8시간 이상 물 외에는 아무 것도 먹지 않은 공복상태에서 혈당이 126mg/dℓ 이상이면 당뇨병으로 진단한다. 공복 시에 혈당이 126mg/dℓ 이하라 하더라도 포도당 부하검사를 통하여 2시간 후의 혈당치가 200mg/dℓ을 넘으면 당뇨병으로 진단한다[표 8-2]. 〈당뇨병 진료지침 2011, 대한당뇨병학회〉에서는 당화혈색소가 6.5% 이상이면 당뇨병으로 진단한다는 항목이 새로이 추가되었다.

성인에게 많이 나타나는 제2형 당뇨병은 유진직인 소인이 있으므로 부모나 형제 중에 당뇨병 환자가 있다면 6개월에 한 번 정도는 혈당검사를 하여 당뇨병을 조기에 발견하는 것이 바람직하다[그림 8-1].

표 8-2 당뇨병의 진단기준		
판정기준		혈당 농도
정상	공복 시 식후 2시간	< 100mg/dℓ < 140mg/dℓ
공복혈당장애	공복 시	100~125mg/dℓ
내당능장애	식후 2시간	140~199mg/dℓ
당뇨병	공복 시 식후 2시간	≥ 126mg/dℓ ≥ 200mg/dℓ

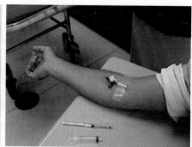

그림 8-1 당뇨병의 진단방법

5. 당뇨병의 증상

당뇨병의 증상은 우리 몸의 모든 부위에 나타날 수 있으며 특히, 당뇨병의 3대 증상인 다음, 다식, 다뇨 이외에 식욕부진, 무력감, 의욕상실, 체중감소, 성장부진, 공복감 및 상처가 잘 낫지 않는 증상이 있을 수 있다. 그러나 당뇨병은 증상이 없을 수도 있으므로 무심히 지나쳐 버리면 여러 합병증이 생길 수도 있다.

(1) 당뇨병의 증상

다음 (polydipsia)	다량의 수분이 뇨로 배설되면 갈증을 느껴 물을 많이 마시게 된다.
다식 (polyphagia)	세포 내로 당이 공급되지 않아 공복감을 느끼고 많이 먹게 된다.
다뇨 (polyuria)	당과 케톤체가 소변으로 다량의 물과 함께 배설된다.
체중감소 (weight loss)	근육단백질로부터 포도당을 합성하여 근육 손실이 나타난다.

(2) 중증 당뇨병 증세

① 시각장애(blurred vision)
② 피부감염(irritated or infected skin)
③ 허약(weakness, loss of strength)
④ 전해질의 불균형(fluid and electrolyte imbalance)
⑤ 산혈증(ketoacidosis)
⑥ 혼수(coma)

6. 당뇨병과 관련된 질환

당뇨병과 관련된 합병증은 고혈당 상태가 조절되지 않고 계속되어 인체 내의 여러 가지 대사과정에 이상이 생기는 것으로 [표 8-3]에서와 같이 크게 급성 합병증과 만성 합병증으로 나눌 수 있다.

　급성 합병증으로 제2형 당뇨병 환자에서 흔히 나타나는 고혈당이 있는데 이는 식이요인이나 인슐린 부족으로 혈액 내의 포도당 농도가 너무 높아지면 나타나게 된다. 또한 당 생성이 과다해져도 혈당이 급상승하게 된다. 이로 인하여 중추 신경계에 장애가 나타나고 삼투압이 높아져 고삼투압 고혈당 비케톤성 증후군이 나타난다. 다른 급성 합병증으로 저혈당을 들 수 있는데 이는 인슐린이나 혈당강하제의 과다 사용, 극심한 운동, 결식, 불규칙한 식사, 식사량 감소, 설사 등의 경우에 나타난다[그림 8-2]. 혈당이 60mg/㎗ 이하로 낮아지면서 전신 무력, 발한 등이 나타나고 이것이 오래 지속되면 의식장애와 경련, 혼수, 사망까지도 초래할 수 있다. 환자가 의식이 있을 경우에는 흡수가 빠른 당질(꿀물, 사탕, 과일주스) 10~20g을 섭취시키고 의식이 없을 경우에는 포도당 정맥주사를 투여한다.

표 8-3	당뇨병의 합병증과 증상	
급성합병증	고혈당 혼수	과식이나 인슐린 부족으로 혈액 내의 포도당 농도가 너무 높아지면 혼수에 빠지게 된다.
	저혈당증	식은땀이 나며 심장이 뛰고, 심하면 정신을 잃는다.
만성합병증	당뇨병성 망막증	망막 혈관이 상하게 된다.
	신장의 합병증	당뇨병에 의해 신장의 사구체가 손상된다.
	당뇨병성 신경장애	자율신경장애가 일어나 감각이 둔해진다.
	심혈관계 합병증	협심증, 심근경색증 또는 뇌졸중이 생긴다.

식사를 거르거나

식사를 조금 한 경우

평소보다 운동을
많이 한 경우

평소보다 약물을
과다하게 사용한 경우

그림 8-2   저혈당이 발생하는 경우

　당뇨병의 만성 합병증으로는 당뇨병성 망막증, 당뇨병성 신장질환, 당뇨병성 망막병증, 당뇨병성 신경장애, 심혈관계 합병증 등을 들 수 있다. **당뇨병성 망막증**은 혈당이 높아지면서 망막으로 포도당이 유입되어 소르비톨을 형성하며 망막에 축적되는데 이것이 망막부위의 혈관을 손상시켜 통증과 함께 시력 저하를 유발하고 실명의 원인이 되기도 한다[그림 8-3]. 한편, **당뇨병성 신장질환**은 신장의 혈관이 손상을 받아 신장 기능이 저하되고 소변을 통하여 단백질이 배설되며 고혈압, 부종 등의 증상이 나타난다. **당뇨병성 신경장애**는 신경세포 내에 소르비톨이 쌓이면서 정상적으로 기능을 하지 못하고 발, 다리, 손 등의 말초신경이 손상되면서 발생한다. **심혈관계 합병증**은 혈액의 지질농도가 높아지는 이상지질혈증으로 인하여 동맥경화증의 위험이 증가하고 협심증이나 심근경색을 유발할 위험이 높아진다. 당뇨병은 뇌졸중의 원인이 되기도 한다. 이런 합병증을 예방하기 위해서 혈당은 공복 시에 100mg/dL, 당화혈색소(HbA1c)는 6.5% 이하로 유지해야 한다.

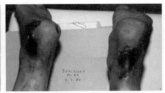

그림 8-3 사구체 경화로 신장 손상, 발의 괴사, 신경병증으로 다리, 망막모세혈관 손상

7. 당뇨병의 치료

(1) 영양치료

당뇨병의 영양치료는 당뇨병 치료에서 가장 기본이 되는 치료방법으로 당뇨병 관리를 만족스럽게 하며 정상적인 영양 상태와 활동력을 유지하고 건강인과 같은 일상생활을 할 수 있도록 하는 것을 목표로 한다. 따라서 다음과 같은 목표로 당뇨병 환자를 위하여 영양치료를 실천할 수 있다.

첫째, 표준체중을 유지한다. 비만은 당뇨병 환자의 가장 무서운 적이므로 표준체중을 유지하는 것은 당뇨병 관리에 중요한 일이다. 열량이 높은 식품 섭취를 제한하며 적당한 운동으로 표준체중을 유지하는 것이 바람직하다.

둘째, 혈당조절을 적절히 한다. 식사 후 고혈당이 되는 것을 완화시켜서 췌장의 부담을 가볍게 하기 위하여 식사요법을 통한 혈당 조절은 매우 중요하다. 식후 급격한 혈당 상승을 막기 위하여 단순당이 많이 포함된 과자, 케이크, 아이스크림, 초콜릿 등은 피한다. 한편, 저혈당증을 방지하기 위하여 적절한 대비책도 필요하다[그림 8-4].

꿀 한 숟가락   주스 반 컵   사탕 2~3개   요구르트 1병   콜라 반 컵   아이스크림 1/2개

* 외출 시 항상 저혈당 응급식품을 소지함

그림 8-4   저혈당 발생 시 응급식품

셋째, 좋은 영양을 유지한다. 우리에게 필요한 여러 영양소들은 신체 내에서 각기 다른 다양한 작용을 하며, 서로 보완관계를 유지하기 때문에 한 영양소라도 과다하거나 부족하면 영양의 균형이 깨지게 된다. 따라서 당뇨병 환자들도 일반인들과 마찬가지로 다양한 식품을 통해 여러 영양소들을 골고루 섭취하는 것이 중요하다.

넷째, 합병증을 예방한다. 균형된 식사로 음식의 양을 조절하여 여러 가지 급·만성 합병증을 지연시키고 당뇨병이 더 이상 진전되는 것을 방지한다.

1) 당뇨병 식사요법의 목적

① 혈당조절과 적당한 혈중지질의 유지

- 공복 시 정상 혈당치 : 70~110mg/dℓ
- 식후 2시간 혈당 : 140mg/dℓ 이하
- 콜레스테롤 및 중성지방 : 200mg/dℓ 이하

② 표준체중의 유지 : 남자 : 신장$_{(m)}^2$ × 22   여자 : 신장$_{(m)}^2$ × 21

③ 좋은 영양 유지 : 식품교환표를 이용하여 균형적인 식사

④ 만성 합병증 예방 : 동맥경화증, 고혈압, 백내장, 신장병, 간질환, 폐결핵 예방

2) 식품교환표를 이용한 식사요법

당뇨병 관리의 기본적인 요소인 식사요법의 가장 중요한 원칙은 적절한 열량의 섭취이다. 적절한 열량이란 활동 정도에 따라 자신의 표준 체중을 유지할 수 있는 1일 총 열량을 말한다. 표준체중과 1일 총 열량은 다음과 같이 구할 수 있다.

표준체중(kg) = {신장(cm) − 100} × 0.9

가벼운 작업을 하는 사람의 1일 총 열량(kcal) = 표준체중(kg) × 체중 kg당 필요열량
(25~30kcal/일)

보통의 작업을 하는 사람의 1일 총 열량(kcal) = 표준체중(kg) × 체중 kg당 필요열량
(30~35kcal/일)

힘든 작업을 하는 사람의 1일 총 열량(kcal) = 표준체중(kg) × 체중 kg당 필요열량
(35~40kcal/일)

1일 총 열량에 해당하는 하루 식사량은 영양소 구성이 적절해야 한다. 당질, 단백질, 지방은 신체 내에서 모두 열량을 내며 각기 중요한 역할을 담당하므로 적절한 구성 비율이 필요하다. 보통 당질 55~60%, 단백질 15~20%, 지방 20~25% 정도가 적절하다. 그러나 열량 영양소에 비타민이나 무기질 등 기타 영양소도 필요하므로 우유군, 채소군, 과일군 등에서 다양한 식품선택이 필요하다.

[표 8-4]에 처방열량에 따른 식품군별 교환단위 수를 나타내었다. 예로 1일 1,800kcal 식단은 곡류군 9단위, 어육류군 6단위, 채소군 8단위, 지방군 4단위, 우유군 1단위 그리고 과일군 2단위로 식단을 구성하면 6가지 식품군에서 골고루 적절한 영양소를 얻을 수 있다. [표 8-5]에는 1일 1,800kcal 식단의 예를 제시하였다. 1일 총열량 1,800kcal 식단을 아침, 점심, 저녁, 간식으로 나누어 각 식사에 교환단위 수를 배분하여 식단을 작성한다.

표 8-4	처방열량에 따른 식품군별 교환단위 수의 예						
열량 ＼ 식품군	곡류군	어육류군		채소군	지방군	우유군	과일군
		저지방	중지방				
1,200kcal	5	3	1	8	3	1	1
1,400kcal	7	3		8	4	1	1
1,600kcal	8	4	1	8	4	1	2
1,800kcal	9	4	2	8	4	1	2
2,000kcal	11	4	2	8	4	1	2

표 8-5	1일 총 열량 1,800kcal 식단 예
아침	잡곡밥 1공기(210g, 곡류군 3단위), 쇠고기무국(어육류군 1단위, 채소군 0.5단위), 배추김치 (70g, 채소군 1단위), 삼치구이 1토막(50g, 어육류군 1단위), 시금치나물(70g, 채소군 1단위)
점심	잡곡밥 1공기(210g, 곡류군 3단위), 콩나물국(채소군 0.5단위), 총각김치(70g, 채소군 1단위), 두부조림 4조각(160g, 어육류군 2단위), 가지나물(70g, 채소군 1단위)
저녁	잡곡밥 1공기(210g, 곡류군 3단위), 동태찌개(어육류군 2단위), 깍두기(70g, 채소군 1단위), 깻잎나물(50g, 채소군 1단위), 김구이(1장, 채소군 1단위)
간식	우유 1컵(우유군 1단위), 사과 1/2개(과일군 1단위), 토마토 1개(과일군 1단위)

　아래 식품교환표는 영양소와 열량이 비슷하게 함유된 식품끼리 묶어 6개 식품군으로 나타낸 표이다. 6가지 식품군은 곡류군, 어육류군, 채소군, 지방군, 우유군, 과일군이며, 같은 군 안에서는 마음대로 선택해 먹을 수 있도록 구성되어 있다.

　예로 [그림 8-5]에서와 같이 곡류군에 속하는 밥 1/3공기는 열량이 약 100kcal 정도로 식빵 1쪽, 옥수수 1/2개, 고구마 1/2개, 감자 1개, 국수 1/2그릇에 함유되어 있는 열량과 유사하며 당질(23g)과 단백질(2g) 함량도 비슷하여 서로 교환하여 식단을 짤 수 있다.

밥 1/3공기　　식빵 1쪽　　옥수수 1/2개　　고구마中 1/2개　　감자中 1개　　국수 1/2공기　　쌀 3큰술　　100kcal

　그림 8-5　식품교환표와 곡류군의 1단위

식품교환표

식품군	1교환 단위의 예					밥 1/3공기			열량 (kcal)
						당질	단백질	지방	
곡류군	밥 1/3공기	감자(중) 1개	식빵 1쪽	삶은국수 1/2공기	떡 3개	23	2	–	100
어육류군 저지방군	소,돼지,닭고기의 순살코기 40g	흰살생선(소) 1토막	새우(중하) 3마리	멸치(잔것) 1/4컵	조개살 1/3컵	–	8	2	50
어육류군 중지방군	계란(중) 1개	두부 1/6모	순두부 1컵	햄 1쪽	등푸른생선(소) 1토막	–	8	5	70
어육류군 고지방군	갈비 40g	치즈 1.5장	프랑크소시지 1과 1/3개			–	8	8	100
채소군	당근 70g (1/3토막) / 콩나물 70g	시금치 70g (익혀서 1/3컵) / 포기김치 70g	양송이버섯 60g / 무우 70g	오이 70g (1/3토막) / 김 2g (1장)		3	2	–	20
과일군	사과(중) 1/3개	귤(중) 1개	배(중) 1/4개	바나나(중) 1/2개	딸기(중) 10개	12	–	–	50
우유군	우유 200ml	두유 200ml	분유5큰술(25g)			11	6	6	125
지방군	땅콩 1큰술	잣 1큰술	마요네즈 1.5작은술	식용유, 들기름, 참기름 1작은술		–	–	5	45

아침	점심	저녁

그림 8-6 당뇨병 환자를 위한 1일 식단(1,800kcal)

당뇨병 치료를 위한 지침 및 주의사항

① 정상체중을 유지한다.

② 식사는 규칙적으로 정해진 시간에 일정한 양으로 한다.

③ 기름은 식물성기름(참기름, 들기름, 식용유 등)을 허용량 내에서 사용한다.

④ 처방한도 내에서 주식은 잡곡밥(보리, 콩, 팥)으로 한다.

⑤ 콜레스테롤이 많은 식품(소간, 계란, 오징어)을 1주일에 2~3회로 제한하여 섭취한다.

⑥ 섬유소의 섭취를 늘리기 위해 잡곡류와 콩 제품을 이용하고 과일이나 채소는 주스보다 생과일, 생채소의 형태로 섭취한다.

⑦ 공복감이 느껴질 때에는 열량이 적으면서 부피가 큰 식품(미역, 김, 버섯, 생채소, 맑은 국 등)을 섭취한다.

⑧ 설탕, 꿀, 초콜릿, 사탕, 아이스크림, 캐러멜, 껌, 케이크, 단과자, 탄산음료, 엿, 강정, 알코올 등은 그 자체가 열량을 많이 함유하고, 혈당에 영향을 주므로 제한한다.

⑨ 음식은 싱겁게 조리해서 먹는다.

⑩ 규칙적으로 운동을 한다. 운동을 함으로써 혈관이나 근육의 노화를 방지할 뿐만 아니라 당뇨병과 밀접한 관계가 있는 인슐린의 작용을 촉진시키며 비만을 막는 데 큰 효과를 거둘 수 있다.

⑪ 당뇨병 환자가 정해진 시간에 식사를 하지 않았거나 운동량이 평소보다 많은 경우 또는 실수로 인슐린 주사나 경구 혈당 강하제를 많이 사용한 경우, 저혈당증(혈당 농도<50mg/㎗)이 일어날 수 있다. 이때에는 하던 일을 멈추고 혈당을 높이기 위해 사탕(3개)이나 주스(1/2컵) 등을 섭취하며, 의식이 없는 경우에는 즉시 병원으로 옮겨 응급처치를 받도록 한다.

(2) 약물치료

당뇨병 치료 시 식사요법이나 운동요법에 의해 혈당 조절이 잘 되지 않는 경우, 약물치료를 병행한다. 일반적으로 제1형 당뇨병 치료에는 인슐린 주사를 사용하고 제2형 당뇨병에는 경구용 혈당강하제를 사용한다. 인슐린 주사는 제1형 당뇨병, 임신성 당뇨병, 케톤산증, 고삼투압성 비케톤성 혼수 등의 환자에 적용한다. 인슐린은 작용 시간에 따라 즉효성, 속효성, 중간형, 지속형으로 구분하며 특성에 따라 효과 발현시간과 지속시간이 달라지므로 이에 맞추어 식사관리를 조정한다.

한편, 경구용 혈당강하제는 주로 제2형 당뇨병에 적용하게 되는데 약제들의 작용 기전에 따라 ① 인슐린 분비를 촉진시키는 약제, ② 당질 흡수를 억제시키는 약제, ③ 당질소화 및 흡수를 지연시켜 주는 약제가 있다. 이런 약제는 단독으로 사용할 수도 있을 뿐만 아니라 2가지 이상 병행하여 사용하기도 한다.

(3) 운동요법

당뇨병 치료에 있어서 운동요법은 식사요법 및 약물요법과 함께 치료의 기본이 된다. 비만인 제2형 당뇨병 환자에서 운동을 통한 체중감소는 인슐린 민감성을 개선시키고 내당능력을 향상시키며 이상지질혈증을 향상시킨다. 한편 제1형 당뇨병 환자에게 운동요법은 인슐린 민감성을 증가시킨다.

운동요법은 운동의 방법과 종류, 시간, 횟수, 강도에 따라 혈당 반응이 다르게 나타날 수 있다. 즉, 혈당조절이 잘 되지 않는 제1형 당뇨병환자의 경우, 고강도 운동 시에는 고혈당이 나타날 수도 있다. 운동 시 발생할 수 있는 부작용으로는 심혈관 합병증의 위험도 증가, 퇴행성관절염 악화 및 연조직 손상 등을 들 수 있다.

혈당지수(glycemic index, GI)

혈당지수는 50g(혹은 75g)의 포도당을 섭취한 후 혈당 상승 정도를 같은 양의 탄수화물을 함유한 시료식품의 혈당 상승 정도와 비교한 값이다. 시료식품의 GI를 측정하기 위해서는 식품을 섭취한 후 30분 간격으로 2시간 혈당을 검사한다. 2시간 동안의 혈당 반응곡선으로 도식화하여 반응곡선의 아래 면적(area under the curve, AUC)을 같은 양의 포도당을 함유한 표준식품에 대한 AUC로 나누어주고, 여기에 100을 곱하면 된다. 혈당지수가 높은(high-GI) 식품들은 빨리 소화, 흡수되어 혈당을 빨리 증가시키는 반면, 혈당지수가 낮은(low-GI) 식품들은 소화, 흡수가 천천히 일어나 혈당과 인슐린을 상대적으로 낮게 증가시킨다. 일반적으로 55 이하를 Low GI, 56~69를 Medium GI, 그리고 70이상을 High GI로 분류한다.

당뇨병 환자가 아플 때의 지침

1. 평소대로 처방된 인슐린과 경구 혈당강하제를 복용한다.
2. 혈당을 자주 측정한다. 혈당이 올라 있고 질환의 증상이 있으면 매 4~6시간마다, 식사 전과 취침 전에 측정한다.
3. 제1형 당뇨병인 경우, 혈당이 240mg/dℓ을 넘으면 케톤을 측정한다.
4. 가능하면 평소 식사량만큼 먹는다. 정상적인 식사가 어려울 경우 부드러운 음식이나 음료수로 대체한다.
5. 매시간 1~1.5컵 정도의 음료수(물, 차, 맑은 국 등)를 마신다.
6. 구토, 설사, 발열 등이 있을 경우, 염분을 소량씩 섭취하여 손실된 전해질을 보충한다.

자가 혈당 측정은 어떻게 하는가?

1. 가정에서 자가 혈당측정기를 이용하여 쉽고 간편하게 혈당을 검사하는 방법으로, 인슐린 주사를 맞는 환자에게 유용하게 이용될 수 있다.

2. 일반적으로 아침 식사 전, 점심 식사 전, 저녁 식사 전, 그리고 취침 전에 실시하여 하루 동안의 변화를 보는 것이 바람직하나, 아침 식사 전과 식후 2시간에 혈당을 검사하는 것으로 대치할 수도 있다.

3. 정확한 혈당 측정을 위해서는 채혈 전 손가락을 충분히 마사지해주고, 알코올 솜으로 소독할 경우, 알코올이 완전히 마른 다음 채혈한다. 손가락 바깥쪽 부분을 찌르는 것이 좋으며, 가능한 한 번에 혈액 한 방울을 검사용 스트립에 떨어뜨리는 것이 좋다.

제9장 고지혈증과 영양

1. 고지혈증과 영양

최근 경제수준의 향상에 따른 식생활의 변화는 질병 양상을 바꾸어 심혈관계 질환의 이환율과 이로 인한 사망률을 증가시켰다. 한국인의 주요 사망원인의 1위는 뇌혈관질환을 포함한 심혈관질환이다. 심혈관계 질환은 고혈압, 고지혈증 및 동맥경화증과 관련이 있으며 심혈관관 질환 중 관상동맥 질환 즉, 협심증과 심근경색은 혈액 내의 콜레스테롤 혹은 중성지방 농도의 상승과 밀접한 관계가 있다[표 9-1].

동맥경화증과 같은 질환에 대한 위험요인은 여러 가지이지만 그 중 혈액의 콜레스테롤이나 중성지방 농도는 깊은 관계가 있기 때문에 혈중 지질 농도를 정상수준으로 감소시킬 때는 동맥경화증의 발생률을 줄일 수 있다.

표 9-1	혈청 콜레스테롤 수준과 각 질병과의 상대 사망 위험도			
혈중 콜레스테롤 (㎎/㎗) 질환명	< 160	160~199	200~239	> 240
협심증, 심근경색	1.0	1.32	1.99	3.03
뇌졸중	1.0	1.15	1.69	0.91
뇌출혈	1.0	0.44	0.46	0.43
당뇨병	1.0	2.29	4.90	7.36
암	1.0	0.81	0.76	0.73

고지혈증(hyperlipidemia)이란 혈액에 함유되어 있는 콜레스테롤이나 중성지방과 같은 지방이 정상 범위를 초과하여 높아진 상태를 말한다. 고지혈증은 지단백질(lipoprotein)의 합성 증가 혹은 분해 감소에 기인하며, 혈중에는 초저밀도지단백질(very low-density lipoprotein, VLDL), 저밀도지단백질(low-density lipoprotein, LDL), 고밀도지단백질(high-density lipoprotein, HDL) 등으로 분포한다.

(1) 혈중 콜레스테롤 조절

콜레스테롤은 세포막의 구성성분이며 신체기능 유지를 위한 성호르몬, 비타민 D 및 담즙산의 합성 전구체로서 작용하는 중요한 영양소이나 인체 내에서 합성되기 때문에 필수영양소는 아니다. 콜레스테롤이 혈액에 비정상적으로 많으면 혈관 벽에 쌓여 혈관이 좁아지고 혈관 수축이 원활하지 못하여 각종 혈관계질환을 유발한다.

혈중 콜레스테롤 농도는 네 가지 기전에 의해서 결정된다. 즉, ①식품으로 섭취한 콜레스테롤(외인성 콜레스테롤), ②간과 소장에서 매일 새롭게 합성된 콜레스테롤(내인성 콜레스테롤), ③혈관이나 조직의 세포막 구성이나 스테로이드 호르몬과 담즙산 생성에 사용되는 콜레스테롤, ④장내에서 흡수되지 못하고 변으로 배설되는 콜레스테롤에 의해 영향을 받는다. 이 4가지 기전 중 우리 몸에서 합성되는 내인성 콜레스테롤이 혈중 콜레스테롤 수준에 가장 큰 영향을 미친다.

2. 고지혈증의 진단 및 분류

고지혈증은 공복 시 혈청 콜레스테롤과 중성지방의 농도를 측정하여 진단한다. 특히, 중성지방 농도는 식품 섭취 여부에 따라 크게 영향을 받을 수 있다. 공복 시 혈청 지질의 정상범위는 [표 9-2]와 같다.

고지혈증은 혈액 내에 어떤 지질 성분이 증가해 있느냐에 따라 고콜레스테롤혈

표 9-2 공복 시 혈청 지질의 정상 범위	
혈청 지질	정상범위(㎖/㎗)
중성지방	<150
총 콜레스테롤	<200
LDL-콜레스테롤	100~129(<100, 적정)
HDL-콜레스테롤	≥40(≥60, 높음)

증(hypercholestrolemia)과 고중성지방혈증(hypertriglyceridemia)으로 크게 분류할 수 있다. 고콜레스테롤혈증은 유전적 요인, 갑상선 기능저하, 간 기능저하, 신증후군, 약물남용, 서구화된 식사 등의 질환에 의해서 유발될 수 있다. 한편 고중성지방혈증은 비만, 당뇨병, 과다한 알코올 섭취, 신부전 등과 관련이 있으며 에스트로겐, 경구피임약 등의 약물 사용에 의해서도 유발될 수 있다[그림 9-1].

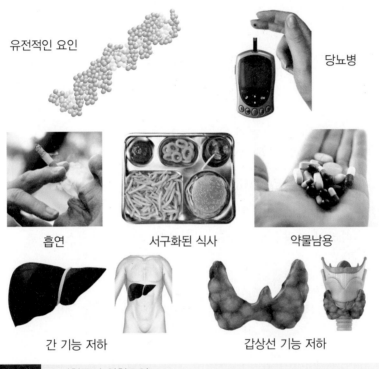

유전적인 요인

당뇨병

흡연   서구화된 식사   약물남용

간 기능 저하   갑상선 기능 저하

그림 9-1   고지혈증의 위험요인

고콜레스테롤혈증에서 특히 혈청 LDL-콜레스테롤이 높은 경우, 동맥경화의 유병률이 높아진다. 따라서 이를 '나쁜 콜레스테롤'이라고 부르는데 서구형 식사를 하거나 포화지방 혹은 콜레스테롤이 많이 함유된 식사를 하는 경우에 혈청 LDL-콜레스테롤 농도가 상승한다.

한편, 고밀도지단백질(HDL)은 다른 지단백질과는 달리 혈중 농도가 높을수록 관상동맥 질환의 발생이 낮다. 따라서 '좋은 콜레스테롤'이라고도 불린다. 혈청 HDL-콜레스테롤을 높이는 요인으로는 운동, 적당한 알코올 섭취 등을 들 수 있으며, 감소시키는 요인으로는 비만, 흡연, 고혈당, 갑상선기능 저하증, 간질환 등을 들 수 있다.

고중성지방혈증은 혈액 중 중성지방 농도가 과다하게 높은 상태를 뜻하는데 심혈관 질환의 독립적인 위험인자로 주목받고 있다. 특히, 당뇨병을 동반하거나 HDL-콜레스테롤 감소를 수반하는 경우 위험도는 더욱 증가한다.

3. 혈중 콜레스테롤과 중성지방 농도에 영향을 주는 식이요인

(1) 총 열량

혈중 지질농도에 영향을 주는 식이요인은 [그림 9-2]에서와 같다. 필요한 열량보다 더 많은 열량을 섭취하게 되면 간에서 중성지방과 콜레스테롤 합성이 더욱 활발하게 일어난다. 따라서 열량을 과잉으로 섭취하면 혈액의 콜레스테롤과 중성지방의

포화지방산   식이섬유질

탄수화물   서구화된 식사   불포화지방산

총열량과 체중   콜레스테롤   알코올

그림 9-2   고지혈증의 식이요인

농도가 증가한다. 비만한 사람에게 열량을 제한하여 체중을 줄였을 경우, 혈중 콜레스테롤과 중성지방의 농도가 낮아졌다. 따라서 이상체중보다 높고 혈중의 지질 농도가 높다면 제일 먼저 정상체중을 유지하도록 한다.

(2) 지방 섭취량

일반적으로 열량 섭취가 증가하면 지방 섭취도 증가한다. 경제수준이 향상되면서 지방의 섭취가 증가하였고 이에 수반해서 한국인의 혈중 지질 농도도 상승하였다. 미국의 경우, 총 열량의 38~42%를 지방으로 섭취하고 있는 반면에 우리나라는 아직 평균으로는 약 20% 정도이나 일부 계층에서는 이미 30%를 능가하였다. 지방의 섭취량이 같더라도 어떤 종류의 지방을 섭취하느냐에 따라서 혈중 콜레스테롤, 중성지방 농도에 미치는 영향이 다르기 때문에 몇 가지를 참고하여 알아두면 건강을 유지하는 데 도움이 된다.

1) 포화지방산 : 지방 함량이 높은 식품의 지방산 조성을 살펴 보면 지방산의 종류와 함량은 다르다. 포화지방산은 탄소의 길이에 따라 혈중 지질농도에 미치는 영향이 다르다. 보통 탄소 수 12개까지는 혈중 지질농도에 큰 영향을 미치지 않으나 탄소 수가 14개 이상인 포화지방산은 혈청 콜레스테롤 농도를 증가시킨다. 그러나 탄소 수가 18개인 스테아린산은 콜레스테롤 농도를 특별히 증가시키지는 않는 것으로 알려져 있다. 따라서 우유 및 유제품에는 탄소 수가 14개인 미리스틱산이 비교적 많이 함유되어 있고 육류 및 팜유(palm oil)에는 탄소 수가 16개인 팔미틱산이 많이 함유되어 있어 적절하게 섭취하는 것이 바람직하다.

2) 불포화지방산 : 불포화지방산은 탄소의 이중결합의 수와 위치에 따라 혈청 콜레스테롤 및 중성지방 농도에 미치는 영향이 다르다. 단일불포화지방산 중 올레산(oleic acid)은 올리브유에는 높게 함유되어 있는데 혈청 콜레스테롤과 중성지방 농도에 영향력이 크지 않은 것으로 알려져 있다. 다불포화지방산은 오메가-6와 오메가-3 지방산으로 구분할 수 있는데 모두 혈중 LDL-콜레스테롤과 중성지방 농도를 낮추는 것으로 알려져 있다. 특히 오메가-3 지방산은 오메가-6 지방산보다

혈중 콜레스테롤과 중성지방 농도를 더욱 낮출 수 있으며, 혈소판 응집반응을 억제하여 항혈전 효과가 있어 심혈관계 질환 예방에 좋은 것으로 알려졌다. 생선에 많이 함유되어 있는 오메가-3 지방산인 EPA와 DHA는 혈청 콜레스테롤과 중성지방 농도를 저하시키고, 우리나라처럼 고당질 식사를 많이 해서 혈중 중성지방 농도가 높을 경우 생선을 많이 섭취하도록 권장하고 있다. 그러나 아무리 좋은 영양소라도 균형을 깰 정도로 많이 섭취하는 것은 좋지 않다. 특히, 이중결합이 많은 지방산은 산화가 잘 되므로 비타민 E와 같은 항산화효과를 갖는 영양소의 필요량이 증가하며, 자유 라디칼(free radical)이 많이 생성되어 오히려 세포막에 손상을 줄 수도 있으므로 필요 이상으로 많은 다불포화지방산을 섭취하는 것은 바람직하지 않다.

3) 콜레스테롤 : 식품으로 섭취하는 콜레스테롤의 양에 비례해서 혈액의 콜레스테롤 농도가 상승하는 것은 아니나 많은 양을 지속적으로 섭취하면 혈중 콜레스테롤 농도가 증가하는 결과를 초래한다. 한편, 콜레스테롤을 거의 섭취하지 않는다 하더라도 체내에서는 하루에 최소한 1.0g 이상의 콜레스테롤을 합성한다. 우리 몸에는 식사로 콜레스테롤을 많이 섭취하면 체내에서 합성되는 양은 줄고, 분해되는 양과 배설되는 양은 증가하여 혈청 콜레스테롤 농도를 낮추려는 기전이 있다.

(3) 탄수화물

정상인이 고당질식사를 지속적으로 할 경우, 혈액 중 중성지방 농도가 증가한다. 이것은 간에서 당질로부터 중성지방의 합성이 증가되어 혈액으로 지단백질을 많이 내보내기 때문이다. 최근에는 이와 같은 지단백질도 동맥경화의 위험요인이 될 수 있다고 하여 한국인의 특유한 고당질식사에 대한 경종을 울리고 있다.

(4) 섬유소

식이섬유소의 종류에 따라 혈중 콜레스테롤과 중성지방 농도를 저하시키는 효과가 다르다. 섬유소는 크게 수용성(soluble fiber)과 불용성의 섬유소(insoluble fiber)로 분류되는데, 밀 껍질(wheat bran)과 같은 불용성 섬유소는 콜레스테롤 농도에 영향을 크게 주지 않으나 펙틴(pectin) 같은 수용성 섬유소는 혈액의 콜레스테롤 농도를 낮추어 주는 효과가 있다. 섬유소를 하루에 약 15~45g 정도 섭취하면 혈중 콜레스테롤 농도를 6~19% 감소시킬 수 있으나, 너무 많이 섭취하면 무기질과 비타민의 배설이 높아지므로 무리하게 억지로 많이 섭취하는 것은 바람직하지 않다.

(5) 알코올

알코올은 탄수화물과 마찬가지로 간에서 중성지방 합성을 증가시킴으로써 혈액으로 더 많은 지단백질을 내보내고 고중성지방혈증을 유발할 수 있다. 한편 알코올의 HDL-콜레스테롤 상승효과는 알코올 섭취량과 개인에 따라 매우 다르게 나타나며 명확한 기전은 밝혀지지 않았다.

4. 고지혈증의 식사지침

고지혈증과 관련하여 동맥경화, 심장질환의 예방 및 치료에 식생활의 중요성은 충분히 강조되어 왔다. 최근 한국인의 혈중 콜레스테롤 농도가 상승하여 서양인의 수치에 가까워지고 있다. 이는 경제성장과 더불어 식생활이 윤택해지면서 곡류, 채소류 중심의 식사에서 육류 중심의 식생활로 바뀌고 있는 것과 깊은 관계가 있다. 혈청의 지질 농도는 식생활에 의해서 영향을 받기 때문에 식사조절을 계획적으로 잘 이행하면 혈청 지질 농도를 조절할 수 있다.

    고지혈증 치료는 처음에는 식사조절로 시작한다. 만일 식사조절로 성공하지 못하였을 경우에는 약물로 치료를 하게 되는데 이때에도 반드시 식사조절과 같이 병행하며, 혈액 지질 농도가 정상으로 회복되었다 하더라도 계속 식사조절을 할 것을 권하고 있다. 고지혈증을 예방 및 치료하기 위해서 식사조절을 계획한다면 우선 고지혈증의 형태를 정확하게 파악하여 그에 따라 식사조절을 하여야 가장 좋은 효과를 얻을 수 있다. 식사요법 시 [표 9-3]의 내용을 참고하여 개개인에 맞게 실시한다. 일반적으로 우리나라에서 가장 발병 빈도가 높은 혈청 콜레스테롤과 중성지방이 상승되었을 때 적용할 수 있는 식사요법을 설명하고자 한다.

표 9-3	고지혈증 예방을 위한 권장식품과 주의식품	
식품군	권장식품	주의식품
곡류	전곡류, 잡곡밥, 국수, 떡, 식물성 유를 사용한 빵류	볶음밥, 자장면, 스파게티, 파이, 고지방 크래커, 케이크
육류, 어류, 난류, 콩류	저지방 어육류, 난백, 콩류 및 두유, 흰살생선	고지방의 어육류, 베이컨, 내장류, 새우, 생선알, 오징어
채소, 과일	신선한 채소 및 과일	튀김, 마요네즈, 버터 등을 이용한 채소류
우유, 유제품	탈지유, 저지방유, 셔벗	전유, 크림, 치즈, 아이스크림
유지류, 당류	불포화식물성유, 옥수수유	초콜릿, 버터, 코코넛유, 팜유, 라드
외식음식	비빔밥, 한정식, 냉면, 초밥, 생선구이 등	꼬리곰탕, 갈비구이, 곱창구이, 전골, 추어탕, 보신탕, 중국요리

(1) 고콜레스테롤혈증(hypercholesterolemia)

유아기에 발생하는 경우는 유전적인 경우가 더 많고, 성인에서는 환경적인 요인에 기인하여 혈청 콜레스테롤 농도가 증가한다. 유전적인 경우에는 콜레스테롤 농도가 700~1,000mg/dℓ까지도 가능하므로 식사요법과 병행해서 약물치료도 필요하다. 환경적인 요인에 의한 경우는 콜레스테롤 농도가 보통 300~500mg/dℓ 범위 내에 있고, 식사조절로 콜레스테롤 농도를 정상수준으로 조절하는 것이 가능하다. 이와 같은 경우는 혈액의 콜레스테롤 농도를 낮추는 데 중점을 두고 식사요법을 하도록 한다.

① 열량 섭취를 줄여서 정상체중을 유지하도록 한다. 식사를 많이 해서 필요 이상의 열량을 섭취하면 간에서 콜레스테롤 합성이 높아질 수 있으며 체중이 증가할수록 혈액 콜레스테롤 농도도 증가한다.

② 지방 섭취량을 총 열량의 20%(한국인의 영양섭취기준) 정도로 조절한다. 지방에서 많은 콜레스테롤이 합성되기 때문이다.

③ 포화지방을 불포화지방으로 대치해서 섭취한다. 즉, 혈액에서 콜레스테롤을 낮추는 수단으로 동물성 기름보다는 식물성 기름이 더 우수하며, 또 식물성 기름 중에도 오메가-3 지방산 함량이 높은 생선류를 더 권장한다.

④ 콜레스테롤 섭취를 제한(200mg/일)한다. 그러기 위해서는 무엇보다 간, 내장과 같은 육류식품과 알(가금류, 생선) 등의 섭취를 줄인다. 제4장의 [표 3-2]의 콜레스테롤 함량이 높은 식품을 평소에 알고 있으면 자신의 식사요법에 참고가 된다.

⑤ 섬유소 섭취를 많이 한다. 수용성 섬유소는 간에서 콜레스테롤 합성을 감소시켜 콜레스테롤 농도를 낮추는 데 도움이 된다. 또한 섬유소가 많은 채소나 과일 및 곡류(심하게 도정하지 않은 전곡)를 많이 섭취할수록 전체적으로 열량 섭취가 적어도 만복감을 주므로 섭취 열량 조절에도 도움이 된다.

(2) 고중성지방혈증 (hypertriglyceridemia)

한국인에게 비교적 흔하게 발생하며 일반적으로 중년에 나타난다. 유전적인 요인보다는 환경적인 요인으로 열량이나 당질 및 알코올의 과잉 섭취에 의해서 혈액 내 중성지방 농도가 증가되어 있다.

① 정상체중을 유지하도록 열량섭취를 조절한다. 혈청 중성지방 농도가 400mg/dℓ 이상이 되면 제일 중요한 것은 이상체중을 유지하기 위해 열량섭취를 조절하는 것이다.

② 당질이 높은 음식섭취를 절제한다. 만일 체중이 감소되어도 몇 달 내에 혈청

중성지방 농도가 정상으로 회복되지 않으면 그 때는 탄수화물 섭취를 총 열량의 45% 수준으로 감소시킬 필요가 있다. 고탄수화물 식사는 간에서 중성지방 합성을 유도하여 혈청 중성지방 농도를 상승시킨다.

③ 동물성 지방보다 식물성 지방을 섭취한다. 포화지방 대신 불포화지방 섭취는 혈청 중성지방 농도를 감소시킨다. 만일 탄수화물 대신(줄인 만큼) 총 지방 섭취량을 늘리면 콜레스테롤 농도가 증가되므로 동물성 지방보다 식물성 지방을 사용할 것을 권장한다.

④ 생선을 자주 섭취한다. 육류보다 생선류를 섭취하면 오메가-3 지방산 섭취가 높아 혈청 중성지방 농도를 더욱 효과적으로 감소시켜 줄 수 있다.

⑤ 알코올 섭취를 일주일에 2회 정도로 제한한다.

⑥ 콜레스테롤 섭취는 하루에 200mg(일주일에 계란 3개 정도) 정도로 조절한다.

⑦ 단백질 섭취량은 조절하지 않아도 무방하나 체중조절이 필요할 때는 단백질과 지방의 섭취를 절제한다.

고지혈증의 유형에 따라 식사처방은 개개인의 식습관, 섭취 빈도, 식품의 기호도, 식사 행동 등을 정확히 분석하여 단계적이고 실천 가능한 식사요법을 전문가가 계획한다. 고지혈증의 식사요법은 장기간의 실천을 필요로 하고 식품섭취 및 식사행동의 변화를 요구하므로 무리가 없는 계획을 세워야 한다. 단순히 동물성 식품을 줄이고 콜레스테롤의 함량이 높은 음식을 제한하는 식사요법이 아니라 불포화지방과 포화지방의 비율(P/S ratio), 총 열량 및 식품의 콜레스테롤, 당질, 식이섬유소의 함량 등을 정확히 계산하여 계획한다. 또한 급격한 열량의 감소나 식품 사용의 변화로 실천이 힘들 때는 이를 변경하여 자기 기호에 맞고 실천 가능한 식사관리를 선택한다. 그러기 위해서는 전문가와 계속적인 연관을 가지고 계획, 실천, 평가 그리고 재계획으로 식습관이나 행동을 바꾸어 꾸준히 실천할 때 식사요법의 효과를 얻을 수 있다.

고지혈증 예방을 위한 효과적 조리법

① 쇠고기, 돼지고기 등은 살코기만을 사용하며 눈에 보이는 기름 부분은 모두 제한한다.

② 가공된 고기(베이컨, 소시지, 햄, 핫도그 등)는 포화지방이 많으므로 되도록 삼간다.

③ 닭, 오리, 칠면조 등은 껍질과 지방층을 제거한 후 사용한다. 단, 조리 시에 튀김은 피하고 기름이 많은 양념은 하지 않는다.

④ 생선은 콜레스테롤을 함유하고 있으나 포화지방산이 적으므로 육류보다 생선을 자주 섭취한다.

⑤ 조개 및 갑각류는 콜레스테롤을 함유하고 있으나 포화지방산이 적으므로 섭취를 엄격히 제한하지 않아도 된다.

⑥ 우유는 가능하면 지방 함량이 1% 이하인 탈지우유를 사용한다.

⑦ 기름을 사용할 때는 버터나 라드와 같이 포화지방산이 많은 것은 피하고 불포화지방산 함량이 높은 식물성 기름을 사용한다. 그러나 식물성 기름 중 야자유나 팜유 등은 포화지방이 많으므로 주의한다. 야자유와 팜유는 제과 및 가공식품, 라면, 팝콘, 커피 프림 등에 주로 사용되므로 영양표시를 주의 깊게 읽어보는 습관을 가진다.

⑧ 계란은 콜레스테롤 함량이 높으므로 노른자 대신에 계란 흰자를 사용한다.

⑨ 과일과 채소에는 비타민, 섬유소, 무기질 등이 풍부하므로 식사 때마다 충분히 섭취하도록 한다. 다만, 혈중 중성지방 농도가 높은 사람은 지나친 과일의 섭취를 주의할 필요가 있다.

⑩ 밥, 빵, 감자, 고구마 등의 곡류와 콩 등에는 탄수화물과 단백질이 풍부하면서 지방은 적으므로 제한할 필요는 없다. 곡류 및 콩에 들어있는 섬유소는 혈중 지질농도를 낮추는 효과가 있으므로 도정이 덜 된 곡류나 콩의 섭취를 권장한다. 다만, 지나친 섭취로 열량 섭취가 늘어나는 것을 주의한다.

⑪ 견과류(땅콩, 호두, 잣 등)에는 불포화지방은 많으나 지방 함량 및 칼로리가 높으므로 주의하여 섭취한다.

⑫ 간식류 중 사탕 및 초콜릿에는 단순당질 및 지방의 함량이 높으므로 제한한다. 대부분의 가공식품(크래커, 감자칩, 쿠키, 케이크, 파이 등)에는 동물성 기름 및 라드 사용이 많아 포화지방의 함량이 높다. 따라서 그러한 식품보다는 빵(토스트), 과일, 채소 등으로 간식을 하는 것이 바람직하다.

⑬ 찜, 구이, 조림같이 기름이 적게 쓰이는 조리방법을 택한다. 또한 조리 시에는 지나친 염분 사용을 피한다.

제10장 고혈압과 영양

1. 고혈압과 영양

우리의 식생활이 가공식품 및 외식에 많이 의존하고 있는 것과 병행하여 우리 국민의 소금 섭취량은 세계보건기구의 권장량인 2,000mg/day의 2배 이상으로 해마다 증가하고 있다. 소금의 섭취는 고혈압 등 만성질환의 주요 원인이며 고혈압으로 진료 받은 환자 수와 이에 따른 의료비도 매해 증가하고 있다. 우리나라 국민의 30세 이상 성인 인구 중 27.9%(국민건강영양조사, 2008)가 고혈압이며, 고혈압으로 인한 사망자는 매년 약 2만 명으로 사망원인 순위 10위 안에 속한다(통계청, 2010). 고혈압은 만성 퇴행성 질환으로 관리가 잘되지 않으며, 특별한 증상이 없기때문에 '침묵의 살인자'로 불리고 뇌졸중, 중풍 그리고 동맥경화증 등의 위험한 합병증을 일으키는 요인이 된다.

2. 고혈압 조절 기전

심장은 혈액을 전신으로 보내는 '펌프'역할을 하며 혈관은 심장 박동에 의해 산소와 각종 영양소가 포함된 혈액을 신체 각 부분으로 운반하고 다시 심장으로 되돌아오게 하는 '파이프'역할을 하는 통로이다. 즉, 폐로부터 들어오는 혈액이 심장에 꽉 차게 되면 심장이 수축하여 혈액을 우리 몸의 각 부분에 골고루 내보낸다. 이때 혈관이 받는 압력을 혈압이라 하며 최고혈압과 최저혈압으로 나타낸다. 최고혈압은 수축기 혈압(systolic blood pressure)이라고도 하며 심장이 수축하여 혈액을 내보낼 때의 힘을 말하고, 최저혈압은 혈액이 심장으로 돌아올 때의 압력을 말하며 확장기 혈압(diastolic blood pressure)이라고도 한다.

혈압을 조절하는 기전으로 신경성과 체액성을 들 수 있으며, 신경성 조절은 자율신경계의 지배를 받아 심장기능을 촉진함으로 말초혈관을 수축하여 혈압을 상승시킨다. 즉, 스트레스를 받거나 긴장, 불안하게 되면 교감신경이 작용하여 심장근육을 수축시켜 심장박동을 촉진한다. 체액성 조절로는 교감신경의 영향으로 부신수질에서 에피네프린(epinephrine)이 분비되어 심장기능을 촉진 혹은 말초혈관을 수축시켜 혈압을 상승시키게 되는데 이 경우, 신장에서 뇨의 배설이 감소하고 혈액이 증가하여 혈압을 올리게 된다. 신체의 각 혈관에 분포되어 있는 혈압 수용체에서 혈압의 정도를 혈압조절 중추에 전달하면 심장 박출량과 말초혈관 조절 기전이 작용하여 정상 혈압을 유지시킨다. 혈압은 정상인에 있어서도 운동, 감정, 기온의 변화 등 여러 조건에 따라 수시로 변동한다.

3. 고혈압의 분류

고혈압은 혈압을 올리는 원인에 따라 일차성과 이차성으로 분류한다.

(1) 일차성 고혈압

일차성 고혈압을 본태성 고혈압이라고도 하며, 다른 질환과는 상관없는 순환기 자체 이상으로 고혈압이 나타난다. 전체 고혈압의 90% 정도를 차지하며, 아직 정확한 원인이 밝혀지지 않았지만 유전적 소인, 생활환경, 스트레스 등에 기인할 것으로 추측한다.

(2) 이차성 고혈압

이차성 고혈압을 속발성 고혈압이라고도 하며, 신장 기능의 이상, 경구피임제 복용, 내분비 장애, 임신 등 그 원인이 밝혀져 있다. 속발성 고혈압은 1차적인 원인을 치료하면 혈압은 정상으로 돌아오게 된다.

4. 고혈압의 위험 요인

고혈압 발병요인에는 유전적 요인과 환경적 인자를 들 수 있다. 유전적 요인으로 인종 간의 차이를 들 수 있는데 흑인이 백인에 비해 발병률이 높다. 또한 연령이 높을수록 발병률이 높아진다. 환경적 인자 중에서 정신적 스트레스, 운동, 음주, 소금의 과잉섭취, 비만 등이 혈압을 올리는 촉진제 역할을 하고 있다[그림 10-1]. 특히, 흡연은 혈압을 상승시키며 심혈관계 질환의 위험인자이다. 일시적으로 혈압을 올리는 요인으로는 카페인 섭취를 들 수 있다.

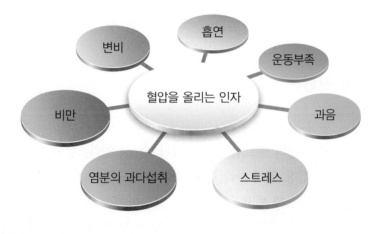

그림 10-1　혈압을 올리는 환경적 인자

5. 고혈압의 증상

고혈압이 심하여 여러 가지 합병증이 발생하면 합병증에 의한 증상이 나타나지만 합병증이 없는 가벼운 고혈압의 경우에는 대부분 아무 증상이 없다. 본태성 고혈압의 경우는 합병증이 일단 발생한 후에야 증상이 나타난다. 두통, 현기증이나 코피가 나는 등 고혈압의 증상으로 알려진 증상이 몇 가지 있으나 두통의 경우에는 고혈압 그 자체 때문에 생긴 것이 아니고 오랫동안 긴장을 하거나 너무 신경이 예민한 것 때문에 생기는 것이 대부분의 경우이다.

그러나 일단 고혈압에 의한 합병증이 발생되면 여러 가지 증상이 나타날 수 있어 고혈압 진단에 도움이 되는 경우도 있다. 예를 들어, 혈압이 올라가면 협심증, 심근경색증, 울혈성 심부전 등의 합병증이 생길 수 있으며 신장과 관련하여 단백뇨 및 신부전 등이 있을 수 있다. 따라서 합병증이 상당히 진전되기 전까지는 일반적으로 뚜렷한 증상이 없으므로 평소에 자신의 혈압에 관심을 가지는 것이 중요하다[표 10-1].

표 10-1	고혈압의 진행단계(WHO)
1단계	장기 장해가 없는 시기
2단계	심장비대, 안저동맥 협소
3단계	심부전, 뇌출혈, 눈동자 출혈이 생기는 시기

(1) 고혈압의 진단

고혈압의 진단은 혈압을 측정하는 것으로 시작한다. 따라서 혈압을 정확하게 측정하는 것은 고혈압 진단의 중요한 출발점이라 할 수 있다. 혈압은 활동상태, 시간과 장소, 정신적인 긴장 등에 따라 하루 중에도 상당한 폭으로 변동하기 때문에 우연한 기회에 한 번 측정해 봐서 정상이라고 단정하기는 어렵다. 18세 이상의 성인기준으로 두 번 이상 측정한 혈압이 140/90mmHg 이상인 경우를 고혈압이라고 진단한다[표 10-2]. 혈압은 1회 이상 측정하는 것이 바람직하고 혈압 측정에 앞서 5분 이상 앉은 자세에서 안정을 취한 후 팔의 부위를 심장 높이로 하여 측정한다. 측정 전에 흡연이나 카페인 섭취는 피하는 것이 정확한 혈압 측정을 위하여 권장된다.

혈압을 측정하여 고혈압으로 확인된 경우에는 속발성(이차적) 고혈압의 유무를

표 10-2	성인의 정상혈압과 고혈압 판정 기준		
분류	수축기혈압(mmHg)		이완기혈압(mmHg)
정상	<120	and	<80
고혈압 전단계	120~139	or	80~89
1기 고혈압	140~159	or	90~99
2기 고혈압	≥160	or	≥100

진단해 보는 것이 필요하며 고혈압에 의한 심장, 신장 또는 동맥 등에 변화가 어느 정도 진행되었는지를 검사하는 것이 필요하다.

6. 고혈압과 관련된 질환

(1) 비만

정상체중을 유지하면 고혈압의 위험률이 현저히 감소된다. 체중이 증가하면 혈압이 올라가기 쉽고, 비만과 고혈압이 관상동맥질환, 즉 협심증이나 심근경색증의 위험요인이 되므로 칼로리를 조정하여 표준체중을 유지한다. 비만한 고혈압 환자는 체중을 줄이는 것만으로 어느 정도 혈압을 내릴 수 있으므로 비약물요법 중 가장 확실한 것이 체중감량요법이다.

(2) 심혈관계 질환

고혈압으로 인해서 동맥경화증의 위험률이 높아지며 혈압이 높을수록 허혈성 심장병(심근경색, 돌연사), 죽상 경화증, 심부전, 협심증 등의 합병증을 초래할 수 있다.

(3) 신장 질환

일차성 고혈압 환자의 일부에서 고혈압을 치료하지 않으면 요독증이 나타나거나 고혈압성 신경화증으로 진행되어 신장의 기능이 저하될 수 있다.

(4) 뇌신경 질환

고혈압으로 인해 뇌출혈, 뇌경색, 시력저하 등이 나타날 수 있으며, 국내 연구에 따르면 뇌출혈의 발병 위험도가 제1기 고혈압에서 2.6배, 제2기 고혈압에서 4.3배 증가하는 것으로 나타났다. 고혈압 치료 특히, 수축기 혈압을 낮추면 뇌졸중 발병이 현저히 감소한다.

7. 고혈압 치료

(1) 약물치료

고혈압의 약물치료를 위해서 이뇨제가 널리 처방되고 있다. 이뇨제는 수분 배설을 증가시켜 순환하는 혈액량을 감소시킴으로써 혈압을 낮추고 심장의 부담을 감소시킨다. 이뇨제 다음 단계로 사용되는 약물은 주로 교감신경계 및 부신수질 호르몬에 대한 혈관계 반응을 감소시켜 혈압을 낮춘다.

(2) 비약물치료

비약물치료는 혈압을 정상으로 유지하고 고혈압과 관련된 합병증을 감소시키기 위해 약물을 사용하지 않고 치료하는 방법이다. 일단 고혈압으로 진단을 받으면 약물치료에 앞서서 비약물치료를 실시한다. 약물치료는 한번 시작하면 평생 약물을 복용해야 하고 비용 또한 많이 들기 때문에 식사습관, 운동, 금연, 절주 등의 생활습관 개선을 통한 비약물치료를 실시하여 고혈압 이외의 다른 합병증의 위험을 줄이도록 한다[표 10-3].

표 10-3 혈압조절을 위한 비약물치료	
• 건전한 생활양식	• 알코올 섭취 제한
• 균형적인 생활양식	• 염분 섭취 제한(<6g/day)
• 과체중 또는 비만인 경우 체중 감소	• 포화지방과 콜레스테롤 섭취 제한
• 유산소 운동 증가(매일 30~45분)	• 매일 칼슘과 마그네슘 적당량 섭취
• 금연	• 매일 칼륨 적당량 섭취(3.5g/day)

(3) 영양치료

고혈압 조절을 위한 영양치료는 우선 체중조절, 소금 섭취 제한, 알코올 섭취 제

한을 우선적으로 시행해야 한다. 특히 체중조절(제7장)은 혈압조절에 중요한 요소
이다.

1) 소금

소금의 과다한 섭취가 혈압을 상승시킨다는 사실은 의학적으로 확고히 입증되어
있다. 실제로 혈압을 올리는 것은 소금이 아니라 소금 중의 나트륨(Na) 성분이다.
소금을 많이 섭취하여 혈액 내의 나트륨 농도가 높아지면 체내 수분 보유량이 높
아진다. 그 결과 혈액의 부피가 증가하고 혈관은 압력을 더 크게 받는다. 보통 사
람은 하루에 약 2g의 나트륨, 즉 소금으로 5g(1작은술 정도)이 필요한데, 실제로 한
국 사람은 필요량의 3~5배(15~25g)정도를 섭취하고 있다. 따라서 평소에 짜지 않
게 먹는 식습관이 필요하며 이를 실천하기 위하여 다음과 같은 사항을 주의 한다.

① 젓갈, 장아찌, 짠 밑반찬 등을 피하고 절인 식품의 섭취 횟수와 양을 줄인다.

② 식탁에서 간장이나 소금을 사용하지 않는다.

③ 김치는 싱겁게 조금만 섭취하거나, 싱겁게 만든 나물이나 생채로 대신한다.

④ 조리 시 소금, 간장, 된장, 고추장을 적게 사용한다[표 10-4 참조].

⑤ 국물은 싱겁게 조금만 먹는다.

⑥ 육류 가공품, 캔류, 빵류 및 조미료에도 나트륨이 많이 들어있으므로 섭취를
제한한다[표 10-5 참조].

표 10-4 소금 1g에 해당되는 양념 및 소스의 양

식품명	중량(g)	목측량
소금	1	1/5작은술
진간장	5	1작은술
된장, 고추장	10	2작은술
토마토 케첩, 마가린, 버터	30	2큰술
마요네즈	40	3큰술

표 10-5	저염 식사를 위해 피해야 하는 식품(특히 나트륨이 많은 식품)
종류	식품
조미료	소금, 간장, 된장, 청국장, 고추장, 조미료, 다시다, 카레가루, 토마토 케첩
어육류	간장을 이용한 밑반찬(장조림, 멸치조림), 젓갈류, 마른 생선, 마른 멸치, 생선묵, 생선 통조림, 자반생선, 햄, 베이컨, 소시지, 피자, 치즈
채소류	김치, 오이지, 단무지, 장아찌, 토마토 통조림, 채소 통조림
곡류	라면, 비스킷, 크래커, 포테이토칩, 우동, 자장면

고혈압 예방을 위한 효과적 조리법

- 찌개, 탕, 국을 먹을 때 국물을 되도록 남긴다.
- 음식을 무칠 때 김, 깨, 호두, 땅콩, 잣을 갈아서 사용한다.
- 음식은 뜨거울수록 짠 맛이 덜 느껴지므로, 적은 양의 소금, 간장은 조리가 완성된 후에 넣는다.
- 소금, 간장, 고추장, 된장 대신 고춧가루, 마늘, 생강, 식초, 후추, 조리용 술을 이용하여 조리한다.
- 신선한 재료를 이용하여 식품 자체의 맛을 살리도록 한다.

2) 고혈압 환자를 위한 식사요령 및 주의사항

식사에서 염분 섭취를 줄이고, 정상체중을 유지하며, 콜레스테롤 섭취를 제한하는 것 외에 정신적 안정을 취하고 스트레스를 최대한 피하는 것이 좋다. 흥분이나 정신적 긴장이 고혈압 발생에 보조적 작용을 하며, 특히 유전적 소인이 있는 사람에게는 혈압 상승의 요인이 된다.

한편, 운동량이 적고 주로 앉아서 일하는 사람들에게 비만증이 따르게 되고 이들에게 고혈압의 발생률이 높은 것은 잘 알려진 사실이다. 힘들이지 않고 할 수 있는 가벼운 체조, 산책 등의 적당한 운동으로 체중을 조절하고 혈압을 조절하는 것이 필요하며, 음주, 흡연은 절대적으로 피하고 갑자기 뜨거운 목욕이나 사우나 또는 추운 날씨나 한밤중 급격한 외출 등은 삼가는 것이 좋다.

이 외에 변비는 혈압을 올리는 요소가 될 수 있으므로 섬유소 함량이 높은 식품 (잡곡밥, 채소, 과일 등)을 섭취하여 변비를 예방한다.

나트륨(Na) 섭취량, 이렇게 줄일 수 있다!!
간장, 고추장, 된장, 화학조미료, 베이킹파우더 등에도 나트륨이 많이 있으니 주의해서 넣어야 한다.
짠맛을 내는 양념 대신 고춧가루, 후추, 마늘, 생강, 양파, 겨자, 식초 등으로 맛을 낸다.
가공식품(라면, 즉석국 등)을 조리할 때 스프의 양을 적당히 조절한다. 국이나 찌개는 끓인 후 먹기 직전에 간을 한다.
국, 찌개, 국수, 라면 등의 국물에는 나트륨이 많다. 국물보다는 건더기 위주로 먹는다.

우리가 자주 먹는 음식에 나트륨(소금)은 얼마나 들어 있을까?

음식종류		나트륨(mg)	소금(g)
칼국수 1그릇		2,900	7.3
우동, 라면 1그릇		2,100	5.3
물냉면 1그릇		1,800	4.5
된장찌개 1그릇		950	2.4
참치김치찌개 1그릇		900	2.3
배추된장국 1그릇		750	1.9
피자 1조각(200g)		1,300	3.3
더블버거 1개(200g)		900	2.3

제11장 암과 영양

1. 암과 영양

암은 인체의 어떤 조직이나 기관에서 발생할 수 있는 비정상적인 세포를 말한다. 암세포는 정상세포와 비교하여 모양이 불규칙하고, 핵의 크기도 크고 다양하며, 염색체도 비정상적이다. 특히, 암세포는 매우 빠르게 분열하는 특징이 있으며, 자율적으로 증식할 뿐만 아니라 주위의 정상조직을 파괴하면서 확장하고 빠르게 전파되어 다른 조직으로 전이되는 성질을 가지고 있다. 정상세포는 일정한 수까지 증가하면 분열이 중단되지만 암세포는 계속 증가하여 신체기관의 정상 기능을 저해하고 필요로 하는 영양소를 모두 소모시켜 환자를 사망하게 한다.

　암은 생성되는 조직에 따라 상피조직에서 유래된 암, 비상피조직에서 유래된 육종, 백혈구에서 유래된 혈액암(백혈병, leukemia), 신경계 조직에서 유래된 신경계암 등으로 구분하고 있지만 이들 암들의 본질적인 성질은 모두 같다. 이들 중 가장 빈번히 발생하는 암으로는 위암, 간암, 폐암, 유방암, 식도암, 대장암, 갑상선암, 담낭암, 전립선암, 자궁암 등이 있다.

2. 암의 발병 추세

현재 세계 인구의 약 20%가 암으로 사망하고 있으며, 우리나라에서도 2009년도 주요 사인 사망률(통계청)을 보면 총 사망자 중 암으로 인한 사망률이 28.3%로 가장 높고, 다음이 뇌혈관계 질환으로 나타났다. 암의 종류에 따라 사망자를 구분하여 보면 폐암 30.0%, 간암 22.6%, 위암 20.4%, 대장암 14.3%, 췌장암 8.2%, 유방암 3.8%, 백혈병 3.1%, 식도암 2.8%, 자궁암 2.5%, 전립선암 2.5%로 나타났으며 특히, 한국인에게는 폐암, 간암, 위암의 발병률이 높다.

　성별에 따라 발생하는 암의 종류는 약간의 차이가 있으며, 발병률도 시대에 따라 변화하는 양상이다. 우리나라 통계청의 자료를 보면, 남자의 경우 폐암과 간암, 위암, 전립선암의 발생률이 높은 반면에 여자의 경우는 폐암과 위암, 대장암,

유방암, 자궁암의 발생률이 높았다. 또한 시대의 변화에 따라서 위암은 감소하는 경향을 보이며, 폐암, 대장암, 유방암은 점차 증가하는 추세를 보였다. 미국에서도 위암, 간암은 현저히 감소하는 반면 폐암이 급격히 증가하고 있다.

3. 암의 발병 원인

인간에게 발생하는 암의 75~80%는 환경적인 요인에 기인하며, 암을 유발하는 위험인자로는 유전, 환경적인 원인에 의한 돌연변이, 화학적 발암물질, 방사선, 바이러스, 스트레스 등을 들 수 있다. 세포는 변이원성 물질에 의해 유전자에 손상을 입고 암의 발생을 촉진하는 환경적 요인에 노출됨으로써 암으로 발전한다[그림 11-1]. 따라서 암은 복합적인 작용에 의해 발생하며 어느 한 요인에 기인한다고 단정지을 수는 없다.

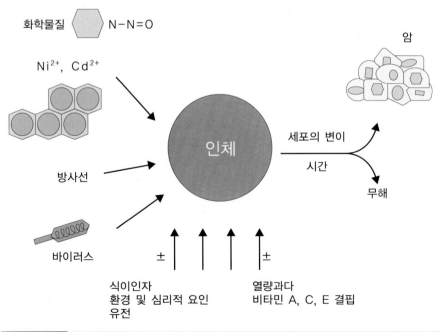

그림 11-1 암 발생 경로

인체가 발암물질에 장기간에 걸쳐 지속적으로 노출되면 세포 내의 DNA가 변이를 일으켜 암을 유발하게 되는데, 암이 발생하기 위해서는 반드시 정상세포가 시초물질(initiator)에 노출되어야 하고, 이후 시초물질이 인체 내에서 진전되는 것을 돕는 증진제(promoter)가 작용하여 세포의 비정상적인 증식을 유도하면 암을 형성하게 되는 것이다. 따라서 시초물질이나 증진제 단독으로는 암세포를 유발할 수 없으며, 이 두 물질이 모두 있어야 한다. 우리가 섭취하는 식품은 시초물질로도 증진제로도 작용할 수 있다.

(1) 화학적 발암물질

20세기 초 타르 내에 함유된 벤조피렌이 피부암을 유발하는 것을 발견한 이래 암을 유발하는 화학물질에 대한 연구가 본격화되었다. 그 결과 현재 모든 화학물질이 암을 유발하는 것이 아니라 몇몇 화학물질만이 발암물질로 밝혀졌다. 주된 화학적 발암물질로는 벤지덴, 디메틸니트로사민, 벤조피렌, 2-아세틸아미노플루오렌, 사프롤, 우레탄, 디에틸아미노벤젠, 나프틸아민, 니트로소디메틸아민 등이 있다.

(2) 방사선

태양광선에 오래 노출되거나 동위원소, X-ray 및 가정에서 사용하는 라돈(radon) 가스에 과다하게 노출될 경우 피부암, 유방암, 백혈병, 폐암이 유발될 수 있다.

(3) 바이러스

종양성(tumor virus) 바이러스는 정상적인 세포의 유전자로부터 형성된 것으로 DNA의 복제가 이루어질 때 발현하여 암을 유발하기도 한다.

(4) 스트레스 및 감정

신체는 심리상태나 여러 가지 사회적 요인에 의해 영향을 받으므로 암의 발생에도 영향을 미친다. 스트레스는 면역체계 또는 뇌하수체, 부신피질과 관계가 있는 호르몬 분비에 손상을 유발하여 신체의 생리적인 활성을 변화시켜 암을 유발하게 한다.

(5) 기타 요인

1) 흡연

담배에는 벤조피렌, 디메틸니트로사민, 니켈화합물과 같은 여러 가지 발암물질이 함유되어 있어서 암 발생의 주요원인으로 작용하며, 특히 폐암과는 직접적으로 관련이 있다. 최근 우리나라뿐만 아니라 미국에서 폐암이 주요 사망원인이 되고 있으며, 점차 증가하는 추세이다. 남성이 여성보다 폐암의 발병률이 높지만 최근 여성 흡연 인구의 증가로 여성에서의 폐암 발생률은 남성을 능가하고 있다. 그러나 흡연자가 흡연을 중지하게 되면 폐암의 발생률이 현저히 감소되어서 비흡연자와 유사하게 된다.

2) 알코올

알코올의 과다섭취는 구강암, 식도암, 간암을 유발할 수 있으며, 알코올 섭취를 많이 하는 경우에는 영양결핍이 수반되므로 암 유발물질에 대한 저항력이 감소한다.

3) 공기와 수질오염

산업화된 지역에 사는 사람은 농촌지역에 비하여 폐암 및 소화기계 암 발생률이 높은 것으로 나타났는데, 이는 공기와 수질오염에 기인하는 것으로 공기 중의 유황, 산화질소, 일산화탄소, 탄화수소 및 식수 중의 트리할로메탄 등이 발암물질로 작용한다는 것을 확인하였다.

4) 식품첨가제

식품첨가제는 보존제와 방부제로 구분할 수 있는데, 보존제는 식품 제조과정에 있어 식품의 특성을 보존 또는 안정화시키기 위하여 첨가하는 것이고, 방부제는 살충, 항생의 목적으로 첨가하는 것이다. 이 중 사이클라메이트, 둘친, 적색 2호 (red dye No. 2), 사카린 등의 식품첨가제와 DDT, 알드린, 비닐클로라이드 등의 방부제가 발암성이 있는 것으로 나타났다.

5) 유전

유전적 원인에 의하여 암 발생에 대한 감수성이 예민하기 때문에 암의 발생 위험이 높은 사람이 있다. 여러 형태의 유전적 질환이 자손에게 전달되면서 형질이 발현되어 암을 유발하게 되며, 일찍 발병하는 것이 특징이다.

6) 영양

우리가 섭취하는 식품 내 영양소는 암의 발생을 촉진하거나 억제하는 작용을 한다. 암과 영양과의 관계는 직접적인 원인과 결과로 확립할 수는 없다. 많은 역학 조사나 동물실험을 통하여 영양과 암 발병과의 관련성이 있다는 사실이 밝혀졌다.

4. 암의 진단

암은 증상이 뚜렷하지 않아 조기 발견이 용이하지 않으나 정기적인 신체검사, 종양마커측정, 방사선 촬영, 내시경 검사, 생검법 등에 의해 진단이 가능하다. 종양마커는 특정 암세포의 표면에만 존재하는 항원, 효소 등의 물질로 혈액에 존재하는 마커를 이용하여 특정 암의 조기진단에 쓰인다. 방사선 촬영법으로는 초음파, 컴퓨터 단층촬영, 흉부 X-ray 등이 실시되며 내시경 검사법은 카메라가 달린 가는 튜브를 입이나 항문으로 삽입하여 위암이나 대장암을 진단하는 데 이용한다. 생검법은 인체의 조직을 채취하여 조직표본을 제작하여 현미경으로 검사하는 방법이다.

가장 최근 새로운 암 진단으로 양전자 방출 단층촬영술(positron emission tomography, PET)이 개발되었는데 이는 양전자를 방출하는 방사성 동위원소를 이용하여 암세포를 찾아내는 방법이다. 암세포가 에너지원으로 포도당을 사용하는 것에 기인하여 방사능 물질로 포도당 유도체를 체내에 주입하고, 체외 카메라를 통하여 인체 내의 포도당 분포를 영상화한 것이다. 검사에 사용되는 방사성 동위원소는 반감기가 약 2시간 미만이어서 부작용도 거의 없다.

5. 암과 영양과의 관계

역학조사 결과 암의 발생은 식이요인과 밀접한 관계가 있음이 관찰되었다. 열량, 지방, 단백질의 과잉섭취와 식이섬유소의 섭취 부족이 암 발생의 위험도를 증가시킨다는 것이며, 특히 유방암과 대장암의 발생률은 식이 중의 지방섭취량과 연관이 있는 것으로 밝혀졌다. 식이섬유소는 대장암을 예방할 수 있다고 알려져 있으며, 셀레늄(Se), 비타민 E, 비타민 A 등은 몇 가지 특정 암을 방지할 수 있다는 실험보고도 있다.

식이요인에 의하여 암이 발생할 수 있는 원인을 크게 몇 가지로 나누어 살펴보면 아래와 같다.

① 천연식품에 이미 존재하거나 저장 단계에서 발암물질이 생성되거나 발암물질 또는 그 전구체를 섭취하는 경우, 체내에서 암을 발생시킬 수 있다.

② 특정 영양소의 결핍 또는 과잉이 세포 내의 물리·화학적 환경에 변화를 초래하여 체내 독성물질을 대사시키는 효소계의 활성과 호르몬의 균형에 영향을 주어 발암물질의 대사속도를 변화시켜 암을 발생시킬 수 있다.

③ 알코올, 훈제식품에서의 아질산염, 고식염 섭취, 식품 내 오염물질 역시 체내
  에 들어가 암을 유발할 수 있다.

지금까지 식이요인과 암의 발생은 밀접한 관계가 있는 것으로 알려져 왔으나 그
기전에 대한 연구가 충분하지 않아서 결론을 내릴 수는 없다. 그러나 식이인자와
암 발생이 어떤 관계가 있는지를 살펴보는 것도 암의 발생기전을 밝히는 데 중요
한 역할을 할 것이다.

(1) 열량

총 섭취 열량과 암과의 관계는 총 열량의 변화를 지방과 탄수화물의 비율로 조정
하느냐 또는 열량이 없는 식이섬유소로 조정하느냐에 따라 해석상의 문제를 지니
고 있다. 즉, 열량이 높은 식사는 지방이 많이 함유된 반면에 상대적으로 섬유소
의 함량이 적기 때문에 열량의 효과만을 따로 규명하기에는 매우 어렵다. 일반적
으로 실험동물에서 열량을 제한하였을 때 암의 생성을 지연시키고 생명을 연장하
는 것을 관찰하였다. 여러 다른 실험에서도 암의 발생위험은 열량섭취와 직접적으
로 비례하였으며, 열량 제한 시에는 암의 발생률이 감소하는 것을 관찰하였다.

한편, 비만은 열량의 과잉섭취에 기인하는데, 비만 여성이 정상 체중의 여성에
비해 유방암, 자궁암의 발생 위험이 2~5배 높은 것으로 관찰되었다. 이는 지방세
포에 의한 에스트로겐의 분비와 연관이 있는데, 지방세포에서의 에스트로겐 분비
증가는 자궁의 경부세포와 유방의 상피세포의 증식을 자극하여 암의 발생위험을
증가시키는 것으로 나타났다.

(2) 탄수화물

탄수화물이 암 발생에 미치는 영향은 지방, 단백질에 비해 거의 주목을 받지 못하
고 있으나 췌장암과 유방암의 발생률과는 높은 연관성이 있는 것으로 나타났다.
즉, 다당류인 전분을 섭취하였을 때보다 정제된 설탕을 섭취하였을 때 유방암의
발생률이 현저히 높게 나타났다.

(3) 단백질

암의 발생률은 단백질 총 섭취량과 어느 정도 관련이 있으나 육류와 같은 동물성 단백질의 섭취와 더 밀접한 상관관계가 있는 것으로 보고되었다. 육류 섭취 시에 지방질의 섭취도 함께 증가하므로 지방과 열량의 부가적인 작용도 아울러 평가하여야 한다. 일반적으로 적절한 양질의 단백질을 섭취할 경우, 암의 발생에 아무런 영향을 미치지 않았다.

(4) 지방

암 발생과 가장 밀접한 관계를 가지고 있는 영양소는 지방이다. 동물실험에서 고지방식이를 쥐에게 섭취시켰을 경우, 저지방식이를 하였을 때보다 암의 발생률이 현저히 높게 나타났다. 이러한 양상은 사람에서도 동일하였는데, 세계 여러 나라를 대상으로 지방의 섭취량과 암 발생률을 비교한 결과, 지방의 섭취량이 높은 나라에서 암 발생으로 인한 사망률이 높았으며, 특히 유방암, 대장암, 췌장암으로 인한 사망률이 높은 것으로 나타났다[그림 11-2]. 즉, 암의 발생률이 높은 미국, 유럽 등의 구미지역에서는 총 열량의 40~46%를 지방으로 섭취하고 있으며, 이에 반해 대장암의 발병률이 낮은 일본에서는 총 열량의 10~15%를 지방으로 섭취하고 있었다. 따라서 지방의 섭취량이 높을수록 암의 발생위험이 증가하는 것을 알 수 있다.

또한, 식이지방의 종류에 따라서도 암 발생률에 미치는 영향이 다른 것으로 보고되었다. 알래스카나 그린랜드의 에스키모들은 총 열량의 40% 이상을 지방으로 섭취하고 있으나 암 발생률이 낮은 이유는 이들이 오메가-3 계열의 지방산인 EPA와 DHA가 다량 함유된 생선기름을 주된 지방의 급원으로 섭취하기 때문인 것으로 밝혀졌다.

또한, 그리스 등의 지중해 연안 국가에서도 지방의 섭취량이 높았음에도 불구하고 암의 발생률이 낮은 것은 올리브기름을 섭취하고 있기 때문이었다. 따라서 생선에 다량 함유되어 있는 오메가-3 계열의 지방산과 올리브에 많은 올레인산은 암의 발생을 예방하는 효과가 있음을 알 수 있다. 일반적으로 포화지방산보다는 불포화지방산이, 또 불포화지방산 중에서도 오메가-6 계열의 옥수수기름보다는 오메가-3 계열의 기름이 암 억제효과가 더 큰 것으로 보고되었다.

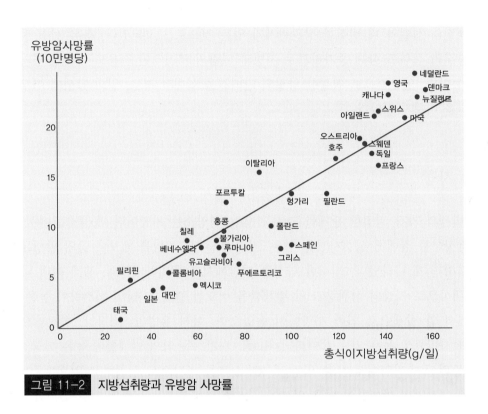

그림 11-2 지방섭취량과 유방암 사망률

(5) 식이섬유소

식이섬유소가 다량 함유된 과일과 채소를 자주 섭취할 경우, 암의 발생이 낮았으며, 특히 폐, 목, 대장, 췌장, 위, 담낭, 난소, 자궁과 유방암의 발생률이 낮게 나타났다. 역학조사에서 뉴욕, 핀란드, 덴마크와 스웨덴의 도시지역과 농촌지역을 비교한 결과, 이 두 지역 모두에서 고지방식이를 함에도 불구하고 농촌지역이 도시지역에 비해 대장암의 발생이 현저히 낮았는데, 이는 농촌지역에서 다량의 식이섬유소를 섭취한 것에 기인한 것으로 밝혀졌다.

한편, 최근 보고에 의하면 식이섬유소와 대장암 발생률과의 관계를 연구한 결과, 일관성이 없는 것으로 나타났다. 이와같이 식이섬유소의 역할을 평가하기 어려운 것은 식이섬유소의 종류에 따라서 대장암에 미치는 영향이 다르기 때문이다. 동물실험 결과, 밀기울 또는 셀룰로오스와 같이 발효가 잘 되지 않는 섬유소(불용성 섬유소, insoluble fiber)는 대장암 발생 억제 효과를 보이나, 펙틴(pectin), 한천과 같이 발효가 잘 되는 섬유소(수용성섬유소, soluble fiber)는 대장암 발생을 촉진하는 것으로 나타났다. 이들 식이섬유소가 대장암을 예방하는 효과가 있다는 것은 대장 내에서 식이섬유소가 발암물질과 조직이 서로 접촉하는 시간을 감소시키기 때문인 것으로 보고되고 있다.

(6) 알코올

알코올의 과다섭취는 식도암, 대장암, 간암의 위험인자로 보고되고 있으며 특히, 간경화를 유발하여 간암의 발생률을 증가시킨다. 또한, 알코올을 많이 섭취하는 경우에는 영양결핍이 수반되므로 암 유발물질에 대한 저항력이 감소하며, 흡연을 하면서 알코올을 지속적으로 섭취할 경우에는 암 발생률이 현저히 증가한다.

(7) 항산화 비타민

1) 비타민 A

비타민 A와 베타카로틴(β-carotene)은 우유, 계란, 버터, 당근, 치즈, 간, 녹황색 채소에 다량 함유되어 있는데 이 영양소가 상피세포암, 폐암, 식도암, 위암, 담낭암과 유방암의 발생을 억제한다는 것이 관찰되었다. 그러나 이와 같은 보호 효과가 베타카로틴 자체에 기인하는지 비타민 A 또는 다른 성분에 기인하는지는 명확하지 않다.

2) 비타민 C

신선한 채소, 과일에 다량 함유된 비타민 C는 위암을 예방하는 효과가 있음이 보고되었으나 비타민 C에 기인하는지, 다른 성분에 기인하는지 명확하지는 않다.

3) 비타민 E

미강유, 면실유, 옥수수기름에 다량 함유된 비타민 E는 항산화 작용에 의하여 항암효과가 있는 것으로 보고되고 있다. 최근 발표에 의하면 비타민 E, 베타카로틴, 비타민 C, 셀레늄과 비타민 A와 같은 항산화 영양소들이 정상적인 대사 중에 발생하는 DNA의 손상을 예방하여 암 유발을 저하시키는 것으로 나타났다. 이 외에도 비타민 E는 세포막에서 지방의 산화 과정에서 생성된 유리기를 제거하는 데 관여하고, 비타민 A와 비타민 C는 위에서 식품 내 함유된 질산염이 아질산염으로 전환되는 것을 저해하여서 암의 발병 위험을 낮추는 것으로 보고되었다.

(8) 무기질

1) 셀레늄(Se)

마늘, 파, 양파에 많이 함유된 셀레늄은 항산화 작용에 의해 대장암, 직장암, 유방암 등에 항암효과가 있는 것으로 보고되었다.

2) 칼슘(Ca)

칼슘의 섭취와 대장암 발생과는 역의 상관관계가 있음을 관찰하였다.

6. 암의 치료

암을 치료하는 방법으로는 수술요법, 방사선치료, 화학요법, 면역요법 등이 사용되고 있다.

(1) 수술요법

암세포 조직을 제거하는 방법으로 주로 폐암, 유방암 치료에 쓰이며, 결장, 직장 암에도 효과적이다. 수술요법은 암의 전이를 막고 증세 호전을 위해 화학요법이나 방사선 치료법과 함께 병행이 가능하다.

(2) 방사선 치료

방사선 치료는 암세포를 파괴하는 치료방법으로 정상세포를 손상시키지 않는 범위 내에서 시행하며, 암의 종류에 따라 각기 다른 방법으로 투사한다. 가장 흔히 X-ray, 방사선 동위원소 및 중성자, 양자, 전자와 같은 원자를 이용하게 된다.

(3) 화학요법

암세포의 분열을 억제함으로써 암세포를 제거하거나 파괴시키는 약물을 복용하는 것을 말한다. 수술요법으로 암 절제가 불가능하거나 암이 전이되었을 때 치료목적으로 많이 사용한다. 일반적으로 이용하는 화학물질은 구토, 탈모, 조혈기능장애, 피로 등 부작용이 있으며 약물의 종류, 용량, 기간에 따라 부작용의 정도에 차이가 있다.

(4) 면역요법

면역요법은 백혈구 중 암세포를 죽이는 살해세포의 기능을 활성화시켜 암세포의 증식을 막는 치료방법이다.

(5) 영양치료

최근, 암 치료에 있어서 영양치료를 중요한 부분의 하나로 인식하게 되었다. 암세포는 여러 가지 식욕억제 물질을 배출하여 식욕부진, 미각변화, 조기 포만감을 유발하며, 암세포가 활발하게 증식하면서 열량 소모량이 증가하고 영양 불량 시에는 체내 단백질 분해가 증가하여 단백질 손실을 가져온다. 이로 인하여 단백질-에너지 영양불량이 발생할 수 있으며 극심한 식욕부진으로 이어져 체중감소, 근육 소모, 무기력증이 나타난다. 이 경우에는 적극적인 영양관리로 체력과 신체기능을 유지하고, 손상된 정상 세포를 재생시키며, 면역력을 증강시켜 감염에 대한 저항력을 증강시킨다.

  적절한 식사가 암 환자에게 매우 중요하지만 식사만으로 완전하고 효과적인 치료를 대신할 수는 없다. 그러나 전체적인 치료의 한 부분으로 적극적인 영양관리는 매우 중요하다. 가능하다면 정상적인 형태의 식사를 섭취하는 것이 가장 바람직하나 암의 형태와 정도 그리고 처치에 따라 다르므로 개개인에 맞도록 개별화하여 실시한다. 암 환자의 영양 상태를 향상시키는 것은 환자의 심리상태를 좋게 하고, 생리적인 기능을 회복시키며, 신체 회복, 면역기능 증진 및 치료요법 시 수반되는 부작용을 감소시킬 수 있다.

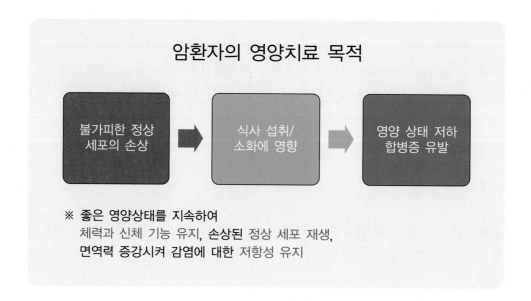

암환자의 영양치료 목적

불가피한 정상 세포의 손상 ➡ 식사 섭취/ 소화에 영향 ➡ 영양 상태 저하 합병증 유발

※ **좋은 영양상태를 지속하여**
체력과 신체 기능 유지, **손상된 정상 세포 재생,**
면역력 증강시켜 감염에 대한 저항성 유지

7. 암 예방을 위한 식생활

암을 예방하기 위해서는 발암물질과 암의 발생을 유도하는 물질의 섭취를 제한하고 정기적인 검진으로 조기 발견하며, 조기치료에 유념한다. 우리가 섭취하는 식품은 발암촉진, 항암보조 및 발암 억제작용을 하는데, 인체에서의 특정 암 발생과 영양소의 섭취와 관련성이 있는 암의 종류 및 식생활과의 상관관계는 아래의 [표 11-1]과 [표 11-2]와 같다.

표 11-1 식생활 습관과 암의 종류	
지방 과잉 섭취	전립선암, 유방암, 위암, 대장암, 췌장암, 난소암
단백질 과잉 섭취	유방암, 자궁내막암, 전립선암, 대장암, 췌장암, 신장암
열량 과잉 섭취	대부분의 암
탄수화물 과잉 섭취	어느 암에도 직접적인 관련은 보이지 않으나, 전분 섭취가 열량의 과잉섭취와 관계가 있음
알코올 과잉 섭취	위암, 간암, 대장암
알코올 과잉 섭취 + 흡연	구강암, 후두암, 식도암, 폐암

지금까지의 여러 연구를 통해서 암 발생을 예방하기 위한 권장사항을 살펴보면 다음과 같다.

① 균형된 식생활을 한다.

② 비만을 예방한다. 과다한 체중은 열량의 과잉섭취에 기인하며, 갑상선, 신장, 자궁경부암, 유방암 등과 관련이 높으므로 정상체중을 유지한다. 따라서 열량 섭취를 줄이고, 운동을 하며, 알코올 섭취는 적절하게 한다.

③ 식이지방을 총 열량의 30% 이하로 감소시킨다. 고지방식이는 대장암과 유방암의 발생위험을 증가시킨다.

표 11-2	암과 식생활의 상관성	
암 부위	암의 증가요인	암의 감소요인(식품 및 영양)
위암	고염식품, 염어류(절임식품), 뜨거운 국, 발효식품, 불규칙한 식사	우유, 유제품, 신선한 채소, 과일, 된장국, 저칼슘 섭취
대장암	고지방식, 저섬유식, 맥주(직장암), 고콜레스테롤식	고섬유식(곡물, 두류), 양질의 단백질이 풍부한 식품(치즈, 쇠고기, 생선)
식도암	뜨거운 음료, 단백질, 비타민, 무기질이 부족한 영양가 낮은 식생활	채소, 과일, 양질의 단백질, 비타민, 무기질이 풍부한 식품
유방암	고지방, 고에너지식(성장기, 사춘기)	녹황색 채소, 신선한 채소(배추, 시금치, 당근, 비타민 A, 카로틴, 비타민 K)
폐암	흡연, 오염된 공기, 고지방식	
간암	곰팡이 독, 알코올, 단백질 부족, 인공감미료, 식품첨가물(방부제), 중금속, 농약, 합성수지	고단백질, 두부, 대두식품, 자연식, 신선한 채소, 과일

④ 섬유소가 함유된 식품의 섭취를 증가시킨다. 식이섬유소, 특히 불용성 섬유소는 장내 음식물 및 발암물질의 배설을 빠르게 하여 조직과 발암물질과의 접촉 시간을 짧게 하고 대장암의 발생을 줄이므로 섭취를 증가시킨다. 즉, 정제하지 않고 도정하지 않은 곡류를 섭취한다.

⑤ 과일과 채소의 섭취를 증가시킨다. 과일과 녹황색 채소에는 비타민 C, 베타카로틴, 비타민 E와 셀레늄, 비타민 B_6, 엽산, 리보플라빈 등의 영양소가 다량 함유되어 있으므로 섭취를 증가시킨다. 이들 항산화제는 유리기를 제거하고, 아질산염(nitrite)이 발암성 물질인 니트로소아민(nitrosamine)으로 전환되는 것을 저해하여 암에 대한 감수성을 감소시킨다. 또 숙주나물, 양배추, 브로콜리 등의 채소에 있는 인돌(indole)성분은 소화기 내에서 발암물질을 불활성화시키는 효소의 분비를 유도한다.

⑥ 요구르트, 우유 등의 유제품 섭취를 증가시킨다. 칼슘은 대장암의 예방에 효과

적이며, 유산균도 장내의 산도를 낮추어서 대장암의 발생을 감소시킨다. 따라서 칼슘이 풍부하고 지방이 적은 우유, 요구르트의 섭취를 증가시킨다.

⑦ 염장식품, 훈연식품, 아질산 처리한 식품의 섭취를 줄인다.

⑧ 커피와 알코올 음료의 섭취를 줄인다. 커피와 알코올 음료는 위액 분비를 촉진시키고 위점막의 손상을 가져와 위암 유발의 위험을 증가시킨다.

⑨ 부적절하게 보관된 식품과 조리된 음식을 섭취하지 않는다. 식품을 부적절하게 보관할 경우, 곰팡이 독 및 오염물질이 혼입될 우려가 있으므로 이런 식품과 음식은 섭취하지 않는다. 잘못 보관된 땅콩 등의 견과류와 옥수수에 생기는 곰팡이(aflatoxin)는 암을 유발할 수 있다.

⑩ 과다하게 튀기거나 탄 음식을 섭취하지 않는다. 조리온도가 높고 조리시간이 긴 조리방법은 피한다.

암 예방을 위한 효과적 조리법

1) 야채, 과일은 물로 충분히 씻고 농약과 해로운 물질을 제거하기 위해 식초 소금물에 10~20분 정도 담근 후 헹구어 이용한다.
2) 섬유질이 많은 식품은 날로 먹는 것보다 살짝 익히는 것이 많은 양을 섭취할 수 있다.
3) 너무 뜨거운 요리는 피한다.
4) 생선, 고기요리는 청주, 포도주, 생강, 마늘에 재어 맛을 좋게 한다.
5) 식물성 기름은 참기름, 콩기름, 들기름 등으로 적당량 사용한다.
6) 콩은 몸에 좋으나 두부, 된장 등은 제조 시 염분을 가하므로 싱겁게 조리한다.
7) 콩, 채소류는 항암 작용을 하는 페놀, 종실류(대두, 참깨)나 곡류(밀, 맥아, 쌀겨) 및 견과류(호두, 잣) 등에는 항산화 작용을 하는 비타민 E가 있으므로 함께 조리한다.
8) 감자는 튀기지 말고 껍질째 구워서 조리한다.
9) 생선과 고기는 불에 구울 때 발암물질이 생성될 수 있으므로 타지 않도록 한다. 양배추, 풋고추, 토마토, 옥수수, 우엉 등 섬유질이 많은 채소를 곁들여 먹는다.
10) 양파, 마늘은 항암, 항균작용과 동맥경화에 예방효과가 있는 유황화합물이 함유되어 있으므로 살짝 익혀 먹는다.

암 환자가 불편할 때의 지침

1. 입과 목의 통증

① 부드러운 음식을 섭취한다.

② 믹서를 이용하여 음식을 갈아서 먹거나 빨대를 사용한다.

③ 자극적인 음식이나 지나치게 뜨거운 음식 등은 피한다.

④ 입안을 자주 헹구어 입안에 음식 찌꺼기가 남지 않도록 한다.

2. 구강건조증

① 침의 분비를 늘리기 위해 달거나 신 과일, 음료 등을 마신다.

② 껌이나 사탕 등으로 입안을 축여준다.

③ 국물이 있는 음식을 이용하여 삼키기 편하게 한다.

④ 물을 소량씩 자주 섭취한다.

3. 메스꺼움/구토

① 소량씩 천천히 자주 먹는다.

② 식사하는 장소의 환기를 하여 불쾌한 냄새가 나지 않도록 한다.

③ 식사 후 갑자기 움직이지 않는다.

④ 입안을 헹구어 항상 청결하고 상쾌한 상태를 유지한다.

⑤ 치료 1~2시간 전에는 음식을 먹지 않는다.

⑥ 음식을 억지로 먹지 않도록 하며, 메스꺼움이나 구토증세가 있는 경우, 가라앉을 때까지 음식을 섭취하지 않는다.

⑦ 지방이 적은 음식, 맑고 찬 음료(탄산음료), 토스트, 크래커 같은 마른음식, 젤라틴, 아이스캔디 등을 먹는다.

PART IV
식품과 건강

제12장 유산균과 건강

최근 우리의 식생활이 선진국형으로 변모하면서 우리나라에서도 성인병을 비롯한 만성질환이 증가하고 있는 추세이다. 소득 수준이 향상함에 따라 건강에 대한 관심이 고조되면서 건강식품의 소비가 증가하고 있다. 이러한 건강식품 중의 하나가 유산균 제제 및 유산균 증식제이다. 여기에서는 우리가 섭취하는 유산균 제제에 함유되어 있는 유산균의 특징, 우리 몸에 존재하는 장내 유산균과 이러한 장내 유산균의 증식제에 대하여 설명하고자 한다.

1. 장내세균

많은 사람들이, 건강하게 오래 살기 위해서는 미생물에 감염되지 않아야 한다고 믿었지만, 파스퇴르는 발효를 연구하면서 고등동물의 장내에는 많은 균이 서식하고 있으며 이것 없이는 살 수 없다고 생각했다. 최근 연구에 의하면 건강한 사람의 장내에는 약 100종류, 100조 개의 세균이 서식하고 있으며, 이들은 사람의 건강에 많은 영향을 주고 있다. 파스퇴르는 "고등동물은 장내세균 없이는 생존할 수 없다"라고 하였지만, 많은 학자들은 무균동물(germ free animal)의 사육을 시도하여 보통동물(conventional animal)과 비교연구를 시도하기 시작하였다. 1945년 무균 사육장치의 개발이 완성되어 장내세균이 없는 무균동물을 만드는 데 성공하였고, 이 무균동물의 수명은 보통동물보다 약 1.5배 더 길다는 사실이 실험적으로 밝혀졌다. 그러나 실제로 사람은 무균동물들처럼 살 수 없기 때문에 장내세균에 대한 영향을 조사하기 시작하였다. 그 결과 사람의 장내에는 건강을 지켜주는 유용균과 나쁜 영향을 주는 유해균이 있으며, 양자의 균형에 의하여 건강상태가 조절되고 있음을 알게 되었다.

[그림 12-1]에서 보는 바와 같이 유용한 면으로는 영양소의 합성과 흡수를 돕고, 감염 방어능력을 가지며, 유용균 중에서도 비피더스균은 사람의 건강유지에 중요한 역할을 한다. 유해균으로는 대장균(*E. coli*), 클로스트리디움(*Clostridium*), 프로테우스(*Proteus*), 박테로이드(*Bacteroides*) 등이 있으며, 장내의 부패를 촉진하여 노화가 빨리 일어나게 하고 발암물질을 생산한다. 비피더스균(*Bifidobacterium*)과 같

이 유익한 작용만 하는 균도 있지만 대부분의 장내세균은 인체에 필요한 비타민, 아미노산, 단백질의 합성, 감염 방어 등의 유익한 작용과 동시에 암모니아, 페놀, 황화수소, 인돌, 스케톨, 세균독소 등을 생성하여 건강을 해치는 양면성을 지니고 있다. 이러한 결과들이 발표되면서 메치니코프의 "사람이 일찍 사망하거나 노화되는 것은 장내의 부패균주가 생산하는 독소에 의한 만성중독에 의한 것이다." 라는 말은 우리로 하여금 많은 것을 생각하게 한다.

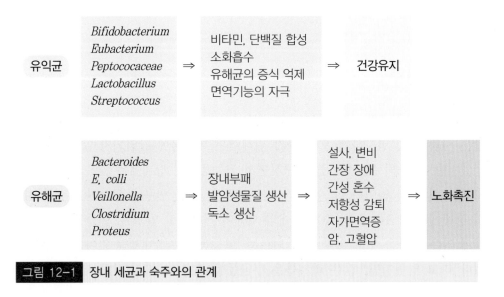

그림 12-1 장내 세균과 숙주와의 관계

(1) 장내세균의 구성

소화관 내의 장내세균 분포는 [표 12-1]에서 보는 바와 같이 입에는 보통 타액 $1m\ell$ 당 10^7의 세균이 존재하며, 이들의 구성은 혐기성균과 호기성균이 같은 수로 나타난다. 공복 시 위장은 위산 때문에 pH가 3.0 이하로 내려가 생존할 수 있는 세균 수는 극히 낮아지며 내산성균인 유산간균(*Lactobacillus*), 연쇄상구균(*Streptococcus*), 효모(Yeast) 등이 위액 1g당 $10^2{\sim}10^3$ 정도로 검출되는데, 음식물이 들어오면 위장 내의 pH가 4 이상으로 올라가면서 세균의 수는 위액 1g당 $10^7{\sim}10^8$으로 증가한다.

그러나 십이지장으로 넘어가기 전 위의 pH는 다시 저하되어 증가했던 균주는 감소한다. 공복 시 소장 상부에서는 장의 내용물 1g당 10^4 이하로 검출되며, 이

균주	장 내용물 g당 균수(log$_{10}$ number)						
	구강	위	십이지장	공장	회장	맹장	직장
Lactobacillus	8	4	2.3	3.4	6.5	6.9	6.4
Bacteroides	7.2	2	2	2	3	10.5	10.9
Veillonella	6.9	2.7	2.4	3.2	3.3	3.4	3.3
Streptococcus	6	5	3	4	6.3	7.9	7.8
Eubacterium				2	5	10.2	10.5
Peptococcus					2	10.1	10.3
E. coli			2	2.3	3	7.3	7
C. perfringens				2	2.4	3	3.1
Bifidobacterium				2	7	9.9	10

표 12-1 사람의 장내 부위별 장내세균의 분포

는 위산에 의한 균수의 저하와 더불어 담즙에 함유되어 있는 담즙산, 리소자임
(lysozyme) 등에 의해 균수는 더욱 저하된다.

여기에 존재하는 균은 연쇄상구균(*Streptococcus*) 정도이며, 그 외에 유산간균
(*Lactobacillus*), 베일로넬라(*Veillonella*), 박테로이드(*Bacteroides*), 대장균(*E. coli*), 유박
테리움(*Eubacterium*) 등이 소수 존재한다. 소장 하부에서 장 내용물은 장액에 의해
희석되고 공복 시 1g당 10^7 정도 검출된다. 맹장의 세균수는 급격히 증가하여 장
내용물 1g당 10^{10} 정도로, 여기서 나타나는 세균은 분변의 것과 유사하며 박테로
이드, 유박테리움, 클로스트리디움 등 혐기성 세균이 우세하다.

음식물이 소화관을 통과하는 시간은 음식물의 양과 질, 대장의 운동기능, 흡수
능력, 정신상태, 육체운동의 유무 등에 따라 다르지만, 평균 통과시간은 음식을
먹은 후 3~5시간 내에 위에서 십이지장으로 보내지며, 4~6시간 이내에 맹장에
도달하고, 12~16시간 내에 S자상의 결장에 도달하여 24~72시간 내에 배설된
다. 사람의 성장에 따른 장내세균총은 [표 12-2]에서와 같이 태아의 장은 무균상태
이나 출생 후 많은 세균이 나타난다. 출생 직후 가장 먼저 나타나는 세균은 대장
균과 장구균이며 출생 후 3~4일이 되면 비피더스균이 나타나고 6일째가 되면 비
피더스균이 가장 우세한 분포를 차지하여 그 결과 다른 균은 감소하게 된다.

표 12-2	사람의 성장에 따른 장내 세균총의 변화

균주	장 내용물 g당 균수($\log_{10}$ number)							
	출생 직후	출생 일주일내	영아	이유기	청소년	청년	성인	노인
Bacteroides *Eubacterium* *Streptococcus*				2	10	11	11	11
Bifidobacterium		2	11	10	10	10	9.5	8
E. coli *Enterococcus*	2	11	8	8	8	8	8.5	9
Lactobacillus		2	5	6	6	6	6	7.8
Clostridium				2	3	3	4	7.8

이유식을 시작하면서 점차 어른의 식생활을 닮아, 이유기가 끝나면 장내세균의 분포가 어른과 유사해진다. 이때의 장내세균 분포는 박테로이드, 유박테리움, 펩토코커스, 비피더스균이 가장 우세하고, 대장균, 연쇄상구균, 유산간균 등은 적다. 노년기에 가까워지면 장내세균의 균형도 노화하여 우세하던 비피더스균의 세력이 약화되면서 부패균인 클로스트리디움 퍼프린젠스(*Cl. perfringens*)가 급속하게 증가하기 시작하고 대장균이나 장구균도 증가한다. 이와 같이 장내의 위치, 식이, 스트레스, 연령 등에 따라 장내환경이 변화를 받고 이 속에 서식하는 장내세균총도 변하고 있는 것이다.

(2) 장내세균의 역할

장내세균의 분포는 식이, 약물, 스트레스에 의하여 영향을 받으며 질병의 발생과 밀접한 관계가 있다. 예를 들면, 육류 섭취가 많은 서양인들은 채소류 섭취가 많은 동양인들보다 대장암의 발생이 높다. 이것은 육류 중의 지방과 단백질이 원인으로 생각되고 있다. 우리나라의 경우 육류 섭취가 증가하면서 대장암의 발생이 증가하고 위암은 감소하고 있다. 그러나 서양인 중에서 핀란드인의 경우 육류의 섭취는 많지만 대장암의 발생이 낮았는데, 그 이유는 요구르트의 섭취 때문인 것으로 밝혀졌다. 앞에서도 언급하였듯이 메치니코프는 사람의 노화는 장내 부패균이 만들어 내는 독소 중독에 의해 일어나므로 부패균의 작용을 억제할 수 있다면 노화를 억제할 수 있다고 주장하였고, 그러한 작용을 가지고 있는 것 중의 하나가 유산균이라고 생각하였다. 유산균인 비피더스균과 유산간균은 대장 내에서 유산과 초산 등을 생성하여 장내의 pH를 산성으로 유지시킴으로써 장내 부패균의 증식을 억제하는 것으로 알려졌다.

2. 유산균

유산균에 대한 가장 오래된 기록은 히포크라테스(Hippocrates, 460~377 BC)가 설사 환자에게는 발효식품이 좋다고 한 것이다. 성경에도 아브라함이 장수한 것은 발효유를 늘 먹었기 때문이라고 기록하고 있다.

유산균은 탄수화물을 분해하여 유산을 만드는 세균으로 단백질을 분해하는 능력은 없다. 유산균은 산소가 적은 곳에서 잘 증식한다. 유산균에는 당을 발효하여 거의 유산만을 만드는 종류가 있고, 유산 외에 초산, 에탄올, 탄산가스 등을 만드는 유산균으로 구분한다.

(1) 유산균의 종류

유산균은 사람이나 동물의 소화관, 각종 발효식품 등에 널리 분포하고 300~400여 종류가 알려져 있는데, 이 중 약 20여 종이 발효 산업에 이용되고 있다. 유산균은 5개 속으로 구분하여 [표 12-3]에 제시하였다. 간단하게 유산균의 각 종류를 다 언급하지는 못하지만 여기서 연쇄상구균(Streptococcus)은 구형이나 타원형으로 세포가 연쇄상으로 나타나므로 연쇄상구균이라고 하는데 이는 유산간균(Lactobacillus)과 함께 우유를 발효시켜 유산을 생성하여 부패균이나 병원균을 억제하는 유익한 기능을 한다.

표 12-3	유산균의 분류와 이용			
속(屬)	형태	발효형	산소 요구도	주요 종(種) ; 이용식품
스트렙토코커스 (Streptococcus)	연쇄 상구균	동형	+	S. lactis, S. cremoris; 버터, 치즈, 요구르트 S. thermophilus; 요구르트, 치즈 S. faecalis; 유산균 조제용
페디오코커스 (Pediococcus)	사련구균	동형	+	P. cerevisiae; 맥주 변패, 가공육류 P. halophilus; 일본식 된장, 간장
루코노스탁 (Leuconostoc)	쌍구균	이형	+	L. mesentroides, L. citrovrum; 발효식품, 덱스트란 생산
락토바실러스 (Lactobacillus)	간균	동형	+	L. bulgaricus; 요구르트, 유산균발효가공유 L. helveticus; 치즈, 요구르트, 유산균발효 가공유, 락토바실러스 조제 L. acidophilus; 요구르트, 유산균 L. casei; 치즈, 유산균 발효가공유 L. plantarum; 발효식품
	간균	이형	+	L. fermenti, L. brevis; 발효
비피도박테리아 (Bifidobacteria)	간균	이형	−	B. breve, B. bifidum, B. infantis, B. adolesentis, B. longum; 발효유, 유산균 조제; 유아 및 성인의 장내 세균 B. thermophilus, B. pseudolongum; 동물의 장내 세균

　페디오코커스(Pediococcus)는 사련구균의 형태를 가지며 동형 발효균으로 소시지 등 육류의 발효에 중요한 역할을 하며, 루코노스탁(Leuconostoc)은 쌍구균으로 이형 발효를 하며 채소류의 발효에 주로 관여한다. 유산간균(Lactobacillus)은 동형 또는 이형 발효를 하며 유제품이나 채소의 발효과정에서 흔히 볼 수 있다.

　사람이나 동물의 장내에는 식품의 유산균과는 다른 종류의 유산균이 서식하고 있으며, 사람의 장내에 가장 많은 유산균은 비피더스균으로 그 외에 연쇄상구균과 유산간균이 약간 존재한다. 장내에 존재하는 비피더스균은 유아에서는 장내세균의 25.1%, 어린이는 20.0%, 성인은 10.0%, 고령자에서는 7.9%로 연령이 증가함에 따라 감소하며 장내에서 많이 증식하여도 독성물질을 만들지 않고 여러 가지 유익한 물질을 생성한다. 또한 유아의 장내에 있는 비피더스균은 성인에 있는 것과는 종류가 다르며, 또한 인체 내에 존재하는 비피더스균은 돼지나 닭 등 동물의 소화관에 있는 것과 종류가 다르다.

(2) 유산균의 장점

유산균은 장내를 산성으로 유지시켜 유해균의 번식을 억제하고 설사와 변비를 개선한다. 이 외에도 면역작용, 비타민 합성, 항암작용 등이 있다고 알려져 있다.

1) 유해균의 증식을 억제

당 발효 시 형성되는 유산과 초산 등에 의해 장내 pH를 저하시킴으로써 산성 환경에 약한 대장균과 클로스트리디움과 같은 유해균의 증식을 억제한다.

2) 설사의 개선 효과

설사는 대장균, 장구균이 증가할 때 나타나는데, 유산균은 설사의 원인이 되는 균을 억제하고 장내균총을 정상화함으로써 설사를 멈추게 한다. 실제로 비피더스 제품을 섭취시킴으로써 설사가 호전된 경우가 있었다.

3) 변비의 개선 효과

유산균은 장내의 pH를 산성으로 유지시킴으로써 변비를 일으키는 유해균의 증식을 억제하며 장내 연동운동도 활발하게 한다. 비피더스 요구르트를 섭취하는 동안에는 장의 운동성이 약해진 이완성 변비를 치료하는 효과를 보였다.

4) 항암작용

유산균에 의한 장내 pH의 저하는 대장에서의 발암 억제에 직접적인 영향을 준다. 특히 비피더스균에 의해 생성된 유산과 초산은 장내 부패균의 성장을 억제하고,

부패균에 의해 대장에서 생성되는 나이트로소아민 화합물, 페놀 물질, 담즙성 스테로이드 대사산물 등의 발암물질을 감소시킨다. 유산균은 장내세균 기인성 유해효소들의 생성을 억제하여 발암원 전구체가 발암원(carcinogen)으로 전환되는 것을 억제할 수도 있다.

5) 비타민 K와 비오틴 합성 촉진

장내세균에 의해 합성 가능한 비타민으로 비오틴(biotin)과 비타민 K가 있다. 하지만 항생제를 많이 섭취하는 환자에서는 이러한 비타민 합성이 억제되어 때로는 결핍이 올 수도 있다.

6) 면역작용

무균동물에 비해 보통동물이 항원에 대한 항체 생산성이 높으며, 장내에 병원균의 침입 시 이에 대한 방어기능이 훨씬 높다. 장내 유익한 유산균에 의해 혈청 내 면역글로불린과 C3, C4 등의 보체량 생성량이 촉진되어 면역기능이 향상된다. 실제로 비피더스균은 장내 감염바이러스 등에 대한 항체생산을 촉진하고, 병원균인 결핵균에 대한 감염을 억제하는 것으로 알려졌다.

7) 기타

유산균은 장내에서 암모니아 생성을 억제하여 고암모니아 혈증을 예방 또는 치료할 수 있다. 이 외에도 우유를 먹기만 하면 설사를 하는 사람들의 설사를 예방할 수 있다. 이것은 장내 유산균이 베타-갈락토시다아제(β-galactosidase)를 생산하여 설사를 일으키는 유당(lactose)을 분해시킬 수 있기 때문이다.

(3) 유산균 증식인자란?

건강식품을 통해 섭취하는 유산균은 매일 섭취하지 않으면 효과를 기대하기 힘들다. 이유는 살아있는 유산균이 장까지 도달했다 하더라도 장내의 타 균들과 경쟁

관계에 있기 때문에 장시간 서식해 있기 어렵다. 건강한 사람의 장내에 서식하고 있는 유산균은 선택적으로 음식물을 취하여 증식될 수 있다. 이와 같이 장내 유산균을 증식시킬 수 있는 성분을 유산균 증식인자라고 한다. 하지만 유산균 증식인자가 장내에서 효과를 발휘하기 위해서는 첫째, 위에서 흡수되지 않은 채 장까지 도달해야 하고 둘째, 장내 소화효소에 의해 소화되지 않는 난소화성 물질이어야 하며 셋째, 유산균에 의해 소화되는 성분이어야 한다. 이와 같은 조건에 맞는 것은 올리고당을 비롯한 탄수화물이 가장 적합하다.

(4) 유산균 증식인자의 종류

1) 아미노슈가(amino sugar)

모유에 함유된 유산균 증식인자는 베타-에틸-N-아세틸-D-글루코사민(β-ethyl-N-acethyl-D-glucosamine)이다. 모유 수유한 유아의 장내에는 비피더스균과 유산간균이 우유 수유한 유아보다 더 많이 함유되었다[표 12-4].

균 주	세균수($\log_{10}$ number)/g	
	모유영양아	분유영양아
Bifidobacterium	10.7	10.2
E. coli	8.6	9.8
Enterococcus	8.0	9.6
Lactobacillus	6.9	5.9
Bacteroides	4.5	9.0
분변의 pH	4.5~5.5	5.7~6.7

표 12-4　모유영양아와 인공영양아의 장내세균총의 구성비율

2) 올리고당(oligosaccharides)

유산균 증식작용이 있는 것은 천연의 올리고당과 합성올리고당이다. 특히 증식작용이 있는 것으로 알려진 것은 대두의 콩 올리고당(스타키오스, 라피노스), 우유에 함유된 유당, 여러 식품에 존재하는 설탕 등이 있다. 하지만 장내 효소에 의해 분

해가 되는 것은 실제로 체내에서는 유산균 증식효과가 없다고 본다. 이런 결과에 근거해 최근 난소화성 올리고당이 합성되고 있다. 현재 많이 사용되는 것으로 프럭토올리고당, 갈락토올리고당, 이소말토올리고당, 락툴로오스 등이 있다.

① 콩 올리고당

콩에 함유되어 있는 올리고당으로 스타키오스(stachyose)와 라피노오스(raffinose)가 있고, 콩에는 사당류인 스타키오스가 약 4%, 삼당류인 라피노오스가 약 1%, 설탕이 약 5% 정도 함유되어 있다.

② 프럭토올리고당 (fructooligosaccharides)

프럭토올리고당은 채소와 과일 등 천연식품에 함유되어 있다[표 12-5]. 그러나 천연식품의 프럭토올리고당을 분리하는 것이 어려우므로 설탕에 미생물이 생산하는 효소인 베타-프럭토푸라노시다아제(β-fructofuranosidase)를 작용시켜 설탕의 과당 잔기에 1~3분자의 과당을 베타 결합시킨 프럭토올리고당을 생산할 수 있다. 일본에서는 이 물질을 네오

표 12-5	채소 프럭토올리고당 함량
종류	가식부 100g 중
아스파라거스	3.6
우엉	3.6
양파	2.8
마늘	1.0
호밀	0.7
파	0.2

슈가(neosugar)라고 부르며, 이는 설탕의 1/3 정도의 감미를 나타낸다.

③ 갈락토올리고당 (galactooligosaccharides)

미생물이 생산하는 베타-갈락토시다아제(β-galactosidase)의 유당 전이반응에 의해 유당으로부터 생성한다. 국내에서는 1986년 서울우유에서 유아의 조제분유에 갈락토올리고당을 첨가하여 시판한 이후 올리고당을 첨가한 제품이 선보이고 있다.

④ 이소말토올리고당 (isomaltooligosaccharides)

전분에 알파-글루코시다아제(α-glucosidase)를 작용시켜 이소말토올리고당을 생산한다. 이 효소는 알파 1-4 결합을 가수분해하는 효소이지만, 기질의 농도가 높을 때에는 기질의 일부 당을 다른 당에 전이하는 반응을 촉매하여 포도당이 알파 1-6 결합한 이소말토올리고당을 생성한다. 청주, 된장, 간장 등의 발효식품 중에도 함유되어 있다.

⑤ **락툴로오스**(lactulose)

유당의 포도당이 과당으로 전환되는 이성화반응에 의해 생산되며 설탕의 절반 정도의 단맛을 가진다.

⑥ **기타**

유럽에는 어린이 설사에 효과가 있던, 민간약인 당근으로부터 분리한 판테인(pantheine), 4-포스포판테틴(4-phosphopanthethine)과 감자의 글리코프로테인(glycoprotein) 등이 있다.

(5) 유산균 발효유

식품의 발효는 식품저장의 한 수단으로 사용되어 왔으나, 오늘날 식품저장법이 발전함에 따라 식품의 발효는 저장 수단보다는 식이에 다양성을 제공하는 데 사용되고 있다. 발효식품으로는 발효 유제품, 발효 채소식품, 발효 육제품, 발효 곡류제품 등이 있다. 여기에서는 발효 유제품인 요구르트에 대하여 알아보도록 하겠다.

유산균 발효유인 요구르트(yogurt)는 터키어인 Jugurt에서 유래되었는데, 발칸반도와 중동지방의 전통식품으로 유산간균(*L. bulgaricus*)과 유산구균(*S. thermophilus*)을 1:1 비율로 우유에 첨가하여 발효시킨 제품이다. 우리나라에서는 1970년대에 야구르트란 상표로 액상발효유가 처음 소개되었고, 1980년대 후반부터 농후발효유가 시판되었다.

최근 장내에 서식하는 유산균인 아시도필러스균(*L. acidophilus*)과 비피더스균(*B. bifidum*)이 일반 요구르트 균주보다 면역증강 작용과 항암효과에 있어 더 우수하기 때문에 유산균 발효의 스타터(starter)로 이용하려고 한다. 비피더스균과 아시도필러스균으로 발효시킨 우유가 유산구균으로 발효시킨 우유보다 고령자의 변비 예방에 더 효과적이라는 보고도 있다.

비피더스균의 이용은 일본과 유럽을 중심으로 확산되고 있다. 그러나 이러한 비피더스균은 산소에 대한 민감성과 pH 4.6 이하에서는 생육하기 힘들어, 이것을 제품화하기에는 어려운 점이 있다. 이러한 단점을 보완하기 위해 산소의 이용률이 높은 일반 요구르트 균주와 같이 발효시키거나 1/10 정도의 비피더스균을 9/10

정도의 일반 요구르트 균주로 발효시킨 발효유에 섞는 방법이 사용되고 있다. 그리고 산에 민감한 비피더스균을 보호하기 위해 캡슐화하여 첨가하기도 한다.

제13장 전통 발효식품과 건강

음식 맛의 바탕이 되는 장류(醬類), 김치류, 식초류, 해류(醢類:식해류·젓갈)는 음식의 특성이 되는 4대 전래발효식품으로 우리 민족의 기호에 맞게 발달 변천되어 왔다. 우리민족은 고대부터 소금을 만들어 채소를 즐겨 섭취하였으며, 젓갈과 장 등의 발효식품이 만들어진 시기 등을 고려하면 삼국시대 이전부터 김치무리가 제조되었다. 「삼국지」에 의하면 "고구려인은 술 빚기, 장 담기, 젓갈 등의 발효식품을 매우 잘 만든다"고 기록되어 있다. 된장, 간장은 조미식품으로 동양에서 발효식품으로 알려져 있으며, 고추장은 우리나라 유일의 발효식품이다. 장류와 김치는 발효식품으로 우리 식생활의 근원을 이루고 있다. 김치는 영양성과 기능성 및 기호성을 가진 발효식품이며 건강식품이다. 본 장에서는 장류, 김치류, 해류, 주류에 대해 알아보고자 한다.

1. 장류

콩은 만주지방(고조선)이 원산지로 알려져 있으며, 한반도에 콩에 관한 식문화가 형성되었음을 알 수 있다.

삼국사기(1415년) 신라 본기에 의하면 신문왕 3년(683년) 김흠운의 딸을 왕비로 맞이할 때 납폐품목에 장(醬)과 시(豉: 메주)가 포함된 것으로 기록되어 있어 신라 초기에 장류의 형태가 보여지며, 증보산림경제[유중림(柳重臨), 1766년: 45종에 달하는 다채로운 장류 제법의 분류 및 정리]에 의하면 우리나라 전래의 장류 형태 및 발달을 보여 주고 있다.

장류는 콩을 주재료로 한 전통발효식품으로 현재 우리의 식생활에 중요한 조미료로 사용되고 있으며, 대표적으로 간장, 된장, 청국장, 고추장이 있다. 우리나라의 장은 콩으로 만든 두장(豆醬)을 뜻하며, 간장은 우리나라 전통 고유 식품으로 장기간 저장할 수 있고 음식을 만드는 데 기본적인 조미료이다. 또한 아미노산에 의한 감칠맛과 소금에 의한 저장성 및 식품미생물을 이용한 과학화된 식품이고 기호성 식품이다. 최근 장류는 가정에서 담그는 고유의 전통식 제법인 재래형과 개량형으로 나눈다. 개량형 장류는 곰팡이가 주작용을 하고 재래식 장류는 곰팡이와 세균의 작용에 의해 맛의 차이를 나타낸다. 또한 장류는 중요한 부식으로 주식 섭취로 부족한 제한 아미노산을 보충해 주며, 메주를 띄우는 동안에 천연 미생물이 분비하는 효소에 의해 콩단백질이 가수분해되어 쉽게 이용되는 과학적인 발효식품이다. 한국적인 맛을 상징하는 재래간장, 된장은 저장성 조미식품이고 기호성으로 우리 식생활에 기여한다.

(1) 콩

밭의 고기라 불리는 대두에는 식물성 단백질과 지방이 함유되어 있다. 대두에 함유되어 있는 영양성분은 물론이고 사포닌, 피틴산, 트립신저해제, 식이섬유소 등 비영양성분의 심혈관 질환 및 암 등 만성질환을 예방하는 효과도 있다.

콩은 단백질(40%), 탄수화물(30%), 지질(20%), 비타민, 무기질로 구성되어 있고, 콩을 원료로 하여 만든 전통 발효식품인 간장, 된장은 우수한 아미노산의 조성을 나타낸다. 콩에는 불포화지방산과 비타민 E의 함량이 높으므로 성인병과 노화 방지에 효과적으로 작용한다. 콩에는 스타키오스, 라피노오스와 같은 천연의 올리고당이 존재하여 장내유산균을 증식시키고, 콩의 섬유소는 장운동을 원활하게 하여 변비예방에 효과적이다. 콩에 함유된 이소플라본은 동맥경화를 예방하는 효과가 있으며, 에스트로겐과 길항작용하여 지나친 에스트로겐 작용을 억제함으로써 유방암을 감소시키고, 폐경 후에 에스트로겐 분비가 줄어들면 에스트로겐의 호르몬 작용을 도와 골밀도를 유지시키는 등의 호르몬 대체요법으로서의 가능성이 제시되고 있다. 사포닌은 항산화활성, 항암활성, 콜레스테롤 감소효과, 간 손상 보호효과 및 항바이러스활성 등의 효과가 보고되고 있다.

(2) 재래식 메주

재래식 메주는 음력 10월경에 햇콩을 무르도록 삶아 물기를 빼고 절구에 찧은 후, 찧은 콩을 손으로 뭉쳐 목침 모양으로 만들어 표면을 건조시킨 후 볏짚으로 묶어서 잘 띄운다. 재래식 메주를 띄우는 과정에서 세균, 곰팡이가 증식하는데 고초균 (*Bacillus subtilis*)과 황국균(*Aspergillus oryzae*)이 주된 미생물이다. 메주는 간장, 된장, 고추장의 원료로 사용하는데, 잘 뜬 메주로 장을 담그면 소금물에 메주의 성분이 잘 우러나기 때문에 된장보다 간장의 맛이 좋다. 그러므로 간장과 된장의 맛을 좋게 하기 위해서는 잘 뜬 메주와 잘 뜨지 않은 메주를 반씩 섞어서 담그면 좋다. 재래식 메주를 만드는 과정은 자연에 존재하는 미생물을 이용하여 발효가 일어나기 때문에 기간이 오래 걸린다. 현재 주거형태가 주로 아파트이기 때문에 메주를 만드는 것이 어렵지만 지방에서 만든 메주를 음력 정월이면 쉽게 구입할 수 있으므로 좋은 메주를 구입하여 볕이 잘 드는 베란다에서 장을 담그면 일년 내내 맛있는 장을 맛볼 수 있다.

(3) 개량식 메주

재래식 메주를 만드는 데 오랜 기간이 소요되므로 간장은 상업적으로 시판되는 진간장을 사용하고, 된장은 개량식 메주를 이용하여 만든다. 재래식 메주는 원료로 콩을 이용하는데 개량식 메주는 콩에 밀가루나 쌀가루가 혼합되어 있고 인위적으로 황국균(*Aspergillus oryzae*)을 접종하여 발효기간을 단축하였다. 숙성과정에서 작용하는 미생물과 원료의 조성이 다르므로 재래식 메주로 담근 조선된장과 개량식 메주로 만든 개량된장의 맛이 차이가 난다.

(4) 간장

1) 간장의 종류

간장은 단백질과 20여 종의 아미노산이 풍부한 콩으로 만들어지는 발효식품이다. 간장은 불교의 보급과 더불어 육류 사용이 금지됨으로써 필요에 의해 만들어진 훌륭한 단백질 공급원이며 오래도록 저장이 가능한 식품이다. 전통적으로 섭취해온 재래간장은 담근 햇수에 따라 햇간장, 중간장, 묵은 간장(진간장)으로 나누어 국, 찌개, 나물 등에는 색이 옅은 햇간장을 사용하고 색이 진한 묵은 간장은 조림, 찜 등에 사용하였다.

　간장은 순수하게 콩으로 만든 간장과 콩에 밀과 같은 전분질을 원료로 첨가하여 만든 간장, 그리고 단백질을 가수분해시켜 속성으로 만든 아미노산 간장 등이 있다. 식품공전에서는 간장류를 한식간장, 양조간장, 혼합간장, 산분해간장, 효소분해간장의 5가지로 분류하고 있다[표 13-1].

표 13-1	간장의 분류
한식간장	재래메주를 원료로 하여 식염수와 섞어 발효, 숙성시킨 후 그 여액을 가공한 것
양조간장	대두, 탈지대두, 맥류 또는 쌀 등을 제국하여 식염수 등을 섞어 발효, 숙성시킨 후 그 여액을 가공한 것
혼합간장	양조간장 원액과 산분해간장 원액을 적정비율로 혼합하여 가공한 것이거나, 산분해간장 원액에 단백질 또는 탄수화물 원료를 가하여 발효, 숙성시킨 여액을 가공한 것 또는 이 원액에 양조간장 원액이나 산분해간장 원액 등을 적정비율로 혼합하여 가공한 것
산분해간장	단백질 또는 탄수화물을 함유한 원료를 산으로 가수분해한 후 중화하여 얻은 여액을 가공한 것이거나, 산분해간장 원액을 효소처리한 후 얻은 여액을 가공한 것 또는 이의 원액에 산분해간장 원액을 적정비율로 혼합하여 가공한 것
효소분해간장	단백질 또는 탄수화물을 함유한 원료를 효소로 가수분해한 후 그 여액을 가공한 것

　현재 전통적인 간장, 과학화에 의한 양조간장과 생리활성물질을 함유시킨 기능성 간장, 재료를 달리한 양념간장과 초간장, 저염간장(염분 12%), 감염간장(염분 8%) 및 천연감미료인 스테비오사이드를 이용한 무사카린간장, 주정사용인 무방부제간장 등이 생산되고 있다. 기능성간장으로는 벌꿀간장, 한약간장, 키토산간장, 미네랄간장, 양파간장, 어육엑기스간장, 인삼간장, 버섯간장, 마늘간장, 올리고당간장, 표고버섯간장, 죽염간장, 다시마간장, 해조생선간장 등이 특허 및 생산되고 있다.

양조간장은 대두나 밀가루(소맥) 등 식물성원료를 가열 처리하여 황국균(*Aspergillus oryzae*)을 번식시킨 후 식염수 중에서 발효 숙성시킨 독특한 발효조미료이다.

간장이란 메주를 소금물에 담가 발효시킨 후의 그 여액을 말하며, 대두가 발효하면서 단백질이 분해되어 글루타민산 생성에 의해 감칠맛을 함유한 식품이 된다. 원료 콩이나 메주의 품질, 발효시간 및 조건에 따른 장맛의 차이와 과학화의 문제점 및 기호성, 독창성 등의 문제를 갖고 있다. 그러나 맛(味)의 감수성에 관해서는 인종 차가 거의 없으나 식미(食味)에 관한 것은 민족, 문화에 따라 다르다.

2) 장류의 생리활성성분

① 이소플라본(isoflavone)

대두에 함유된 생리활성 물질 중의 하나로 '식물성 에스트로겐'의 일종이다. 이 물질은 여성호르몬인 에스트로겐과 구조적으로 유사할 뿐만 아니라 생물학적 작용도 유사하며, 현재까지 암, 폐경기 증후군, 심혈관계 질환과 골다공증을 포함해 호르몬 의존성 질병에 대하여 대체요법으로 사용 가능한 것으로 밝혀져 있다.

또한 대두의 주요 이소플라본인 제니스테인은 암세포의 증식 신호 전달에 중요한 역할을 하는 트립신 키나아제(trypsin kinase)라는 효소를 저해하여 암세포의 증식을 억제한다고 한다.

② 사포닌

알카로이드의 성분인 배당체로서 떫고 쓴 수렴미와 아린 맛을 내는 물질로 비누처럼 유화작용을 하고, 혈전 생성을 억제하며, 콜레스테롤 저하 작용, 항암 작용 및 면역 증강작용이 있다.

③ 레시틴

레시틴은 대두에 약 2% 함유되어 있는 인지질로서 강한 유화작용이 있으며, 혈관에 부착된 콜레스테롤을 용해하는 작용이 있다. 또한 음식과 함께 섭취된 레시틴은 장내 세균에 의해 콜린(choline)이 유리 분리되어 신경전달물질로 작용하기도 한다.

(5) 된장

된장은 조선된장, 시판된장, 일본된장으로 구분하는데 조선된장은 주로 고초균에 의해 발효되고 일본된장은 황국균에 의하여 발효가 일어나므로 풍미에 차이가 나타난다.

1) 된장의 생리적 효과는?

① 고혈압 예방효과

된장의 콩에 함유된 이소플라본(isoflavone)은 고혈압을 예방하는 효과가 있다. 그러나 된장은 염분의 함량이 높으므로 장류를 담글 때 너무 짜지 않게 담는 것이 중요하다.

② 항암효과

시판되는 조선된장, 시판된장, 일본된장 중 조선된장을 만드는 원료는 100% 콩을 사용하여 항암효과가 가장 좋다고 한다. 하지만 그 외의 된장에는 쌀, 보리, 밀 등의 전분질 원료가 혼합되고, 발효에 관여하는 미생물에도 차이가 있어 항암효과가 다르다.

(6) 청국장

청국장은 콩 발효식품 중 숙성기간이 가장 짧은 속성장으로 된장에 비해 빨리 만들 수 있다. 1760년 증보산림경제에 전국장(戰國醬) 제법에 관한 부분이 나오는데 전시에 빨리 만들어 먹을 수 있는 장이란 의미로 전국장으로 불린 것으로 추측된다.

1) 청국장의 제조

재래식 청국장은 삶은 콩에 볏짚을 사이사이에 넣고 40℃ 정도의 온도로 3~4일간 띄운다. 이 과정에서 볏짚에 붙어 있는 고초균의 작용에 의해 청국장 특유의 풍미 성분이 생성되고 삶은 콩에서 실 같은 끈끈한 점질물이 나오면 발효가 완료된다.

발효된 콩을 콩알이 반 정도 으깨질 정도로 찧고 다진 마늘, 생강, 고춧가루, 소금을 넣고 섞어서 냉장고에 보관하는데, 속성장으로 자주 만들어서 먹기 때문에 된장보다 소금을 적게 사용한다. 청국장은 콩의 영양성분이 고초균의 분해작용에 의해 소화가 잘되어 콩의 영양분을 가장 효과적으로 이용할 수 있는 음식이다.

2) 청국장의 생리적 효과는?

① 장내 부패균 억제효과

청국장 발효균인 고초균은 발효과정 중에 생성되는 단백질 분해효소에 의해 그 특유의 맛과 냄새를 내는 동시에 끈적끈적한 점질물들이 생성되며 장내 부패균의 생육을 억제하여 부패균이 생성하는 발암물질을 감소시킨다. 뿐만 아니라 병원성균에 대한 항균작용도 가지고 있다.

② 항암효과

청국장의 발효과정에서 생성된 실 같은 끈끈한 점질물은 아미노산인 글루탐산(glutamic acid)의 중합체인 polyglutamate와 과당(fructose)이 중합된 프락탄(fructane)으로 구성되어 있다. 점질물의 60~80% 정도를 차지하는 polyglutamate는 체내에서 항암물질을 효과적으로 운반하고 항암효과도 있는 것으로 보고되고 있다.

③ 혈전 용해효과

고초균이 생산하는 단백질 분해효소인 프로테아제(protease)는 콩단백질을 분해한다. 고초균의 프로테아제(protease)는 심장마비나 뇌졸중의 원인이 되는 혈전을 용해하는 효과가 있다.

④ 항산화효과

청국장 발효과정에서 고초균의 프로테아제(protease)와 아밀라아제(amylase)에 의해 생성된 아미노산 및 당의 반응에 의해 생성되는 갈변물질은 항산화효과가 있는 것으로 알려지고 있다.

(7) 고추장

고추장은 영양이 풍부하고, 식욕증진·소화촉진 효과를 가진 우리나라 특유의 전통적인 고유 식품이다. 간장과 된장에 비해 역사가 짧으나 장(醬)에서 유래한 식품으로 시대적 변천에 의해 재래식, 개량식, 속성고추장 제조법 등이 있다.

지역과 기호에 따라 주된 원료로 멥쌀, 찹쌀, 밀이 전분질로 널리 쓰이고 있다. 고추장은 된장에 사용하는 콩의 일부를 전분질로 대체하고 고춧가루를 넣은 것이 된장과 다르며, 단백질 함량은 된장보다 적으나 당분이 많고 알칼로이드 성분인 매운맛 캡사이신(capsaisin)과 비타민 A 전구체인 카로틴(carotene)이 있다. 고추장은 가정이나 공장을 막론하고 제법이나 원료배합이 다르기 때문에 그 성분은 일정치 않으며 캡사이신 함량은 0.01~0.02% 범위이다. 또한 고추장도 기능성 및 용도에 따라 생산되고 있다.

1) 고추장의 생리적 효과는?

고추와 고추씨의 매운 맛을 주는 캡사이신은 고초균에 대한 항균작용이 있고, 고춧가루에는 다량의 β−카로틴과 비타민 C가 함유되어 항산화기능 및 항암 작용이 있다고 한다.

캡사이신의 매운맛 때문에 향신료로 이용되고 건위제(健胃劑)로도 쓰이며, 피부를 자극하여 혈액순환을 촉진시키는 작용이 있다. 이 외에도 식품에서 색소로 또는 방부제로서 기능을 한다.

2. 김치류

김치의 어원은 침채(沈菜: 채소의 소금절임)에서 딤채, 김채, 김치로 정착되었다. 우리나라 식품위생법에서는 김치를 절임류로 포함시키고 '채소, 과실, 버섯, 어패류, 해조 등의 원료를 그대로 또는 전처리한 후 소금, 간장, 된장, 고추장, 식초, 겨자나 기타 재료에 절임(무침, 조림, 발효한 것도 포함)한 식품'이라 규정하고 있다. 외국에도 채소 발효제품에 속하는 것들이 있는데 서양에는 양배추를 원료로 한 사우어크라우트(sauerkraut)나 오이로 만든 피클(pickle) 등이 대표적이며, 중국에서는 각종 채소를 원료로 한 쑤안차이(suan cai), 파오차이(pao cai)가 있고, 일본에는 쓰게모노류가 있다. 김치는 오랫동안 각 가정에서 직접 만들어서 소비해 왔으나 최근 맞벌이 부부의 증가, 핵가족화, 소득 증가에 따라 김치산업이 급속히 발전하고 있다.

(1) 김치의 종류

반가음식을 정리한 조리서로 조선시대 초기 기록인 음식디미방(1670년경)에 산갓김치, 오이지, 나박김치 등이 있으며 향신료로 생강과 천초를 사용하였다. 산림경제(1715년)에는 여러 가지 양념을 첨가하여 김치를 담근다는 설명이 나오고, 증보산림경제(1766년)에는 오이소박이, 배추김치, 가지김치, 전복김치, 굴김치 등의 명칭이 나오며 양념으로 고추, 천초, 겨자, 마늘 등의 재료명이 기록되어 있다. 김치의 종류는 사용하는 재료에 따라 다양하다[표 13-2].

무나 배추를 비롯한 모든 재배 채소류 이외에 야생 산채류, 어육류 등 수십 종의 재료를 사용하고 있으며, 배합하는 재료의 비율, 염도, 계절에 따라 다양한 김치를 만들 수 있다. 일반적으로 북쪽에서는 염도가 낮은 김치를, 남쪽에서는 염도가 높은 김치를 담그는 경향이 있으며 사용하는 젓갈의 종류와 양도 다르다. 지역에 따라 김치의 종류는 200여 종 이상이며 같은 배추김치라도 지방에 따라 특색이 있다. 서울은 무채에 고춧가루로 양념한 소를 만들고, 평안도 지방에서는 고춧가루를 넣지 않고 백김치를 담그기도 한다. 전라도나 경상도 지방에서는 무채를 쓰지 않고 멸치젓에 다른 양념들과 찹쌀풀을 합한 소를 만들어 배추에 비벼서 담근다. 개성 지방의 보쌈김치는 절인 배춧잎을 깔고 그 위에 무와 배추로 만든 섞박지를 놓고 잣, 대추, 밤, 석이버섯, 표고버섯 등을 넣고 싸서 만든다.

(2) 김치의 발효과정

김치는 유산균의 작용과 더불어 채소에 존재하는 식이섬유, 부재료로 첨가되는 마

표 13-2	재료에 따른 김치의 분류
종 류	**명 칭**
배추김치류 (11종)	배추김치, 통배추김치, 양배추김치, 속대김치, 보쌈김치, 백김치, 씨도리김치, 얼간이김치, 봄동겉절이김치, 강지, 배추겉절이김치
무김치류 (21종)	총각김치, 알타리김치, 빨간무김치, 숙김치, 서거리김치, 채김치, 비늘김치, 무청김치, 나박김치, 애무김치, 단무지, 열무감자김치, 비지미, 무묶음김치, 무백김치, 무명태김치, 무국화김치, 무배김치, 무오가리김치, 무말랭이김치, 무말랭이파김치
섞박지(5종)	멸치젓김치, 동아섞박지, 배추섞박지, 대구섞박지
파김치(5종)	실파김치, 쪽파김치, 오징어파김치, 전라도파김치, 황해도파김치
어패류 및 육류김치 (10종)	굴김치, 꽁치김치, 새치김치, 대구김치, 북어김치, 오징어김치, 전복김치, 닭김치, 꿩김치, 제육김치
해조류 김치(4종)	파래김치, 미역김치, 청각김치, 톳김치
물김치류 (19종)	시금치물김치, 인삼오이물김치, 청각물김치, 가지물김치, 갓물김치, 분디물김치, 알타리물김치, 열무물김치, 돌나물물김치, 오이물김치, 더덕물김치, 콩나물물김치, 얼무오이물김치, 연배추물김치, 배추물김치, 평안도통배추국물김치, 풋배추물김치, 달랭이물김치, 솎음배추물김치
기타 김치류 (12종)	갓지, 석류김치, 어리김치, 골림김치, 곤지김치, 고추김치, 장김치, 율장김치, 원추리김치, 하루나김치, 냉면김치, 찌개김치
깍두기류 (16종)	알깍두기, 굴깍두기, 아가미깍두기, 명태깍두기, 쑥갓깍두기, 쑥깍두기, 우엉깍두기, 대구깍두기, 대구알깍두기, 삶은무깍두기, 즉석용 흰깍두기, 열무오이깍두기, 오이깍두기, 풋고추깍두기, 풋고추잎깍두기, 창란젓깍두기
동치미 (10종)	동치미, 서울동치미, 나복동치미, 실파동치미, 무청동치미, 갓동치미, 배추동치미, 총각무동치미, 알타리동치미, 궁중식동치미
소박이류 (11종)	소박이김치, 호배추소박이김치, 오이소박이, 통대구소박이, 빨간무소박이, 배추쌈오이소박이, 갓소박이, 고추소박이, 더덕소박이, 무청소박이, 오이소박이
겉절이류 (10종)	상추겉절이김치, 얼절이김치, 배추겉절이김치, 배추시래기지, 실파겉절이김치, 무겉절이김치, 오이겉절이김치, 깻잎양파겉절이김치, 열무겉절이김치, 부추겉절이김치
생채류(8종)	도라지생채, 노각생채, 파생채, 오이생채, 오징어생채, 더덕생채, 무생채, 제육생채
식해류(2종)	가자미식해, 마른고기식해

늘, 고추, 생강 등의 생리활성이 김치를 건강식품으로 부각시키고 있다. 김치는 소금의 농도가 약 2% 정도로 발효 초기에는 내염성이 있는 균들만 살아남게 되고 유기산의 생성과 혐기적인 상태가 되면 내산성균과 혐기성균이 살기 좋은 환경이 된다. 김치의 발효에 관여하는 미생물 중에서 가장 중요한 것이 유산균과 효모이다. 유산균으로는 젖산구균(*Leuconostoc mesenteroides*, *Pediococcus cerevisiae*), 젖산간균(*Lactobacillus brevis*, *Lactobacillus plantarum*) 등이 있다. 이들 균 중에서 루코노스탁(*Leuconostoc*)은 발효 초기에 번식하여 유산과 CO_2를 생성하여 김치를 산성화시키는 동시에 혐기성으로 만들어 호기성균의 생육을 억제한다. 페디오코커스(*Pediococcus*)는 발효 중기에 활발하게 번식하고, 젖산간균(*Lactobacillus brevis*, *Lactobacillus plantarum*)은 발효 중기 이후에 증식하여 김치의 숙성이 완성된다. 김치발효에 관여하는 효모는 알코올을 생성하며 향미생성에 도움을 주지만 발효 후기에 나타나는 피치아(*Pichia*), 한세눌라(*Hansenula*) 등은 김치 표면에 증식하여 질을 저하시킨다. 유용효모는 발효 초기에는 증가하나 후기에는 감소한다. 김치의 유기산 함량과 pH는 김치의 맛에 영향을 주는데 산도가 0.6~0.8%, pH 4.0 내외에서 가장 맛이 좋게 느껴진다. 김치 중 유기산과 pH의 변화는 식염의 농도, 숙성 온도, 기간과 밀접한 관계가 있는데 10℃에서는 15일 정도, 15℃에서는 7일 정도, 20℃에서는 5일 정도에 산도가 약 0.8%, pH 4.0 내외로 알맞게 숙성된다.

(3) 김치의 영양가치

1) 비타민, 무기질의 공급

김치에는 비타민, 무기질, 섬유소, 유산균, 유기산과 알코올 등이 풍부하므로 신선한 채소류의 섭취가 부족했던 겨울철에 김치는 비타민과 무기질의 주요 공급원으로 작용한다.

2) 저칼로리 식품

채소의 섭취가 부족한 현대인들에게 김치는 식이섬유의 공급원으로 중요한 역할을 하고 있다.

3) 유산균의 정장작용

김치는 전통적인 유산균 발효식품으로 오래 전부터 한국인의 건강을 유지하는 데 중요한 역할을 한다. 김치에 존재하는 유산균은 요구르트에 존재하는 유산균과 같이 다양한 생리활성을 가진다. 발효과정에서 생성된 유산균은 변비예방과 정장작용에도 중요한 역할을 한다.

4) 성인병 예방 및 항암효과

김치를 담글 때 사용하는 부재료(마늘, 생강, 고추 등)도 김치의 생리적 효과에 영향을 미친다. 부재료로 사용하는 마늘성분 중 황화합물은 항암효과 및 콜레스테롤을 저하시키는 작용을 하며, 고추의 캡사이신(capsaicin)은 혈전 용해 및 체액성 면역 활성화기능을 나타낸다. 배추에 있는 섬유질은 변비, 대장암 등의 장질환을 완화시켜주고 변이원 물질을 흡착하는 작용을 하여 대사성질환의 예방에 효과가 있다고 한다.

지방 섭취가 증가함에 따라 대장암의 발생이 크게 증가하고 있다. 김치를 섭취하면 대장암 발생에 관여하는 장내세균의 효소활성과 장내 pH가 감소하는 것으로 나타났다. 하지만 김치를 지속적으로 섭취하였을 때만 이와 같은 대장암 예방 효과가 기대된다.

과거에는 하루 김치 섭취가 300g 이상이었으나, 현재 경제수준이 향상되고 식생활의 간편화로 인해 하루 김치 섭취가 100g 이하로 감소하고 있다. 성인병 예방을 위해 염분함량이 낮은 김치를 하루 150g 이상 섭취할 것을 권장하고 있다. 하지만 특히 청소년들의 김치섭취가 감소하고 있어 김치 고유의 맛을 계속 발전시키고 현대감각에 맞는 김치를 개발하여 김치 섭취를 증가시킬 수 있는 방법을 모색해야 할 것이다.

3. 해류(醢類 : 식해류 · 젓갈)

한국의 젓갈류는 침장원과 원료의 종류에 따라 164종의 제품이 있다. 대표적 젓갈 종류로는 30여 종을 들 수 있는데 전라남도만 해도 80여 종류에 달한다. 해류는 어패류와 소금만으로 담근 지염해(현재의 젓갈)와 소금과 맥아, 익힌 곡류를 침장원으로 한 식해류(생선 식해)로 분류되는데, 주로 생선의 어육부분, 내장, 어란 등을 이용하여 만들며 조미료와 약미(藥味) 등을 첨가하여 만든다. 어장과 식해는 동아시아 식생활에서 중요한 식품이며, 특히 젓갈은 우리 식생활에 빼놓을 수 없는 가정의 중요한 저장 식품이다. 젓갈류는 20% 내외의 소금농도에서 숙성되므로 숙성기간이 6개월에서 1년이 소요되고, 식해의 경우 10% 내외의 소금농도에서 숙성시키므로 숙성이 빠르다.

(1) 식해

식해를 주재료에 혼합되는 것으로 분류할 경우 소금과 쌀밥 및 조밥, 토란전분, 향신료나 채소 등을 혼합하여 절이는 경우와 누룩과 술을 넣어 만드는 식해로 나눌 수 있다.

주재료에 소금과 쌀밥을 혼합하여 보존하면 유산에 의한 미생물의 작용으로 발효가 일어나며, 이로 인하여 산미가 생성되는데, 산성이 높아짐에 따라 부패세균의 증식이 억제되어 저장성이 부가된다. 어육의 자기소화에 의해 각종 아미노산이 생성되며 식해의 감칠맛을 부여한다.

식해는 지역적, 만드는 방법 및 재료의 차이에 따라 동해 연안의 함경도(가자미식해, 도루묵식해), 황해도(연안식해), 강원도(명태식해), 경상도(안동식해, 건어식해, 진주식해)에서 발달되어 왔다.

(2) 젓갈

고추의 도입과 함께 김치제조에 없어서는 안 되는 젓갈은 지방의 특성과 향토요리에 따른 차이는 있으나, 주로 멸치젓과 새우젓을 많이 사용한다. 젓갈은 우리나라의 대표적인 수산발효식품이다. 젓갈은 제조공정이 간단하고, 숙성 후에 독특한 감칠맛과 풍미를 가지며 소화흡수가 잘되어 우리나라는 예부터 밥반찬이나 김치를 담글 때 부재료로서 사용하여 왔다. 젓갈의 일반성분은 단백질 8~16%, 지방 6~25%로 종류에 따른 함량의 차이는 있으나 비타민 B_1과 비타민 B_2는 0.5~1.5μg/g, 나이아신은 6~16μg/g이 함유되어 있고, 그 외 무기질이 많이 함유되어 있다.

4. 주류

(1) 주류의 종류

포도즙과 같은 과실액은 당화과정 없이 발효과정에 의해 제조되는 단발효주이다. 그러나 전분을 술의 원료로 이용할 때는 전분은 당화와 효모에 의한 발효과정에 의해 술이 된다. 맥주는 제조할 때 이 과정이 구분이 되는 단행복발효주이고 막걸리, 약주, 청주 등의 전통주는 이 과정의 구분이 없이 병행하여 이루어지는 병행복발효주이다[표 13-3]. 증류주는 발효주를 증류하여 알코올 농도가 높다.

표 13-3	주류의 종류	
발효주		포도주, 과실주
복발효주	단행복발효주(당화, 발효구분)	맥주
	병행복발효주(당화, 발효병행)	막걸리, 약주, 청주
증류주		브랜디, 소주, 위스키

(2) 누룩

전통주의 술 빚기는 고두밥, 누룩, 물을 주재료로 발효시킨다. 막걸리, 약주, 청주 등의 전통주는 전분을 당화한 후 당화액에 효모를 가하여 발효시키는 단행복발효가 아니고 고두밥, 누룩, 물을 섞어서 항아리에 넣어 전분의 당화와 효모에 의한 발효가 동시에 일어나는 병행복발효주이다. 누룩은 전통주의 술 발효제로 다양한 곡류를 이용하여 만들었으나 밀을 이용한 누룩이 주로 이용되고 있다. 전통누룩에는 누룩곰팡이, 효모, 유산균 등이 자연적으로 배양되어 있어서 완성된 술은 감칠맛과 다양한 향미를 가진다.

(3) 전통주의 특징

술 빚는 방법이 집집마다 다르므로 오래전부터 다양한 전통주가 발달하였고 계절마다 꽃과 열매 등을 부재료로 이용한 계절주를 만들어 계절변화의 운치를 즐겼다. 그리고 구기자, 산수유, 인삼, 당귀, 갈근, 대추 등의 약재를 술에 넣어 질병을 예방할 수 있는 약용주를 만들었다. 조선후기 여성의 일상생활에 활용할 수 있는 제반사항을 기록한 빙허각 이씨의 규합총서(1809년)에 수록된 약주는 [표 13-4]에서 보는 바와 같이 구기자술, 오가피술, 도화주(복사꽃술), 연엽주(연잎술), 두견주(진달래술), 소국주, 과하주, 백화주, 감향주, 송절주, 송순주, 한산춘, 삼일주, 일일주, 방문주, 녹파주, 오종주가 있다.

복사꽃술과 진달래술은 복숭아꽃과 진달래가 피는 봄의 정취를 느낄 수 있는 가향주이며 약용주이다. 백화주는 온갖 꽃을 넣어 꽃향기가 어우러진 술로 겨울에 피는 매화, 동백꽃부터 복사꽃, 살구꽃, 개나리, 진달래, 구기자꽃, 냉이꽃, 국화 등을 송이채 그늘에 말린 후 종이봉투에 보관하였다가 중앙절에 술을 빚는다. 다른 꽃은 향기가 많다가도 마르면 향기가 가시지만 국화는 마른 후에 더욱 향기롭고 특히 약효가 인정되는 꽃은 그 양을 넉넉히 넣는 것이 좋다. 송절주는 꽃향기와 솔향기가 입에 가득하여 맛이 기이하고 풍담을 없이하고 원기를 보익하여 팔다리를 못 쓰던 사람도 신기한 효험을 경험한다. 송순주는 술밑에 고두밥과 솔순(솔잎)을 넣어 빚은 술로 맛과 향이 뛰어난 약주이다. 그러므로 우리술을 가향약주라고 하여 식물의 꽃이나 잎, 줄기, 뿌리를 넣어 술을 빚어서 술에 독특한 향과 색, 약용성을 부여한다고 하였다. 규합총서의 첫머리가 술에 관한 내용으로 구성되어 있는 것은 빙허각 이씨가 사대부가의 여성으로 살면서 가장 중요하게 인식했던 부분이 술이었음을 알려주고 건강에 좋고 유익한 것만을 대상으로 다루었다.

표 13-4	규합총서의 전통주 재료

술	재료
구기자술	구기자 뿌리 1근(정월), 잎(사월), 칠월(꽃), 시월(열매), 청주 1말 · 먹은 지 백일 만에 흰머리가 도로 검어지고 빠진 이가 다시 나서 해가 가 되 늙지 아니하더라.
오가피술	멥쌀 1kg, 누룩 300g, 물, 가시오가피 200g, 소주
복사꽃술	멥쌀 2.5말, 물 2.5말, 누룩가루 1되, 밀가루 1되, 멥쌀 3말, 찹쌀 3말, 물 6말, 복사꽃 2되, 복사가지 3~4개
연잎술	멥쌀 2말, 물 2병, 누룩가루 7홉, 연잎
진달래술	술밑(멥쌀 2.5말, 끓인물, 누룩가루 1되 3홉, 밀가루 7홉) 멥쌀 3말, 찹쌀 3말, 진달래꽃(꽃술제거) 1말
소국주	술밑[멥쌀 5되, 섬누룩(막누룩) 7홉, 냉수 8되], 멥쌀 1말
과하주	술밑(백미 1~2되, 누룩가루), 찹쌀 1말, 소주
백화주	술밑(찹쌀 2되, 누룩가루 1되) 멥쌀 4되, 누룩가루 1되, 찹쌀 5되, 멥쌀 5되, 백회 * * 매화, 동백, 국화, 복사, 살구, 연꽃, 구기자꽃, 냉이꽃 등
감향주	술밑(찹쌀 4되, 누룩가루 1되) 찹쌀 1말
송절주	술밑(멥살 5되, 물 5되, 누룩가루 1되, 밀가루 7홉) 찹쌀 1말, 멥쌀 5되, 소나무 마디 2말 · 봄에는 진달래, 가을에는 국화를 넣고 겨울에는 유자껍질을 담그지 않 고 위에 달아 익힌다.
송순주	술밑(멥쌀 2되, 누룩가루 1되) 찹쌀 1말, 솔순 1말, 백소주 30복자 · 솔순을 깨끗이 씻고 살짝 삶아 솔향내가 가시지 않게 한다.
한산춘	찹쌀 1말, 누룩 7홉, 잣 5홉, 후추 1돈, 대추 21개, 백소주 7복자
삼일주	멥쌀 1말, 누룩가루 2되, 물 1말
일일주	찹쌀 2되, 누룩가루 5홉, 대나무
방문주	술밑(멥쌀 1말, 누룩가루 1되 3홉, 물 1말 2되) 멥쌀 2말, 물 20되
녹파주	술밑(멥쌀 3되, 물 10되, 누룩 7홉) 찹쌀 1말
오종주방문	찹쌀 1말, 누룩가루 1되, 소주 45복자, 후주가루 1돈, 계피가루 1돈, 생강 1돈, 대추 1되, 잣가루 1돈, 물 2사발

(4) 막걸리

막걸리(탁주)는 '농사일에 쓰는 술'이라는 의미로 예전에는 농주라고 하였다. 농사
일의 능률을 높이기 위해 식사와 함께 마시던 술로 갈증을 해소하는 기호음료이었
다. 막걸리는 한번 빚는 단양주로 술이 익으면 물을 타서 거르므로 막걸리라 하였
고 쉽게 산패하여 저장성이 짧다. 그러므로 막걸리의 저장성을 향상시키기 위하여
살균 막걸리가 시판되고 있다. 현재 막걸리의 염증억제, 비만예방, 항암효과 등
건강효능이 보고되고 있으나 알코올에 의한 피해를 일으키지 않을 정도로 적당량
섭취할 것을 권장한다.

제14장 기호식품과 편의식품

생활수준의 향상과 식문화의 서구화 현상이 나타나면서 기호식품과 편의식품의 소비가 증가하고 있다. 기호식품은 영양소 공급보다는 심리적 또는 생리적 욕구를 충족시키기 위해 섭취하는 식품이며, 편의식품은 간단한 조리절차에 의해 섭취할 수 있는 식품이다. 다음은 기호식품과 편의식품으로서 감미료, 조미료, 커피와 차에 대하여 알아보고자 한다.

1. 감미료

최근 과도한 당질 섭취로 인한 비만과 당뇨병 등 성인병이 증가함에 따라 식품이나 음료산업에서 설탕을 대신할 수 있는 대체감미료에 대한 관심이 높아지고 있다. 외국에서는 대체감미료가 다이어트, 저칼로리의 목적으로 사용되고 있으며, 국내에서는 소주, 간장 등이 사카린 사용 규제품목으로 지정됨에 따라 사카린 대체시장으로 아스파탐, 스테비오사이드, 소르비톨 등의 소비가 증가할 것으로 보인다. 감미료는 크게 천연감미료와 인공감미료로 나눈다[표 14-1].

현재 우리가 사용하는 감미료는 설탕, 전분당(물엿, 포도당, 과당), 아스파탐, 스테비오사이드, 올리고당, 사카린 등이다. 설탕이 국내 감미료시장의 약 60%, 전분당이 약 32% 정도를 점유하고 있고, 1990년 7월 이후 사카린 규제조치의 확대와 함께 아스파탐, 스테비오사이드, 기능성 감미료인 올리고당 등의 소비가 증가되고 있다. 대체감미료에 대한 기준은 안전하고 깨끗한 단맛을 가지는 것으로, 저칼로리로서 감미효능이 강하고 안전성을 지니며, 충치를 막고 가격이 저렴해야 한다.

(1) 아스파탐(aspartame)

아스파탐은 페닐알라닌(phenylalanine)과 아스파틱산(aspartate)이 결합된 다이펩티드(dipeptide)와 메탄올(methanol)로 구성되어 있다. 페닐알라닌은 필수아미노산 중 하나이며, 아스파틱산은 생체단백질의 구성요소이다. 아스파탐은 다른 식품단백질과 같이 대사되므로 체내에서 1g당 4kcal를 낸다.

분류		감미료	감미도
당질 감미료	설탕	설탕	1.0
	전분당	이성화당 포도당 맥아당 엿당 올리고토오즈	0.8~1 0.6 0.3 0.1~0.3 0.3
	당알코올	솔비톨 말티톨 환원전분당화물	0.7 0.8~0.9 0.2~0.5
	기타 당질 감미료	락토올리고당 파라티노오즈 벌꿀	0.3 0.4 0.8~0.9
비당질 감미료	천연감미료	스테비오사이드 글리실리진	200 250
	인공감미료	사카린 아스파탐 아세설팜 K	300~400 200 150

표 14-1   감미료의 분류

아스파탐은 백색, 무취의 결정화된 분말로 깨끗한 단맛을 가지며, 감미도는 설탕의 180~200배이나 상대적인 감미도는 이것을 사용하는 식품에 따라 다르다. 차가운 제품에서는 감미가 약해지고, 제품의 형태, 조성, pH 등에도 영향을 받는다. 아스파탐은 적은 양으로 강한 단맛을 냄으로써 설탕 함량이 감소됨에 따라 빈(empty) 칼로리가 감소되고 다른 기능적이고 영양적인 성분이 증가되어 구성성분이 변화된다.

설탕을 첨가한 딸기 요구르트는 100g당 90kcal를 내는데, 아스파탐의 첨가에 의해 44%의 칼로리를 감소시키고 단백질의 함량을 17% 증가시킨다. 성인의 1일 설탕 소비량은 149g인데, 이를 4kcal/g으로 계산하면 596kcal이므로 같은 감미를 내기 위해 아스파탐은 0.8g이 필요하며, 이는 1일 3.2kcal에 해당한다. 이 정도는 보통사람의 열량섭취로는 극히 적어 무시할 만하다. 그리고 적은 양으로 강한 단맛을 내므로 포장의 무게나 크기를 줄일 수 있다. 아스파탐은 다른 감미료와 결합하여 상승효과를 가지는데 사카린과는 50%, 설탕과는 23%, 덱스트로스

(dextrose)와는 35%의 상승효과를 나타내므로 다른 감미료와 함께 다양한 저칼로리 제품을 만들 수 있다.

아스파탐의 물에 대한 용해도는 pH와 온도의 영향을 받는다. 용해도는 pH 2.2에서 최대이고, 등전점인 pH 5.2에서 최소이며, pH 3~5의 산성범위에서 안정성을 나타낸다. 대부분의 액체식품과 음료수들은 pH가 이 범위 안에 속한다. pH 3~5 범위를 벗어나면 특히 중성이나 약알칼리성에서는 안전성이 감소되기 시작한다. 그러나 냉동 디저트의 경우 pH 6.5~7로 안전성을 띠는 pH 범위에서는 벗어나지만 낮은 저장온도에서 최소한 6개월은 유지될 수 있다. 아스파탐은 다이어트 탄산음료, 탁상감미료, 유제품, 설탕이 첨가되지 않은 껌, 잼 등에 이용할 수 있다. 그러나 아스파탐은 높은 온도에서는 분해되어 단맛이 손실되므로 다양한 식품에 사용이 제한된다. 우리나라는 그린스위트(green sweet)와 화인스위트(fine sweet)가 시판되고 있는데, 그린스위트는 설탕 대신 탁상감미료로 쓰이는 아스파탐 제제이고, 화인스위트는 아스파탐에 유당을 넣어 설탕의 감미와 유사하게 조정하며 부피감을 부여한 것이다.

(2) 사카린(saccharin)

사카린은 1878년 발견된 물질로 오랫동안 사용되었던 대체 감미료였다. 사카린은 설탕의 350~400배의 감미가 있으며 쓴맛을 나타내지만 다른 감미료와 혼합함으로써 감소시킬 수 있다. 사카린은 체내에서 대사되지 않으므로 열량을 내지는 않는다. 사카린은 프랑스, 캐나다, 이스라엘을 제외하고는 세계적으로 식품첨가물로 사용이 허용되고 있으며 WHO에서는 성인의 1일 섭취허용량을 체중 1kg당 2.5mg이내로 권장하고 있다. 한때 캐나다 보건성이 사카린의 발암성을 제기한 이후, 1977년 미국 FDA에서는 사카린을 식품첨가물로 사용하는 것을 금지하였다. 하지만 그 이후 사카린의 무해론을 주장하는 다수의 연구결과가 발표됨에 따라 1995년 FDA는 사카린의 사용을 허용하였다. 우리나라에서는 1962년 식품첨가물로 사용되어 왔으나 사카린의 유해성 논란에 기인하여 절임식품류, 건포류, 분말청량음료 등의 식품에만 사용할 것을 인정하였다. 그러나 2011년 식약청에서는 식품첨가물의 기준 등에 관한 것을 개정함으로써 사카린에 대한 규제를 완화시켜 사카린 사용 가능한 품목을 확대한다고 발표했다. 일본에서도 과자, 빵, 아이스크림 등에 사카린 사용이 허가되고 있다.

(3) 아세설팜 K(acesulfame K)

아세설팜 K는 1967년 실험 중에 우연히 발견되었는데, 3% 설탕용액의 200배 감미를 가지며 높은 온도에서 감미는 줄어들지 않으나 쓴맛과 금속성의 맛이 생긴다. 체내에서 대사되지 않으므로 열량을 내지 않는다. FDA에서는 아세설팜 K의 성인 1일 섭취허용량을 체중 1kg당 15mg으로 설정하였다. 1988년 미국에서 아세설팜 K를 탁상감미료, 껌, 분말음료 등의 첨가물로 사용을 승인하였다.

(4) 스테비오사이드(stevioside)

남미 파라과이가 주산지인 국화과 다년생 초목의 잎에서 추출되고 설탕의 200배 감미를 가진다. 스테비오사이드의 대사는 아직 명확하게 밝혀지지 않았으나 인체에는 무해하고 pH 3~10의 범위 내에서 100℃로 가열해도 단맛의 손실이 없다.

우리나라에서는 사카린 사용규제가 시작된 초기, 대부분의 소주 업체가 아스파탐을 사용하였는데, 유통과정에서 아스파탐이 분해되어 단맛을 잃게 되자 소비자들은 단맛이 없는 소주를 제품에 이상이 있는 것으로 생각하게 되었다. 이러한 이유로 현재 90% 이상의 소주에 스테비오사이드를 사용하고 있으며 일부 품목에 아스파탐이 부감미료로 혼용되고 있다. 그 외에 간장, 수산가공 등에도 열안정도가 높은 스테비오사이드가 사카린 대체품으로 이용되고 있다.

(5) 글리실리진(glycyrrhizin)

감초의 뿌리에서 추출한 감미료로 설탕의 250배 감미를 가지며 된장, 간장의 감미를 내는 데 사용할 수 있다.

(6) 소르비톨(sorbitol)

소르비톨은 포도당의 환원에 의해 생성되는 당알코올로 과일(1~2%), 해조류(13%)에 함유되어 있다. 소르비톨은 설탕의 60~70% 정도의 감미를 나타내며 쓴 맛을 나타내지는 않으나 감미도가 낮고 가격이 비싼 것이 단점이다.

(7) 올리고당(oligosaccharide)

올리고당은 설탕의 40% 정도의 감미를 나타내며 장내 유산균을 증식시키는 것으로 알려져 있다. 최근 발효 유제품에 올리고당을 이용한 제품이 개발되고 있다.

2. 조미료

인간의 식생활에서 없어서는 안 될 조미료가 다수 존재하며 그 중에서 각 민족은 특징 있는 조미료를 사용해 왔다.

유럽 사람은 육류식품 중에 함유된 아미노산류나 핵산 관련 물질을 다량으로 섭취하는 반면, 동양권 사람은 곡류와 채소를 주식으로 많이 섭취하므로 아미노산류나 핵산 관련 물질들의 맛을 보강하기 위해 자연적으로 조미료가 발달하였다. 조미료가 그 존재에 의해 주재료를 살리며 식욕을 돋우는 면을 보면 간접적으로는 영양상 크게 공헌하고 있는 것이라 하겠다.

(1) 글루타민산 소다(monosodium glutamate, MSG)

글루타민산은 천연의 아미노산 중 가장 흔한 것으로 나트륨(Na) 염을 붙여서 널리 이용하게 되었다. 옛날에는 해조류 및 어류를 국에 넣어 맛을 풍부하게 하였다. 글루타민산은 단백질의 구성원으로 존재하거나 유리형태로서도 존재한다. 단백질 함량이 적은 채소류에는 그다지 함유되어 있지 않지만 버섯, 토마토, 콩류에는 유리형으로 많이 함유되어 있다.

1908년 다시마 열 추출액에서 글루타민산의 나트륨염 형태의 MSG(monosodium glutamate)의 정미성분이 추출된 후 밀가루에서 MSG를 추출하여 공업적으로 조제하였다. 1956년에는 미생물을 이용해 포도당에서 발효법으로 MSG를 개발하였다. MSG는 조리에 이용되는 경우 첨가량은 0.03~0.1%가 좋고, 다른 식품의 감칠맛(풍미)을 우려내는 작용이 있으며, 염미(鹽味), 산미(酸味), 고미(苦味) 등을 완화하고, 특히 감미에 대해서는 뒤에 남는 감칠맛을 내는 작용이 있다. [표 14-2]는 식품의 글루타민산 함량을 보여준다.

표 14-2 식품의 글루타민산 함량

식품	식품 속의 단백질(%)	단백질 속의 글루타메이트 (%)	글루타메이트 함량 (식품 속의 g/100g) 단백질	
			결합형	유리형
우유	2.9	19.3	0.560	0.001
모유	1.1	15.5	0.170	0.018
카망베르 치즈 (camernbert cheese)	17.5	27.4	4.787	0.600
파마산 치즈 (parmesan cheese)	36.0	27.4	9.847	0.600
계란	12.8	12.5	1.600	0.023
닭고기	22.9	16.1	3.700	0.044
쇠고기	18.4	13.5	2.500	0.033
돼지고기	20.3	15.7	3.200	0.023
완두콩	7.4	14.8	1.100	0.075
옥수수(sweet)	3.3	15.1	0.500	0.106

오늘날 사탕수수, 사탕무 등에 의해 폐당(cane molasses) 혹은 타피오카전분(tapioca starch), 파인애플을 이용한 발효법으로 MSG가 많은 나라에서 만들어지고 있다.

MSG는 중국요리에 많이 첨가되는 것으로, 과잉으로 섭취하면 사람에 있어서는 손과 발의 저림이나 경직감이 일어나고, 얼굴이 화끈거리고 빨개지며, 두통, 구토 등을 일으키는 것으로 알려져 '중국요리 증후군'이라고 하지만 일반적인 식생활에서는 일어나지 않는다.

MSG는 나트륨(Na)을 12% 정도 함유하므로 Na의 섭취가 높아 심각할 경우 글루타민산에 다른 무기질(Ca, K, Al)이 결합된 것을 사용하기도 한다.

(2) 핵산 조미료(ribotide seasoning)

가다랭이의 지미성분인 inosinic acid(inosine-5'-monophosphate; 5'-IMP)와 표고버섯의 지미성분인 guanylic acid(guanosine-5'-monophasphate; 5'-GMP)가 리보핵산 조미료 구성성분으로 MSG와 함께 널리 이용되었다. 5'-IMP은 핵산을 많이 함유한 동물조직이나 어육에서 제조되었으나, 최근에는 효모의 리보핵산에 효소(5'-phosphodiesterase)를 작용시켜 제조한다.

(3) 호박산(succinic acid)

호박산(HOOC-CH$_2$-CH$_2$-COOH)은 카르복실기(carboxyl, -COOH)에 나트륨(Na)이 결합한 호박산나트륨으로 미약한 산미나 독특한 감칠맛을 가지고 있어 식품가공 시 나트륨염의 형으로 이용된다.

호박산나트륨과 MSG의 미량의 혼합은 미묘한 감칠맛을 생성한다. 주석산이나 사과산의 환원발효 때 얻어진다. 패류(shellfish), 술, 발효식품(간장, 된장)의 감칠맛의 성분이며 식초, 수산냉동 식품, 합성주의 조미에 많이 사용된다.

(4) 천연 조미료

동물성 단백질 가수분해물(hydrolyzed animal protein, HAP)과 식물성 단백질 가수분해물(hydrolyzed vegetable protein, HVP)을 원료로 지미(감칠맛) 성분을 추출하여 분말·과립상으로 한 것을 천연 조미료라 한다.

HVP란 대두, 옥수수, 밀 등에 존재하는 단백질을 염산으로 가수분해하여 탄산나트륨(Na_2CO_3)으로 중화한 후 분리·탈색·건조시켜 만든 것을 말하며, 산분해과정에서 클로로페놀(chlorophenol)이라는 발암물질이 생성된다. 또한 중화과정 시 산도가 높아(강산성 : pH 0~1) 섭취가 불가능하거나 건조가 되지 않아 pH 5.5~6.5로 조절할 때 MSG가 자연적으로 생성된다. 이때 맛의 주성분은 여러 가지 아미노산이 복합되어 원료에 따라 맛의 차이가 있다.

미국 식품의약국(FDA)에서는 가수분해 단백질을 사용한 경우 MSG 함유 사실을 기재하도록 요구하고 있으며, FDA, FAO는 물론 유럽에서는 HVP의 규제 가능성이 시사되고 있다. HVP는 양조간장의 아미노산 패턴과 유사하며 맛은 강하나 탄냄새가 나는 것이 특징이다.

3. 커피(coffee)

약 7세기경 에티오피아의 한 양치기 소년에 의해 커피 열매가 처음 발견된 이래, 얼마간은 주로 생식으로 섭취되던 것이 아라비아 반도로 건너간 후 오늘날과 같은 끓여 마시는 형태의 음료수로 음용되기 시작했다. 붉은색의 커피 열매가 발견된 초창기에는 그 열매를 '졸음을 쫓고, 영혼을 맑게 하며, 신비로운 영감을 느끼게 하는 성스런 열매'로 여겨 이슬람교도들만이 먹는 귀한 것이었다. 커피의 원산지는 에티오피아의 아비시나 고원이었지만 인공적으로 재배한 곳은 아라비아 지방으로, 15세기경 커피의 재배가 중요시되어 종자가 국외로 반출되는 것을 금하였다. 커피 종자의 전파를 막기 위한 방편으로 열매를 볶아 이웃나라에 수출하는 방법이 고안되면서 볶은 커피 열매를 달여 마시게 된 것이 오늘날 세계에서 가장 많이 이용되는 기호음료의 하나로 발전하는 시초가 되었다.

커피 열매는 말린 후 껍질을 제거하여 볶는다. 볶는 정도는 취향에 따라 light, medium, dark로 한다. 커피 열매를 볶는 과정에 CO_2 가스 생성 및 갈변 방향물질이 생성된다.

커피는 17세기에 유럽에 전파되었고, 우리나라에는 1890년경에 전해진 것으로 알려져 있다. 문헌에 의하면 최초의 커피는 아관파천 때 고종 황제가 러시아 공사관에서 마신 것으로 기록되어 있다.

(1) 커피 원두의 종류

상업적으로 재배되는 커피는 아라비카(Arabica), 로부스타(Robusta), 리베리카(Riberica)의 3가지로 크게 분류된다. 카페인의 함량은 건조중량의 1.3~2.4%이다.

1) 아라비카

전 세계에서 생산되는 원두의 2/3 이상을 차지하는 아라비카는 미주지역에서 가장 선호되는 종류로 부드럽고 향기가 있으며, 로부스타보다 카페인의 함량이 적다. 아라비카는 다시 마일드와 브라질로 분류된다. 마일드(mild)는 이디오피아 고산지대가 원산지로 맛과 향이 좋고, 브라질(Brazil)은 세계 제일의 산출량(세계 총 생산량의 1/3)을 차지하는 품종으로 부드럽고 신맛이 강하여 주로 배합 커피의 기초로 사용된다.

2) 로부스타

아프리카 콩고가 원산지인 로부스타는 전 세계 생산량의 20~30%를 차지하고 있다. 아라비카에 비해 카페인 함량이 많으며 쓴맛이 강하고 향은 부족하지만 경제적 이점이 있어 인스턴트 커피의 주원료로 이용되고 있다. 로부스타 품종 중 아리보리코스트는 아프리카에서 가장 많이 생산되는 품종으로, 그 생산량은 세계에서 5번째를 차지하고 있다. 맛은 중성으로 인스턴트 커피용으로 널리 쓰인다.

3) 리베리카

리베리카, 수리남, 가나에서 재배되는 리베리카는 그 생산 일부가 유럽으로 수출되고 있기는 하지만 향미가 떨어지고 쓴맛이 강하기 때문에 생산량의 대부분이 자국에서 소비되고 있다.

(2) 커피와 생리활성(카페인의 안전성)

카페인은 60여 종 이상의 식물에 천연적으로 존재하는 메틸크산틴(methylx-anthines)계 화합물의 하나이다[그림 14-1]. 커피의 카페인(caffeine) 함량은 원두의 종류, 입자의 크기, 침출방법에 따라 다르게 나타난다.

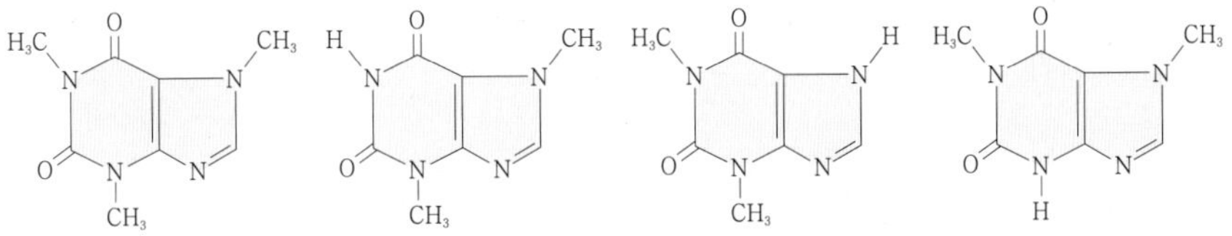

Caffeine   Theobromine   Theophylline   Paraxanthine

그림 14-1   카페인과 유사물질의 구조

커피(5온스, 약 150g)의 카페인 함량은 원두커피에 110~150mg, 인스턴트 커피에 40~108mg 정도이며, 코코아, 초콜릿, 차, 콜라에도 카페인이 함유되어 있다[표 14-3].

표 14-3   식품의 카페인 함량

식품 및 약품		카페인(mg)	식품 및 약품	카페인(mg)
커피(5oz)	드립	110~150	콜라(12oz)	38.4~45.6
	인스턴트	40~108	핫코코아(6oz)	2~8
	카페인제거	2~5	밀크 초콜릿(1oz)	1~15
차(5oz)	1분 침출	9~33	초콜릿 우유(8oz)	5~35
	2분	20~46	아이스크림(2oz)	22~36
	3분	20~50		
	인스턴트	12~28		

카페인은 무색·무취의 약간 쓴맛이 나는 물질로 과다하게 복용하면 중독증상
이 나타나지만 적정량만을 복용하면 체내의 신진대사를 촉진시키는 역할도 있으
므로 음료수는 물론 해열 진통제, 거담제 등에 널리 쓰이고 있다. 여러 가지의 생
리활성을 가지고 있어 끊임없이 유해 논란이 제기되는 카페인이 인체의 각 기관에
미치는 영향은 다음과 같다.

1) 중추신경계에 미치는 영향

카페인이 체내에 흡수되면 중추신경계를 자극하여 신경전달물질의 생성 및 분비
를 촉진하므로 1~5mg/kg 정도를 섭취하면 각성효과나 피로회복 등 정신이 맑아
지는 것을 느끼게 된다.

2) 심혈관계에 미치는 영향

존 홉킨스 의과대학에서 1,130명의 남자를 대상으로 한 연구에 의하면 하루에 5
잔 이상의 커피를 마시는 사람이 커피를 마시지 않는 사람보다 심장 질환의 발병
이 2.8배 높았다. 또한 하루 9잔 이상 커피를 마시는 사람의 혈청 콜레스테롤 농
도는 마시지 않는 사람보다 14% 더 높았다. 카페인은 혈관의 평활근을 이완시킴
으로써 혈관확장 및 혈류량을 증가시켜 말초 저항을 감소시키기 때문에 카페인에
대해 예민한 사람은 일시적인 혈압 상승과 가슴의 두근거림을 호소하기도 한다.
그러나 적당량(하루 1~2잔)의 섭취는 심장 질환과 무관하다고 본다.

3) 신장에 미치는 영향

카페인 작용으로 증가한 혈류량은 신장에서 감지되어 수분이 체외로 배설되도록
한다. 4mg/kg 카페인으로도 배뇨량의 증가와 함께 Na, K, Cl 등 무기염류의 체
외 배설 또한 촉진하게 된다.

4) 호흡계에 미치는 영향

4mg/kg 정도의 카페인은 체내에서 폐혈관을 확장시키고, 심장 박출량을 증가시
켜 호흡 속도가 빨라지게 할 수 있다.

5) 위와 장관계에 미치는 영향

카페인의 복용은 담낭과 위, 장관계의 평활근을 이완시키므로 연동운동에 영향을 주며, 4~8mg/kg 정도의 카페인은 위산의 분비를 증가시킨다. 그러나 위궤양 등 위, 장관 질환에 대한 그 역할은 아직 명확하지 않은 상태이다. 소화기 궤양과 카페인이 무관하다고는 하지만 그 자체의 자극성을 고려하여 궤양환자는 커피 등의 음료를 삼갈 것을 권장한다.

6) 에너지 대사에 미치는 영향

카페인은 기초대사량을 5~25% 정도 증가시킨다. 카페인과 운동수행 능력 사이의 연관을 조사한 연구에 의하면 단기간의 중노동에서는 별다른 영향을 찾아볼 수 없었으나 오랜 시간이 요구되는 형태의 작업에서는 생산성과 지구력을 증가시킬 수도 있다. 그러므로 카페인의 운동능력 향상효과와 관련하여 국제 올림픽위원회(IOC)는 소변 중 카페인 농도의 상한선을 12mg/L로 제한하고 있다.

7) 태아에게 미치는 영향

동물실험 결과, 다량의 카페인(56~87잔의 커피) 공급은 태아의 기형(발가락의 기형, 언청이, 심장 결함 등)을 유도하지만 적당량의 커피는 태아의 기형과 연관이 없다. 임신 중에 매일 3잔 이상의 커피를 마시거나 6잔 이상의 카페인 함유 음료를 마시면 태아의 출생 시 체중이 미달될 확률이 높았다. 그러므로 1980년 FDA에서는 임신부의 카페인 섭취를 제한할 것을 권장하였다.

8) 암

1970년대 초기, 커피의 섭취가 방광암과 연관이 있다고 처음 보고된 이후 여러 역학조사가 실시되었으나 상관성을 찾지 못하였고 오히려 흡연이 방광암의 원인이 될 수 있다고 하였다. 1981년 연구에 의하면 하루에 1~2잔의 커피 섭취가 췌장암을 일으킬 수 있다고 했지만 카페인이 함유된 차를 마시는 사람은 오히려 췌장암을 감소시킨다고 하였다.

9) 카페이니즘(caffeinism)

성인이 하루 600mg의 카페인(진하게 끓인 커피 5~6잔 분량)을 단시간에 복용했을 때 불안, 초조, 두통, 수면 장애, 설사, 두근거림 등의 카페인 중독증세가 나타난다. 카페인의 치사량은 10g(진한 커피 80~100잔 또는 콜라 200캔을 30분 내로 마신 양)으로 단지 음식이나 음료의 섭취에 의해 사망하는 것은 거의 불가능하다. 그러나 카페인 농도의 혈중 반감기는 연령, 성별, 호르몬의 영향, 흡연 여부, 복용 중인 약품의 종류에 따라 다르다. 신생아는 카페인 분해효소가 생후 며칠간은 없는 상태여서 반감기가 3~4일이 걸리고, 어린이와 흡연자는 3시간 이하, 비흡연 성인은 5~7 시간, 경구피임약을 복용하는 여성은 13시간, 임신부는 18~20시간이 걸리므로 각자의 상태에 따른 카페인의 감수성도 제각기 다르다는 것을 염두에 두어야 할 것이다.

4. 차(tea)

차나무는 덥고 강우량이 많은 동남아시아에서 자라는 식물로 잎을 따서 그대로 또는 발효시켜 차로 만든다. 신라시대 때 중국을 통해 들어온 차는 신라 말과 고려시대에 차문화의 최고 전성기를 이루다가 조선시대에 와서 일시적인 쇠퇴기를 맞았다. 그러나 지금은 기호음료로서 또한 건강음료로서도 각광받고 있다.

(1) 차의 분류

찻잎의 발효 유무에 따라 녹차(green tea), 홍차(black tea), 우롱차(oolong tea)로 나눈다.

1) 녹차

찻잎을 건조시키기 전에 증기로 쪄서 효소를 불활성화시킨 후 만든 것으로 녹색을

띤다. 비발효 차인 녹차는 중국의 북부지방과 일본, 우리나라, 월남 등에서 주로
생산되고 있다.

2) 홍차

찻잎을 일정기간 발효시켜서 만든다. 자체 내의 효소에 의해 발효하는 과정에서
독특한 색, 맛, 향이 부여된다.

3) 우롱차

발효과정을 홍차의 반 정도로 해서 만든 것으로 색은 홍차의 붉은색에 가깝고 향
기는 녹차에 가깝다. 우롱차는 중국의 관동지방과 대만에서 생산되고 있다.

(2) 차의 성분

차의 성분은 차나무의 품종, 재배조건, 찻잎의 채취시기, 토질, 기후, 차나무의 나
이, 보관방법에 따라 많은 차이가 있다. 차의 어린 가지 잎의 성분 중 75~80%가
수분이고, 나머지가 폴리페놀(polyphenol) 화합물, 카페인(caffeine), 아미노산, 엽록
소, 카로티노이드, 탄수화물, 유기산, 휘발성 화합물, 무기염류(망간, 불소) 등이다.

(3) 차의 생리활성

1) 항암 효과

1981년 일본 국립 유전학 연구소에서 녹차의 돌연변이 인자에 대한 항돌연변이
원성이 강하다는 보고를 한 이후, 차의 항암 성분에 대한 관심이 높아지기 시작했
다. 이는 찻잎 성분인 탄닌이 발암성을 갖는 불안정한 라디칼(radical)과 결합함으
로써 항암효과를 갖는 것으로 추정된다. 또한 탄닌성분 이외에 엽록소나 섬유소
등도 항암효과가 있다는 보고가 있다. 이러한 자유라디칼들에 대한 강한 결합력은
노화 억제효과와도 관계가 있다.

2) 고혈압 및 동맥경화 예방효과

찻잎 중에는 콜레스테롤과 혈압을 낮추어 주는 데 유효한 카테킨(catechin), 비타민 C, 엽록소 등의 성분이 풍부한 것으로 알려져 있다.

3) 당뇨병과 억제 효과

찻잎 중에는 혈당 감소 효과를 줄 수 있는 다당류가 있다고 한다. 현재 당뇨병이 유발된 동물의 혈당을 강하게 저하시키는 유효 성분을 이용한 당뇨병 치료제가 개발 중에 있다.

4) 해독작용

찻잎 성분인 탄닌류의 일종인 에피갈로카테킨 갈레이트(epigallocatechin gallate) 등의 카테킨은 수은, 카드뮴, 크롬, 납, 구리 등의 중금속들에 대해 강한 결합력을 가지고 있다. 카테킨은 체내에서 중금속과 결합물을 형성하여 배설을 유도함으로써 중금속에 의한 중독을 어느 정도 방어해 보호해 줄 수 있다. 그리고 탄닌 성분은 니코틴과 쉽게 결합하여 배설을 유도하므로 항니코틴 효과가 있을 뿐만 아니라 차 중의 비타민 C 파괴를 막는 효과도 기대할 수 있다.

5) 충치예방 및 구취제거 효과

찻잎이 함유하고 있는 무기질 불소(F)는 구강 위생에 중요한 역할을 하고 있으며 탄닌도 충치의 원인인 균주에 대한 살균효과를 가지고 있어 치아보호 효과가 있다.

6) 항염성 및 항균성

녹차 같은 비발효성 차의 탄닌 성분은 항염 효과가 높고 바이러스나 병원성 세균의 단백질과 작용하여 세균을 억제한다. 그리고 찻잎이나 종자의 사포닌 성분도 염증 발생 시 모세혈관의 투과성을 정상화시킴으로 항염성 작용이 있다.

7) 변비 개선

탄닌은 위의 긴장성을 높여 위 운동을 활발하게 하고 장관의 긴장성을 풀어주는 것으로 알려져 있다. 그러므로 노인들에게 많은 이완성 변비보다는 스트레스가 많은 사람들에게 나타나는 신경성 변비에 효과가 있다.

8) 천식에 대한 효과

찻잎 중 1~4%가량의 카페인은 기관지의 수축을 억제하며, 같은 알칼로이드계 성분인 데오필린(theophyline)은 카페인과 같은 정도로 기관지 확장 효과가 있어 호흡을 용이하게 하는 작용을 가지고 있다.

9) 기타 효능

차에도 카페인이 함유되어 이미 언급된 바와 같은 카페인의 효과인 숙취 제거, 피로회복, 천식 치료, 강심, 이뇨 작용 및 각성효과를 기대할 수 있으며 함유된 비타민에 의한 효능들도 기대할 수 있다. 홍차에는 비타민 E와 비타민 K가 풍부하고, 녹차에는 비타민 C가 함유되어 있다.

10) 차의 응용성

건강 지향적 면에서 차는 음료만이 아닌 타 식품소재와 함께 이용하여 먹는 식품이 될 수 있다. 차는 식품 및 음료 등에 차의 형태(찻잎, 가루차, 용출한 차, 찻잎 찌꺼기, 차꽃)를 변형하여 일부 사용되며 특징적인 효과를 위해 향 첨가, 식품의 채색, 맛의 증진, 기능성 성분의 유효성 등을 목적으로 조리 및 요리에 이용되어 식품의 응용폭이 넓어지고 있다.

제15장 건강기능성 식품

1. 건강기능성 식품

1. 건강기능성 식품

(1) 건강기능성 식품의 정의

고령화 인구비율이 높은 산업사회에 살게 되면서 식품의 개념들도 종래의 영양성과 기호성에서 기능성과 자연성이 강조되고 있다. 이러한 사회적 변화와 더불어 몇몇 식품에서는 질병 예방학적인 생리활성물질이 규명되었으며, 또한 생물공학적 기법(biotechnology)이 발달함에 따라 식품의 기능성이 한층 강조되면서 식품산업계에서 급속도로 신장되고 있다. 건강기능식품에 관한 법률 제3조 제1호에 의하면 '건강기능식품은 인체에 유효한 기능성을 가진 원료나 성분을 사용하여 제조한 식품'이라고 정하고 있다. 또한 기능성식품의 정의는 '식품의 품질변환 조작에 의해 얻어진 기능성 성분을 활용하여 생체에 대해 기대되는 효과를 충분히 발현할 수 있도록 설계된 일상적으로 섭취되는 식품으로, 특히 신장병, 심장병, 고지혈증, 당뇨병 등의 성인병과 노인병의 질환에 대응하는 기능을 가지는 식품'으로 정하고 있다. [그림 15-1]과 같이 생체조절기능(3차 기능)이란, 식품에는 인체의 제반계통을 조절하는 인자(기능성 인자)가 존재하는데, 저농도로 생리활성을 발현하기 때문에 영양소와 구별된다. 영양소는 부족되면 결핍증을 초래하는 성분인데 비해 기능성 성분은 섭취하지 않아도 결핍증상이 나타나지 않는다. 그러나 섭취하면 생체기능을 높여준다. 기능성 인자들은 신경계, 순환계, 분비계 등의 조절, 세포 분화유도 및 면역, 생체방어 등 다양한 생리작용을 갖고 있어 체내에 흡수된 후 질병의 방지, 회복, 노화 억제 등 생체조절기능을 나타낸다.

1) 건강기능성 식품이란 어떤 것인가?

새로운 방법으로 도입된 식품으로서 시중에서 시판되고 있는 것, 예를 들면, 건강에 대하여 부가가치를 더한 식품류가 상품화되어 인기를 끌고 있는 것으로 〈마시는 식이섬유〉, 〈비피더스 요구르트〉, 〈올리고당 함유음료〉, 〈식이섬유를 넣은 스낵류〉, 〈충치예방 껌〉 등이 건강기능성 식품이다.

식품의 기능	영양기능(1차기능)-생명 유지기능
	감각기능(2차기능)-미각, 취각, 응답기능
	생체조절기능(3차기능)
	생체방어(면역부활, 알레르기 억제)
	신체리듬조절(신경, 소화기능조절)
	노화 억제(과산화지질 억제)
	질병방지 및 회복(성인병, 항종양)

건강기능성 식품

생체방어, 생체리듬의 조절 등과 같은 기능을 생체 내에서
발현할 수 있도록 설계된, 일상적으로 섭취 가능한 식품

그림 15-1 기능성식품의 개요도

(2) 건강기능성 식품의 영역

일반식품과 건강식품, 더욱이 건강기능성 식품과 의약품 등의 경계는 불분명한 부분과 중복되는 부분이 있으나 건강기능성 식품은 신체기능에 대해 영양소를 조절하거나 생리적 작용에 따른 효과를 얻기 위한 점에서, 약리적 작용을 주는 의약품과는 구분된다[그림 15-2].

건강상태에 대해 언급하자면, 병에 대한 자각 증상을 전혀 느끼지 않는 상태를 100%로 보았을 때, 건강도가 50~60%일 경우를 반건강상태라고 한다. 이것은 발병 판정이 되지 않은 상태 또는 발병의 징후는 보이나 약을 먹기에는 빠른 시기에 해당한다. 반건강상태에서 기능성식품은 유효성과 실용성을 갖게 되며, 질병의 치료가 주 기능인 의약품과 질병의 예방이 주 기능인 기능성 식품과 구별된다. 또한 반건강상태에서 건강기능성 식품을 먹음으로써 특정 질병의 예방을 강조하는 건강보조식품과 구별된다.

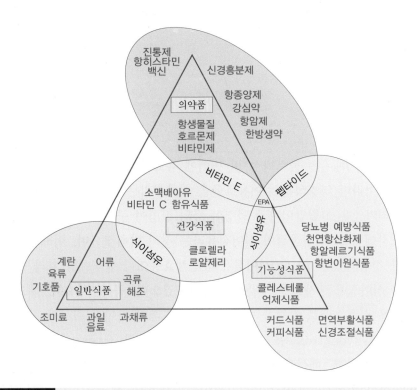

그림 15-2　건강기능성 식품 영역의 모형도

　한편 우리나라 위생법에서는 특수영양식품(강화식품, 특정 용도식품)과 건강보조식품에 대해서만 규정하고 있어서 기능성식품은 건강식품과 함께 특별관리되고 있으며 제도적 개선이 요구된다. 미국에서는 Designer Foods, Functional Foods가 있으나 정식으로 정의된 바 없으며, 1993년 7개 항목(지방식품과 심장혈관 질환, 저지방식품과 암, 고칼슘함유식품과 골다공증, 저염식품과 고혈압, 식이섬유 함유 곡류제품·과일·채소와 암, 수용성 식이섬유 과일·채소와 암)에 대하여 식품의 건강 표시를 인가하였다. EU 국가들도 기능성식품이란 용어와 규정은 없으며, 기능성식품 및 건강식품에 가까운 식품의 영양학적 정의에 관한 '특정 목적의 사용에 관한 EU 일반지령'이 현재 작성 중에 있고, 9개 식품군이 포함될 예정이다. 세계적으로 기능성 식품에 대해서는 일본이 가장 앞서 있으며 제도적으로 '특정보건용품'으로 지정되어 있고, 국가적으로 육성하는 주요 식품산업이다.

(3) 건강기능성 식품의 소재

1) 식이섬유

① 식이섬유의 분류

식이섬유(dietary fiber)는 불소화성 및 변이에 유효하다는 정도로 이해되어 왔고, 에너지원이 아니며 영양성분의 이용효율을 저하시키는 것으로 경시되어 왔다. 그러나 아프리카인은 고혈압이나 동맥경화 등의 질병이 구미에 비해 현저히 낮았다는 역학조사에서 그 원인물질이 식이섬유라는 것이 밝혀졌으며, 비로소 식이섬유의 정의가 정립되었다. 그 후 식이섬유의 인체효용이나 질병예방 효과 등이 연구됨에 따라 식이섬유는 새로운 식품으로 등장하였으며, 곡류, 채소류, 해조류 등이 다시 새로운 식품소재로 각광을 받게 되었다. 미국의 화이자 회사가 저칼로리 식품소재로서 'polydextrose'를 개발하여 우유에 첨가한 'fiber milk'가 텔레비전에 등장하게 되었고, 매상은 천문학적 수치로 늘어났다. 이어서 각 식품회사마다 식이섬유 음료수 제품을 내놓았으며, 곡류(보리, 밀기울), 해조류(홍조류, 갈조류), 대두류, 과일, 키틴(chitin), 합성다당류 등을 식품소재로서 첨가한 요구르트, 마가린, 빵, 비스킷, 아이스크림 등에까지 그 이용도는 더 확산되고 있다. 식이섬유의 분류 및 급원식품은 [표 15-1]에 나타난 바와 같다.

표 15-1	식이섬유의 분류와 급원식품	
기원	**분류**	**급원식품**
세포벽 구성물질 (불용성)	cellulose hemicellulose protopectin lignin chitin	곡류(현미, 라이맥, 통밀), 대두, 채소류 밀배아, 채소류 감귤류, 사과 등 과일, 줄기 당근, 우엉, 산채류 게, 새우
비구조물질 (수용성)	pectin 식물 검 점질물질 해조다당류 화학적 합성다당류	감귤류, 사과 구아검 미역, 다시마 미역, 다시마, 알긴산, 카라기난, 한천 CMC 폴리덱스트로오스

② 생리적 특성과 질병 예방효과

식이섬유는 고분자화합물로서 여러 가지 물리화학적 성질에 따라 성인병 예방에 유효한 생리적 특성을 가지며, 식이섬유의 종류에 따라 특성은 상이하다[표 15-2]. 섭취된 식이섬유는 소화관 내에서 다음과 같은 작용에 의해 비만, 당뇨병, 동맥경화, 고지혈증, 담석증, 대장암, 게실염 등의 예방효과가 임상실험에서도 인정되었다. 과잉의 식이섬유 섭취는 비타민이나 무기질 등 미량 영양소의 부족을 초래하므로 성장기의 어린이나 임신부, 수유부, 소화흡수 기능이 저하된 노령자는 지나치게 섭취하지 않도록 주의를 요한다. 정상인의 경우 1일 섭취기준은 20~35g이며, 미국의 경우 10~15g, 일본의 경우 17~25g 정도 섭취하는 것으로 알려져 있으나, 우리나라의 경우에는 어느 정도로 섭취하는지 역학조사로도 파악되지 않고 있다. 식생활의 서구화로 인해 점점 식이섬유 섭취량이 부족할 것으로 사료된다.

표 15-2	식이섬유의 물리 및 생리적 특성과 질병	
물리적 성질	생리적 성질	질병
보수성(팽윤성)	변량 증가, 장내압 및 장압저하	변비예방, 충수염, 장게실염 예방
확산, 저지작용 형성	식사영양분 흡수 억제, 당질, 콜레스테롤, 담즙산 감소	비만, 당뇨병, 동맥경화, 지혈증 및 담석증 예방
양이온과 결합 또는 교환작용	Ca, Fe, Zn과 결합, Na과 K의 교환작용	지나친 섭취는 무기질 결핍증 초래
난소화성	장내세균총 변화, 장의 연동촉진, 장내 유해균 억제 (유해물질 생성 억제)	변비 예방, 대장암 예방

2) 올리고당

전분에서 유래된 올리고당(oligosaccharides)은 단당이 2~10개의 중합도로 구성되어 있으며 전분은 물에 녹지 않을 뿐더러 감미를 띠지 않는 데 비해 올리고당은 물에 잘 녹고 포도당보다 감미도가 낮으므로 저감미료로 사용된다. 올리고당의 여러 가지 특성은 저감미 효과와 맛의 개량효과, 보수성과 노화방지 효과, 비피더스균 증식인자, 충치 예방, 비만방지, 콜레스테롤 축적방지 및 포접특성 등을 가지고 있으므로 기능성 식품으로 각광을 받고 있으며, 식품첨가물로서 더 신장될 전망이다. 올리고당을 이용한 식품으로는 음료, 과자류, 빙과류, 빵, 잼, 디저트류 등 다양하다. 올리고당 알코올로는 에리트리톨, 자일리톨, 리비톨, 말티톨 등 몇몇 알코올도 이용되고 있다. 국내에서 생산하거나 이용하고 있는 올리고당은 이소말토 올리고당, 프락토 올리고당, 갈락토 올리고당, 락토 올리고당, 대두 올리고당 등이다.

식이섬유소의 소화관 내 작용

① 소화관 운동을 활발하게 한다.
② 변 용적을 증가시킨다.
③ 내용물의 소화관 통과시간을 단축시킨다.
④ 장내압 및 장압을 저하시킨다.
⑤ 식사 성분의 소화흡수를 저해한다.
⑥ 간에 순환하는 담즙산을 감소시킨다.
⑦ 장내 세균총을 변화시켜 장내 환경을 개선시킨다.

3) 키틴과 키토산 (chitin and chitosan)

키틴(chitin)은 새우, 게 등 갑각류의 껍질, 갑충의 갑피 등에 함유되어 있는 점질 다당류의 일종으로 생체 내에서는 당단백질로 존재한다. 일반적으로 묽은 산에 불용성인 것을 키틴, 가용성인 것을 키토산이라 부르며 현재 시판되는 키토산은 70~80% 탈아세틸화한 것이다.

키틴과 키토산의 생리 효과 및 활용도

• 키틴은 생물분해성이 있고 비항원성이므로 의료용 재료로 유용하게 쓰인다. 예를 들면, 생체흡수 봉합사 및 인공피부로 개발되어 이용되고 있다.
• 화장품 등에는 보호 콜로이드 형성 등의 기재로 이용된다.

- 면역부활제
- 항균 · 항곰팡이제
- 항콜레스테롤제
- 식품에의 이용은 식이섬유와 유사기능으로 장내 유용세균성 인자(비피더스인자) 등 다양하게 이용되고 있다.

4) 사포닌(saponin)

약 500여 종의 식물이 사포닌을 함유하고 있으며 식물에 따라 사포닌의 종류에는 차이가 있다. 사포닌은 영양소의 이용률 감소, 효소의 활성도를 감소시키는 항영양물질로 알려져 왔다. 하지만 사포닌의 혈중 콜레스테롤 감소효과, 항암효과, 면역증진 효과 등이 밝혀지면서 각종 만성질환을 예방할 수 있는 물질로 사포닌에 대한 연구가 진행되고 있다. 사포닌의 중요한 급원인 인삼과 콩에 함유된 사포닌에 대하여 언급하고자 한다.

① 인삼

인삼은 우리나라를 비롯한 동양에서 여러 가지 건강증진 기능을 가진 전통적인 약재로 이용되고 있으며 현재 생활수준의 향상으로 건강에 대한 관심이 높아지면서 인삼을 이용한 건강식품의 소비가 증가되고 있다.

오래전부터 건강식품으로 이용되어온 고려인삼은 오가피나무과, 인삼속에 속하는 다년생 초본류로 뿌리를 약용으로 이용한다. 인삼은 한의학적으로 중요한 보기약으로 알려져 있으며 체력증강, 피로회복, 소화기계, 신경계, 대사계, 순환기계 등의 기능조절을 위하여 이용되어 왔다. 인삼의 성분은 인삼특유의 성분인 인삼사포닌(ginsenoside)과 기타식물에도 존재하는 탄수화물, 함질소화합물, 지용성물질 등이 있다[표 15-3].

고려인삼의 사포닌은 거품을 내는 성질이 있는데 진정작용, 진통제, 항염, 정신질환 치료에 효과가 있고, 또 활력과 피로회복, 운동근력을 증진시킨다. 인삼은 가공방법에 따라 수삼, 백삼, 홍삼으로 나눈다. 수확하여 그대로 사용하는 수삼, 수삼을 그대로 또는 거피하여 건조한 백삼, 수삼을 98~100℃에서 쪄서 건조한

홍삼 등이 있다. 고려인삼의 홍삼에 인삼사포닌 32종, 백삼 22종, 미국삼 13종, 중국 전칠삼 14종으로 고려인삼으로부터 분리한 인삼사포닌은 미국삼이나 전칠삼보다 2배 이상 많은 종류를 함유하고 있다.

표 15-3	인삼의 함유성분
탄수화물(60~70%)	다당류, 올리고당, 서당, 섬유소, 펙틴
함질소화합물(12~16%)	단백질, 아미노산, 펩티드, 핵산, 알칼로이드
인삼사포닌(3~6%)	protopanaxadiol, protopanaxatriol, oleanolic acid
지용성물질(1~2%)	지질, 지방산, 기름, 피토스테롤, 페놀, polyacetylenes, terpenes
비타민(0.05%)	수용성 비타민
기타(4~6%)	무기질

② 콩

콩은 우리나라를 포함한 동아시아를 중심으로 각 지역의 식문화에 맞게 다양한 품종이 재배되고 있다. 우리나라에서 가장 많이 이용하는 메주콩은 주로 된장, 간장, 두부 또는 두유의 원료로 사용된다. 콩에는 단백질(40%)과 지방(20%)의 함량이 높고 자당(sucrose), 라피노스(raffinose), 스타키오스(stachyose) 등의 당류와 이소플라본(isoflavone), 사포닌(saponin)이 함유되어 있다. 이중 라피노오스(raffinose)와 스타키오스(stachyose)는 올리고당으로 사람의 소화효소로 분해할 수 없고 장내세균에 의하여 분해되어 장내 비피더스균 증식인자로 이용된다. 대두에는 제니스테인(genistein), 다이드제인(daidzein)과 같은 이소플라본(isoflavone)류가 있어 이들은 여성호르몬인 에스트로겐과 비슷한 구조와 유사한 활성을 나타내므로 콩을 이용해 갱년기 관련 증상의 완화나 예방 목적으로 제품개발이 활발하게 이루어지고 있다.

대두 사포닌의 종류와 양은 대두의 품종, 재배방법, 재배지역, 이용부위에 따라 다르며 혈중콜레스테롤 감소, 항암작용, 면역증진작용 등 여러 가지 성인병의 치료와 예방에 효과가 있는 것으로 보고되고 있다. 대두 사포닌은 담즙산과 결합함으로써 콜레스테롤 축적을 저해하며 체내에서 과산화지질의 생성을 방지하고 지질대사에 관여하여 노화, 비만방지에 효과가 있는 것으로 알려져 있다.

5) 고도불포화지방산(polyunsaturated fatty acid, PUFA)

고도불포화지방산(PUFA)은 고등생물 체내에서 혈액순환계, 호르몬 분비계 및 면역계 등을 조절하기도 하며 여러 가지 생리작용을 갖는 호르몬 prostaglandin(PG)의 전구체로 작용한다. 또한 PUFA는 생체막의 구성성분으로서 막의 유동성을 조절하는 것 외에도 여러 가지 생리작용이 밝혀져 의약품이나 식품소재로 많이 이용되고 있다. 특히 등 푸른 생선(정어리, 전갱이, 고등어) 등의 어유에서 추출된 eicosapentaenoic acid(EPA)와 docosahexaenoic acid(DHA)는 항혈소판 응집작용이 우수하여 의약품과 건강식품으로 국내외에서 시판되고 있으며, 급증하는 성인병의 예방을 위한 기능성식품으로 각광을 받고 있다. 또한 식물성 기름에서 얻은 PUFA의 여러 가지 생리작용으로 이들을 함유한 가공식품들이 다양하게 생산되고 있지만 산화 안전성의 문제가 대두되고 있다[표 15-4].

표 15-4　고도불포화지방산 함유식품과 그 생리작용

지방산		함유식품	생리작용
n-3계	EPA DHA	정어리, 대구 정어리, 대구, 참치	항혈소판 응집, 항동맥경화, 혈압강하, 항종양
n-6계	LA GLA	홍화유, 해바라기유 달맞이꽃 종자유	막인지질의 기능발현, 콜레스테롤 저하, 항혈전 작용, 아토피성피부염 저감

(4) 건강기능성 식품의 제반 문제점

건강에 대한 관심증대와 더불어 건강 기능성식품은 명확한 정의도 없는 채 건강의 이미지를 획득해 오고 있다. 또한 건강식품이 큰 식품산업으로 성장해옴에 따라 건강식품 가운데는 유해무익한 것, 과대효과를 받은 것, 내용표시가 없는 것 등도 편승하여 소비자에게 혼란을 초래해, 결국 건강식품인지 비건강식품인지 분별없이 붐이 출현하고 있어 과대광고나 부당한 가격으로 폭리를 당해도 이에 대한 적극적인 방지책이 없다.

　제도적으로 영양성분 표시와 효능표시가 없이 애매모호하게 되어 있기 때문에 약효를 표시하면 약사법 위반이 되고, 내용표시를 하면 과대광고로 제재를 받는다. 예를 들면, 비피더스균을 넣은 의약품은 정장작용을 명시할 수 있지만 똑같은 비피더스균을 넣은 요구르트에 대해서는 정장작용을 명시할 수 없다. 또한 정확한 데이터에 근거한 것도 아니므로 건강식품에 의한 피해나 사고가 날로 증가하고 있는 실정이다. 건강식품을 과신 또는 맹신한 나머지 오히려 병을 악화시키는 경우도 있다. 건강을 유지하는 것은 건강식품만이 아니고 적절한 식사, 운동, 휴식과 그 외 다른 요인들도 있으므로 건강에는 자기 노력이 필요하다. 건강식품이 건전하게 발전하려면 첫째, 법적인 제도가 마련되어야 하고, 둘째, 과학적 근거에 입각한 유효성분의 표시나 섭취방법 등의 정확한 표시를 해야 하며, 셋째, 소비자가 바른 선택을 할 수 있도록 올바른 정보를 제공해야 하고, 넷째, 위생적으로 안전성을 확보하기 위한 사전검사나 철저한 품질관리 등이 필수요건이다. 유효성이 불확실한 것이나 위험성이 있는 건강식품은 하루 빨리 제거되지 않으면 안 된다. 과학적으로 증명된 유용성 표현은 허용하되 그 외의 광고는 엄격히 관리할 수 있는 제도가 마련되어야 할 것이다.

PART V
식품의 안전성

제16장 식품의 유해물질

생활수준의 향상과 고령화 사회로 전환됨에 따라 건강에 대한 관심이 증대되고, 식생활에 대한 욕구가 다양화, 고급화됨에 따라 식품의 안전성에 대한 관심이 부각되고 있다. 식품 안전성의 범위는 원료의 생산으로부터 조리, 가공, 저장 및 유통과정을 걸쳐 최종 소비까지 모든 단계를 포함한다. 의약품 등은 질병의 치료목적으로 단기간 섭취하면 되지만 식품은 일생을 통해 섭취하기 때문에 질병의 예방차원에서도 식품의 안전성은 매우 중요하다. 식품의 안전성을 해치는 요인으로는 식품첨가물, 방부제, 보존제, 농약, 중금속, 유해미생물 및 미생물 독성 등이 있다. 본장에서는 식품안전을 위협하는 유해성분, 국제무역화 시대에서 수입식품의 안전성, 유전자 재조합식품 등에 대해 살펴보고자 한다.

1. 유해물질의 분류

식품의 안전을 위협하는 유해물질을 원인에 따라 분류하면 [표 16-1]과 같이 내인성, 외인성 및 유인성으로 나눌 수 있으며, 외인성은 다시 식중독균이나 곰팡이에 기인하는 생물학적인 원인물질과 잔류농약, 식품첨가물 등과 같은 인위적 원인물질로 나눌 수 있다.

표 16-1	식품중의 유해물질 생성 요인별 분류	
내인성	동, 식물성 자연식품에 존재하는 고유 독성 성분(복어독, 패류독 등)	
외인성	생물학적 원인	· 식중독 원인균 · 곰팡이 대사산물
	인위적 원인	· 의도적 첨가(식품첨가물) · 비의도적 첨가(잔류농약, 환경오염 물질) · 가공과정(과오)
유인성	식품 중 어떤 성분들 간의 상호반응 또는 조리가공 과정에서 물리화학적 변화에 의해 생성되는 유해물질(nitrosamine 등)	

인간은 일생 동안 식품섭취를 통해 유해물질에 노출되고 미량이라도 그 분포가 광범위해서 유해물질과의 접촉은 피할 수 없어 급성중독 또는 만성중독을 일으킬 수 있다. 만성중독의 경우 발암성, 돌연변이, 기형, 알레르기 증상을 일으키는 원인이 된다. 식품 중에 존재하는 발암물질은 천연성분, 환경 오염물질, 가공 중에 생성된 성분의 3가지로 분류할 수 있다.

(1) 자연식품 중의 유독성분

우리가 일상적으로 섭취하는 자연식품 가운데는 유해한 독성물질이 상당히 많다. 유독성분 중 사람에게 발암성, 유전인자 손상, 식중독 등을 일으키는 식물성, 동물성 식품의 예를 들면, 우리가 즐겨 먹는 시금치는 수산을 많이 함유할 뿐만 아니라 아질산염도 함유한다. 아질산 그 자체는 암을 유발하지 않지만 위장에서 니트로사민(nitrosamine)을 만들어 발암을 유발한다. 또한 메주에서 아플라톡신(aflatoxin)과 같은 발암성 물질이 발견된 예와 같이 우리가 조금도 의심 없이 매일 섭취하는 식품 가운데는 식품첨가물과 같이 독성시험을 거친다면 금지될 식품이 많을 것으로 추정된다. 지금까지 밝혀진 동물성, 식물성 식품의 유독성분과 항암성분은 [표 16-2]와 [표16-3]과 같다.

1) 곰팡이독(mycotoxin)

곰팡이독(mycotoxin)은 곰팡이가 생산하는 유독성 대사산물로 곰팡이독의 원인식품은 곡류, 두류 및 이들의 가공품 등의 탄수화물 식품이 많다. 특히 우리나라에서는 곡류와 발효식품, 양조식품을 많이 섭취하고 고온 다습한 여름철 기후는 곰팡이 번식에 최적이므로 주의가 요망된다. 곰팡이독은 장애를 일으키는 장기나 생체 부위에 따라 간장독(hepatotoxins), 신장독(nephrotoxins), 신경독(neurotoxins) 등으로 분류할 수 있는데 대표적인 곰팡이독은 다음과 같다.

2) 아플라톡신(aflatoxin)

아플라톡신(aflatoxin)은 1960년 영국에서 10만마리 이상의 칠면조가 폐사하는 사고가 일어났는데, 그 원인불명의 질병을 칠면조 X병이라 불렀다. 그 원인을 조사

한 결과 곰팡이균 종류인 *Aspergillus flavus*가 생성한 발암성 물질인 아플라톡
신(aflatoxin)으로 판명되면서 곰팡이독(mycotoxin)에 대한 새로운 인식을 갖게 되
었다. 아플라톡신(aflatoxin)의 종류로는 13종이 알려져 있으며, 그 중 아플라톡신

표 16-2   자연식품의 고유 독성성분

식품명	독성성분	작용
A. 식물성 식품		
두류(대두, 완두콩, 땅콩)	saponin	적혈구 용혈작용
피마자	ricin	독성
살구씨, 복숭아씨	amygdalin(청산배당체)	독성
수수	dhurrin(청산배당체)	독성
리마콩	linamarin(청산배당체)	독성
면실유(목화씨 기름)	gossypol	독성
감자	solanine	용혈작용, 중추신경마비독성
감귤류(레몬즙)	isopimpinellin	독성
샐러리 파슬리	myristicin	환각작용
고사리	ptaquiloside(배당체)	방광암, 식도암
소철류(일본산)	cycasin	발암물질
청매(미숙매실)	amygdalin(청산배당체)	호흡중추 마비
버섯류	choline, muscarine	독성
독미나리	cicutoxin	독성
은행	청산함유물	독성
B. 동물성 식품		
복어	tetrodotoxin	독성(치사 12mg)
모시조개, 굴, 바지락조개	venerupin	독성
섭조개, 대합조개	saxitoxin	마비성 중독
독꼬치	tetrodotoxin과 유사	마비성 중독

표 16-3   식품 성분의 항암물질

식품명	성분	작용
감귤류, 고추, 토마토, 녹색채소	비타민 C	nitrosamine 생성 억제
밀배아, 대두, 옥수수 기름	tocopherol(vit. E)	항산화효과로 암세포 성장 억제
인삼, 영지버섯	배당체, 사포닌	항암성
통밀, 시래기, 곤약	섬유질	대장암
무(채소)	glutathione	항암성
무기질	selenium	항암성

B1(aflatoxin B1, Blue형광)과 M1(aflatoxin M1, 생체대사산물)이 가장 강력한 발암성 물질로 판명되었다.

3) 황변미독(yellow rice toxin)

쌀의 수분함량이 14~15% 이상인 조건에서는 많은 종류의 곰팡이가 번식하여 쌀의 맛, 색, 외관상의 변화를 초래하고 해로운 독성물질을 생성하는데 페니실리움 (penicillium) 속의 곰팡이가 오염되어 증식하면서 황색의 색소를 생성하여 황변미 (yellow rice)를 만들고 이 곰팡이에 의하여 생성된 독소를 황변미독이라고 한다. 황변미는 동남아시아권의 나라에서 많이 발생하는데 대만 쌀에서 분리된 유해 독소 성분인 시트레오비리딘(citreoviridin)은 신경독으로 마비를 일으키며, 태국 쌀에서는 신장독인 시트리닌(citrinin)이 물의 재흡수를 방해하여 소변의 양을 증가시키고 신장염을 일으킨다. 이와 관련하여 쌀을 주식으로 하는 동양인에게서 각기병(일본에서)과 간경변, 또는 간암의 발생이 구미보다 많은 사실은 황변미와 무관하지 않다는 추측이 나오고 있다.

(2) 식품의 가공 조리에 의한 유독성분

식품의 가공, 저장기술의 발달로 미생물 오염에 의한 식중독은 급격히 감소한 반면, 식품 성분들 간, 첨가물과 식품성분 간 또는 그 외 성분들 간의 상호작용에 의해 새로운 화합물이 생성되어 독성을 나타낸다. 따라서 가공식품 섭취에 따른 안전성이나 건전성, 특히 발암성이나 유전인자 손상 등의 문제에 관심이 집중되고 있다. 최근 들어 식품의 가공 저장과정에서 2차적으로 생성되는 발암물질이나 식품성분이 가열분해나 산화분해에 의해 생성된 물질들 사이에서 2차적으로 생성된 발암물질보다 변이원성 물질에 의한 독성이 더 문제가 되고 있다.

1) 아질산염에 의한 발암성 니트로사민

식품성분이나 식품첨가물 자신은 변이원 활성이 없이도 상호반응에 의해 강력한 발암물질이나 변이원성 물질을 생성할 수 있다. 한 예로 아질산염이 육제품에 발색제 또는 보존제로 첨가되어 가공되는데, 아질산염이 육류 중 아민류와 반응하여 발암물질인 니트로사민(nitrosamine)을 생성한다. 식품의 안전성을 생각할 때는 니트로사민뿐만 아니라 그 전구체가 되는 아민, 아질산염, 질산염의 존재에 대해서도 관심을 가져야 한다. 아민은 식품 중 특히 어패류에 많으며 질산염은 채소 특히 절임채소에 함유되어 있다. 아질산염은 육류의 색소고정 외에 식중독균(*Clostridium botulinum*)의 성장억제를 위해 통조림류 등에 사용되고 있다. 지금까지 알려진 100여 종의 니트로사민의 80%는 실험동물에서 발암성으로 밝혀졌다. 베이컨과 같은 육제품에 아질산 첨가 시 비타민 C를 첨가하면 니트로사민 생성이 억제되며 비타민 E도 억제효과가 있는 것으로 알려져 있다.

2) 식품의 가열에 의한 발암성 및 변이원성 물질

① 다환 방향족 탄화수소(polycyclic aromatic hydrocarbons, PAH)

PAH는 산소가 부족한 상태에서 식품이나 유기물을 가열할 때 생기는 타르(tar)상 물질의 구성성분으로 그 중 벤조피렌[benzo(a) pyrene]은 강력한 발암성 물질로 알려져 있다. PAH의 생성은 식품을 300℃ 이상의 온도로 가열할 때 촉진되며 벤조피렌은 숯불로 구운 스테이크, 바비큐한 갈비, 구운 고등어, 볶은 커피 등에서도 검출되었다. 벤조피렌은 훈제한 식품에서도 검출되고 있는데 훈연한 양고기나 생선을 즐겨 먹는 아이슬란드 사람에게 위암 발생률이 높은 것으로 보고되고 있다.

② 헤테로고리 아민류(heterocyclic amines)

벤조피렌 외에 구운 생선이나 육류로부터 새로운 돌연변이 유발 물질인 헤테로고리 아민류가 발견되었다. 특히 최근에는 마이야르(Maillard) 반응(아미노산과 당의 반응)에 의해서도 생성된다는 사실이 밝혀졌는데 구운 생선이나 햄버거에서 돌연변이 유발성분 등이 검출되고 있다. 이와 같이 조리에 의한 변이원성 물질과 발암물질의 생성을 억제하기 위해서 대두단백 농축물이나 합성항산화제인 BHA 등을 첨가하면 이들의 생성을 억제할 수가 있다.

③ 아크릴아마이드

아크릴아마이드는 국제 암 연구소에서 동물 실험결과 유전자 변형, 위종양 및 신경독성을 유발하며 인간에게 암을 유발할 가능성이 있는 물질로 분류한 바 있는 독성물질이다. 2002년 스웨덴 식품규격청이 감자튀김, 감자칩 등 특정식품을 고온에서 튀기거나 굽는 경우 아크릴아마이드가 생성되는 것을 처음으로 보고하면서 식품분야에서 주목받기 시작했다. 식품에서 아크릴아마이드는 과당, 포도당 등 환원당이나 반응성 카르보닐이 아스파라긴(asparagine)과 같은 아미노산과 고온에서 '갈색화반응(Maillard reaction)'이 일어날 때 부산물로 생성되는 것으로 알려져 있다. 또한 120℃ 이상의 온도에서 조리 및 가공했을 때 자연적으로 식품에서 생성된다. 아크릴아마이드의 생성량은 가열시간에 따라 증가하는 것으로 알려져 있으며 감자 등과 같은 탄수화물 함량이 높은 원료를 고온에서 조리 가공하는 스낵류, 튀김류, 빵류 등에 함량이 상당히 높은 것으로 보고되고 있다. 아크릴아마이드는 신경독성, 유전독성, 생식독성/기형유발성, 신장독성 및 간독성 등의 표적장기 독성을 나타낸다.

2. 수입식품의 안전성

국제적 교류가 빈번해짐에 따라 식료품의 교역도 빈번하게 이루어지고 있어 식품의 원재료인 농수산품, 축산품 및 가공식품의 수입이 크게 증가하고 있다. 2010년 식품의 수입규모는 103억 달러로 2009년에(84억 달러) 비해 22%가 증가하는 등 해마다 늘어나는 추세다. 따라서 수입된 농·수·축산물의 안전성이 심각한 문제로 대두되고 있는데, 그 위험요소로는 잔류농약, 항생물질, 유독성 미생물, 병원성 세균, 화학물질오염, 성장호르몬, 방사능오염, 식품첨가물 오염 등을 들 수 있다. 가장 심각하게 생각되는 것은 수확 후 잔류농약에 대한 안전성과 축산물 수입품에서 사료첨가물 오염 중 항생제와 호르몬제의 사용을 들 수 있다. FTA 협상으로 수입식품은 앞으로 더욱 증가될 것이므로 안전대책이 요망된다.

(1) 잔류 농약

농약은 농산물의 생산, 저장, 유통과정 중 병해충, 병균 또는 잡초로 인한 농산물의 손실을 방지하기 위하여 사용하는 물질로서 안정적인 식량공급에 크게 기여하고 있다. 특히 현재에는 농촌인력이 격감하면서 농약은 노동력 부족을 대체하는 중요한 수단이 되고 있다. 그러나 농약의 사용이 증가하면서 식품 중 농약의 잔류 가능성이 높아지고 있는데 식품 중의 잔류 농약은 그 잔류성과 만성중독이 알려짐에 따라 안전성의 문제가 대두되어 왔다. 농약의 잔류기간에 따라 비잔류성 농약, 중간 잔류성 농약, 잔류성 농약으로 구분하며, 농약 잔류물이 75~100% 사라지는데 걸리는 시간은 비잔류성의 경우 1~12주로 유기인계 및 카바메이트계 살충제가 포함된다. 중간 잔류성은 1~18개월, 잔류성 농약은 잔류기간이 2~5년 이상으로 종자소독, 토양소독 및 도열병 예방에 사용되는 유기염소계 살충제(DDT, 알드린, 디엘드린, 엔드린, BHC 등)가 포함된다.

농산물에서 농약의 제거방법은 농산물 및 농약의 종류에 따라서 차이가 있지만 일반적으로 비침투성 농약은 흐르는 물로 씻거나 껍질을 벗겨내면 상당부분 제거할 수 있다. 채소나 과일의 경우 많은 양의 물에 담가 씻은 후 흐르는 물에 수차례 더 씻으면 대부분의 농약을 제거할 수 있다.

(2) 수확 후 농약처리

수확 후 농산물의 품질을 유지하기 위해서 여러 가지 방법을 사용하는데 구체적인 예는 농약, 방사선 조사, 마이크로파 조사, 온도, 습도, 기체의 조절, 선별 왁스처리, 세정, 포장, 에틸렌처리 등을 들 수 있으며, 그 중 가장 심각한 것은 농약이나 훈증제에 의한 약제 처리이다. 농산물을 수확한 후 저장, 수송 중에 발생하는 해충, 곰팡이, 부패나 발아 방지(감자, 양파)의 목적으로 사용되고 있으며, 채소나 과실의 경우 선진국은 5~25%, 개발도상국은 20~50%의 손실을 초래하므로 이를 방지하기 위한 조치로 약제처리를 한다.

우리나라에서도 수확 전에 농약 사용이 상식화되어 있지만, 수입의 경우는 대량 장기 저장, 장거리·장시간 수송이 요구되므로 수확 후 곡물, 과실 등에 대한 농약의 사용이 인정되어 광범위하게 사용되고 있다. 잔류량도 수확 전 처리보다 높은 것으로 나타나서 그 심각성은 더욱 크다. 최근 급증하고 있는 수입 농산물의 경우 통과 시 검역기관에서 규제를 하고 있으나, 현실적으로 대부분 서류검사 내지 관능검사 정도로 통과되고 있어서 이를 감식할 수 있는 신속하고도 고도의 기술을 갖춘 검역 시스템이 절실히 요구된다.

(3) 항생제 및 호르몬제의 사용

항생제나 호르몬제 사용은 수입식품에만 국한되는 것이 아니고, 국내 축산식품, 양식어 등에도 해당되는 심각한 식품오염의 문제이다. 사료에 첨가하는 각종 호르몬제와 항생물질 같은 축산의약품들은 대부분 배설되지만 사용시기와 도축시기 간의 기간이 짧거나, 오랜 기간 동안 지속적으로 사용했을 때에는 동물성 식품 내에 잔존할 수 있어 문제가 되고 있다. 식품에 잔류하는 항생제는 미량이지만 항생제의 내성 증대로 균교대증과 알레르기 증상을 초래한다. 항생제 중에는 스트렙토마이신, 클로람페니콜, 노보비오신 등이 많이 사용되고 있다. 또한 소의 비육을 촉진시키고 사료의 효율을 높여 단백질이 많은 적색의 육질을 생산하기 위한 수단으로 호르몬제를 사용하는데 그 중 대표적인 것으로 디에틸스틸베스트랄이 광범위하게 사용되고 있으며, 이는 발암물질로 판명되었다. 디에틸스틸베스트랄이 잔류한 식품을 섭취한 유아에서 성적 발육 이상이 밝혀져 EU 국가들은 1989년부터 사용금지 조치와 수입도 금하고 있다. 그 외에 사용이 허가된 약제라도 사용 휴식기간에 출하가 원칙이지만, 이를 어기고 출하하는 것이 문제가 된다.

3. 유전자 재조합 식품

(1) GMO의 정의와 개발 목적

유전자 재조합 생물체(genetically modified organism, GMO)란 유전자재조합기술을 이용하여 어떤 생물체의 특정형질을 가진 유전자를 다른 생물체의 염색체에 넣어 특정한 목적에 맞도록 만든 생물체이다. GMO는 종류에 따라 유전자재조합식물(GM 식물), 유전자재조합동물(GM동물), 유전자재조합미생물(GM미생물)로 분류된다.

유전자 재조합(GM) 식품의 정의는 안전성 평가심사를 거친 유전자 재조합 생물체를 원료로 사용하여 제조 · 가공한 식품 또는 식품첨가물이다. 예를 들면 GM 식품은 GM 농산물인 GM 콩으로 만든 두부, 콩기름, 콩가루, 된장, 간장과 GM 옥수수로 만든 옥수수과자, 옥수수기름, 옥수수전분, 수프, 옥수수차를 말한다.

GM 농산물은 1996년에 처음 상업화되었고, 2010년도 기준 콩, 옥수수, 면화, 유채를 중심으로 29개국 1억 4,800만ha의 농지에서 재배 중이다. 또한 사탕무, 알팔파, 감자, 쌀, 밀, 멜론, 레드치커리, 토마토, 호박, 파파야, 아마 등도 개발되었다. 2011년 5월 현재 우리나라에서 안전성 심사를 거쳐 수입이 승인된 것은 5개 작물(콩, 옥수수, 면화, 유채, 사탕무) 66품목이 있다.

GMO 개발의 목적과 이용가치는 무엇인가?

개발의 목적은 지속적인 인구의 증가와 경지 면적의 감소에 따른 식량 문제 해결, 식품의 기능성 강화, 에너지원 개발, 환경문제, 난치병 치료 등의 대안으로 개발되었는데 GMO는 식품, 가축사료, 의약품, 에너지원 등을 만드는 데 광범위하게 사용되고 있다. 예를 들어 GM옥수수는 식품과 사료로도 사용되며, 포도당의 주사약이나 자동차 연료로 사용되는 에탄올을 만드는 데도 사용된다. 또한 GM 동물이나 GM 미생물은 질병 치료를 위한 백신, 호르몬과 같은 의약품 생산에도 이용되고 있다.

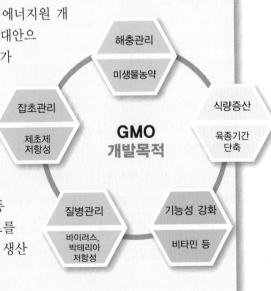

(2) 유전자 재조합 식물의 발생과 현황

GMO 식물이 최초로 미국 식품의약청(FDA)의 승인을 얻어 판매가 허용된 것은 1994년 미국 칼젠사가 개발한 'Flavr Savr'라는 상표의 토마토이다. 토마토는 숙성과정에서 물러지게 되는데, 칼젠사는 이 과정에 관여하는 유전자 중의 하나를 변형하여 수확 후에도 상당 기간 단단한 상태를 유지하도록 하였다. 그런데 GMO 식물이 본격적으로 환경단체나 소비자단체의 주목을 받기 시작한 것은 1996년 미국 몬산토사가 개발한 'Round-Up Ready Soybean'이라는 상표명의 대두와 스위스 노바티스사가 개발한 충해에 내성을 가지도록 개발된 'Bt maize'라는 상표의 옥수수가 본격적으로 상품화되면서부터이다.

유전자 조작 기술을 통해 선진국을 중심으로 GMO 식물의 개발과 상품화가 해마다 급속도로 확산되고 있다. 2010년 전세계 GM 농산물 재배면적은 1억 4,800만ha이다. 이중 미국이 6,680만ha(45.1%)를 점유하고 있으며, 브라질 2,540만ha(17.1%), 아르헨티나 2,290만ha(15.5%), 인도 940만ha(6.4%), 캐나다 880만ha(6%), 중국 350만ha(2.4%), 파라과이 260만ha(1.8%), 파키스탄 240만ha(1.6%), 남아공 220만ha(1.5%) 등 9개국이 전체 재배면적의 97.4%를 점유하고 있다. GMO 식물체는 병충해 저항성, 제초제 저항성 및 품질개선작물의 개발이 주를 이루고 있다.

(3) GMO 표시기준

EU는 1998년 9월부터 GMO 표시제를 시행 중이며, 일본은 2001년 4월, 호주 및 뉴질랜드는 2001년 9월부터 시행하고 있다. 우리나라에서는 2001년 3월부터 유전자조작 농산물, 그리고 2001년 7월부터 유전자 조작 식품에 대하여 의무 표시제(labelling)가 시행되었다. 대상은 콩ㆍ콩나물ㆍ옥수수이며, 감자는 2002년 3월부터 시행되었다. 최근 식품의약품안전청은 유전자재조합식품에 대한 소비자 알권리를 강화한 유전자재조합식품 표시기준 개정(안)을 2008년 10월 7일 입안예고하였는데 그 내용은 다음과 같다.

√ GM 농산물의 원료함량과 관계없이 GM 농산물을 사용한 모든 가공식
　품에 GMO 표시 의무화

√ 지금까지 최종제품에서 검사가 불가능하여 표시 대상에서 제외되어 왔
　던 간장, 식용유, 전분당, 주류 또는 이들을 원료로 사용한 모든 가공식
　품도 GMO 표시 의무화

√ GMO-free(무유전자재조합식품, GMO 0% 원료사용) 등에 대한 정의 및 강조
　표시 규정을 신설하여 업체로 하여금 제품광고 및 표시에서 무분별한 용
　어 사용을 방지하고 이로 인한 소비자의 오인혼동을 피하도록 함

유전자 재조합 표시대상 식품

• 콩가루, 콩통조림, 두부, 전두부, 가공두부, 두유류, 두류가공품
• 된장, 고추장, 청국장, 혼합장, 조림류, 메주, 영양보충용 식품
• 기타 영·유아식, 옥수수가루, 옥수수통조림, 곡류가공품
• 옥수수전분, 팝콘용 옥수수 가공품, 과자류, 빵 및 떡류, 견과류
• 영아용 조제식, 성장기용 조제식, 영·유아용 곡류 조제식
• 기타 콩, 옥수수, 콩나물을 주요 원재료로 사용한 식품
• 기타 위의 식품을 주요 원재료로 사용한 식품

(4) 유전자 재조합 식품에 대한 논란

GM 식품의 안전성에 대한 논란이 계속되고 있는 가운데 각국의 GMO에 대한 정
책은 개발국, 즉 수출국과 수입국의 입장에 차이가 많이 있다. 개발국과 수출국에
서는 '실질적 동등성'을 들어 안전하다고 주장하는 긍정적인 측면과 그린피스, 환
경단체, 세계 소비자단체, NGO 등은 안전성이 입증되지 않은 식품이므로 유통을
금지시켜야 한다는 입장을 표명하고 있으며, 이에 대한 항의 및 저항운동을 전개
하고 있다. GM 식품의 긍정적, 부정적 측면을 보면 다음과 같다.

1) 긍정적 측면

① 식량문제의 해결로서 해충과 잡초에도 잘 견디는 품종으로 단시간 내에 많은 수확량을 올릴 수 있기 때문에 기아에 허덕이는 인류의 식량문제를 해결할 수 있다는 측면이다.

② 영양 개선이 가능하다. 맛과 영양을 획기적으로 개선하거나 약용 성분을 주입하여 영양 결핍을 해결할 수 있다. 더불어 특정 영양소를 강화하면 만성 영양 결핍에 의한 영양 상태를 획기적으로 해결할 수 있다.

③ 환경오염 감소의 측면으로 제초제·살충제 저항성 GMO 작물은 농약에 의한 환경오염을 줄일 수 있다.

2) 부정적 측면

① 안전성에 대한 장기간의 연구결여, 즉 전통적으로 인간이 섭취하지 못하던 부분이 도입되므로 인간이 섭취하는 음식물의 기본성질이 변하게 되고, 장기간에 걸친 시험을 통하지 않고는 안전성을 확신할 수 없다는 입장이다.

② 환경에 미치는 장기간의 연구 결여

③ 유기농업 및 기존농업의 기회 감소

④ 저항력이 약한 노약자나 어린이, 알레르기가 있는 사람이 섭취하였을 경우 부작용의 발생 우려

⑤ 생태계 교란으로 인한 환경 파괴

⑥ 살충제 및 제초제 등 내성 유발의 가능성이 있다.

제17장 식품첨가물

다변화 사회에서의 가공기술의 발달과 소비자의 다양한 요구에 따른 새로운 가공식품의 생산과 소비의 증가로 식품첨가물의 만성적 섭취 및 새로운 식품첨가물의 등장으로 예기치 못한 유해물질이 식품의 안전성을 위협하고 있다. 우리나라 식품위생법에서는, "첨가물이라 함은 식품의 제조, 가공 또는 보존함에 있어서 식품에 첨가, 혼합, 침윤, 기타의 방법에 의하여 사용되는 물질을 말한다." 라고 식품첨가물에 대해 정의하고 있으며, FAO와 WHO의 합동 전문위원회(Joint FAO/WHO Export Committee on Food Additives)에서는 '식품첨가물이란 식품의 외관, 향미, 조직 또는 저장성을 향상시키기 위한 목적으로, 보통 적은 양이 식품에 첨가되는 비영양물질'이라고 정의하였다. 본 장에서는 식품의 제조, 가공, 보존에 많이 사용되는 중요한 첨가물을 중심으로 그의 사용 목적과 규격 기준 및 유해성에 대해 살펴보고자 한다.

1. 식품첨가물의 종류와 규격기준

현재 법적으로 허용된 첨가물은 천연첨가물과 화학적 첨가물로 나누고 있다. 천연첨가물은 '천연의 동물, 식물 및 광물 등에서 추출한 유효성분을 분리 정제하여 얻어진 것'이고 화학적 첨가물은 '화학적 수단에 의해 화학반응을 통해 얻어지는 물질'을 말하는데 타르색소와 같이 자연계에 존재하지 않는 물질을 말한다. 천연첨가물은 생산량에 따라 수급이 불안하고 보편적으로 가격이 비싸기 때문에 화학적 첨가물을 개발 보급하게 되었다.

2010년 우리나라 식품첨가물 공전에 수록된 허가된 첨가물은 595개 품목으로 이 중 화학적 합성품은 400개 내외 품목이 등록되어 있고 천연첨가물은 감색소 등 200개 내외 품목이 등록되어 있다. 식품첨가물 중 특히 화학적 합성품의 안전성이 문제가 되고 있어 우리나라 식품위생법에서는 화학적 합성품에 대해 규격과 기준을 엄격히 규제하고 있다. 앞으로 식품첨가물의 종류는 가공기술의 발달로 더욱 다양해질 것이며 소비량도 증가될 전망이다. 사용목적에 따른 식품첨가물의 종류는 [표 17-1]과 같다.

표 17-1	식품첨가물(화학적 합성품)의 사용목적별 분류	
사용목적	**명칭**	
관능의 만족	조미료, 감미료, 산미료, 착색료, 착향료, 발색제, 표백제	
변질, 변패의 방지	보존료, 살균제, 산화방지제	
품질의 개량 및 품질 유지	품질개량제, 밀가루개량제, 호료제, 안정제, 유화제, 피막제, 추출제용제	
식품의 제조	소포제	
영양 강화	강화제	
기 타	팽창제, 껌기초제	

(1) 착색료

식품의 색깔은 냄새, 맛과 더불어 상품적 가치를 결정하는 데 중요하므로 식품의 천연색 모방 및 미화를 위해 사용하며, 인공착색료인 타르색소의 안전성이 문제가 되고 있다. 천연색소로는 캐러멜, 파프리카 추출색소, 카로틴 등이 사용되며, 카로틴은 지용성이기 때문에 지용성 식품에 유용하나 천연색소는 많은 양을 생산하기가 어려워 비경제적이며 가공과정에서 불안전하여 색을 보존하기 어렵다. 한편 인공착색료는 타르계 색소 16종과 비타르계 10종으로 모두 26종이 허가되어 있으며[표 17-2], 타르계 색소는 원래 석탄타르에서 얻었기 때문에 얻어진 이름이나 현재는 여러 중간소재로 합성하고 있다. 최근 적색 2호가 쥐에서 임신율을 저하시키고 사산을 유발시키는 독성이 보고되어 있으며, 황색 4호는 어린이들에게 과민증과 알레르기 반응을 일으키는 것으로 알려져 있다. 현재 국내에서 허가된 타르계 색소의 종류는 [표 17-2]와 같다.

표 17-2	우리나라에서 허가된 타르계 색소의 종류
타르계 색소	식용색소 녹색 제3호 (fast green FCF) 식용색소 녹색 제3호 알루미늄레이크 식용색소 적색 제2호 (amaranth) 식용색소 적색 제2호 알루미늄레이크 식용색소 적색 제3호 (erythrosine) 식용색소 청색 제1호 (brilliant blue FCF) 식용색소 청색 제1호 알루미늄레이크 식용색소 청색 제2호 (indigocarmine) 식용색소 청색 제2호 알루미늄레이크 식용색소 황색 제4호 (tatarzine) 식용색소 황색 제4호 알루미늄레이크 식용색소 황색 제5호 (sunset yellow FCF) 식용색소 황색 제5호 알루미늄레이크 식용색소 적색 제40호 (alura red) 식용색소 적색 제40호 알루미늄레이크 식용색소 적색 제102호
비타르계 착색료	동 클로로필 (copper chlorophyll) 동 클로로필린나트륨 (sodium copper chlorophylline) 동 클로로필린칼륨 (potassium cooper chlorophylline) 철 클로로필린나트륨 (sodium iron chlorophylline) 수용성 안나토 (annato water soil) 카르민 (carmine) 베타 카로틴 (β-carotene) 베타-아포-8-카르티날 (β-apo-8-carotenal) 삼이산화철 (iron sesquioxide) 이산화티타늄 (titanium oxide)

(2) 발색제

발색제는 자신이 직접 색을 나타내는 것은 아니고, 식품에 첨가했을 때 식품 중의 어떤 성분과 반응하여 색을 안정화시키는 물질을 말한다. 육류제품에는 아질산염과 질산염이 육류의 적색소인 미오글로빈과 결합하여 안정한 선홍색으로 고정시켜 육제품 생산 시 사용되고 있다. 또한 가지에는 황산제일철이 작용하여 청록색의 고운색을 낸다. 아질산염은 발암성 물질로 안전성이 문제가 되고 있다. 허용 발색제와 대상 식품은 [표 17-3]과 같다.

표 17-3	허용 발색제와 대상식품
발색제	**대상식품**
아질산나트륨(sodium nitrite)	식육가공품, 경육제품, 어육 소시지, 어육햄, 명란젓, 연어알젓
질산나트륨(sodium nitrate) 질산칼륨(potassium nitrate)	식육제품 및 경육제품, 어육 소시지, 어육햄류 및 치즈, 대구알 염장품
황산제일철(건조) 소명반(bunt alum)	된장에는 사용금지

(3) 조미료 및 감미료

조미료는 식품첨가물 중 가장 많은 품목으로 식품의 조리, 가공에 있어서 식품 본래의 맛을 돋우거나 기호에 맞게 조절하여 맛과 풍미를 향상시키는 물질로, 맛의 종류에 따라 감미료, 산미료, 염미료 등으로 분류되며, 이 중 유해성 논란이 되고 있는 것은 사카린(발암 촉진 물질)과 글루타민산 나트륨(MSG)이다.

(4) 표백제

표백제는 식품의 원료나 가공된 제품에 특정한 색택이 있어 상품적인 가치를 떨어트리는 경우 색소나 발색에 관여하는 물질에 작용하여 탈색 혹은 무색화시키는 작용을 하는 첨가물이다. 표백제는 산화표백제와 환원표백제로 구분할 수 있는데 표백제 사용 시 식품 중에 아황산이 잔존할 수 있어 유해성이 문제가 되고 있다. 허용 표백제와 그 대상 식품은 [표 17-4]와 같다.

표 17-4	허용 표백제와 대상식품
표백제	**대상식품**
메타아황산칼륨(potassium metabisulfite)	당밀 및 물엿, 엿
아황산나트륨(sodium sulfite)	과실주
산성 아황산나트륨(sodium bisulfite)	과실주스, 농축과실즙과 과실류
치아황산나트륨(sodium hyposulfite)	건조과실류
무수아황산(sulfur dioxide)	새우살, 설탕, 양조식초

(5) 보존제

보존제는 식품의 변질 및 부패를 방지하고 식품의 영양가와 신선도를 유지시켜 주는 물질이다. 보존제는 부패미생물의 발육을 저지하는 정균작용(bacteriostatic action)과 살균작용(bacteriocidal action)으로 식품 및 세균이 생산하는 효소를 억제함으로써 방부 역할을 한다. 보존제는 다소의 독성이 있으므로 그 성분규격, 사용기준을 잘 지키도록 해야 한다. 허용보존제와 그 대상 식품은 [표 17–5]와 같다.

표 17–5   허용 보존제와 대상식품

보존제	대상식품
안식향산(benzoic acid) 안식향산나트륨(sodium benzoate)	과실, 채소류음료, 탄산음료류, 인삼/홍삼음료
소르빈산(sorbic acid) 소르빈산 칼륨(potassium sorbate)	치즈, 식육, 경육, 장류, 어육연제품
파라옥시향산 에틸 (ethyl–ρ–hydrozybenzoate)	간장
데히드로 초산 나트륨 (sodium dehydroacetate)	치즈, 버터류 및 마가린류
프로피오산나트륨(sodium propionate) 프로피오산 칼슘(calcium propionate)	빵류, 케이크류, 치즈, 잼류

(6) 산화방지제

식품을 보존할 때 공기 중의 산소에 의한 산화변질의 방지를 위해 사용하는 물질로, 주로 유지의 산패방지에 사용되고 있다. 유지나 유지식품에 자연성분으로 존재하는 자연항산화제(natural antioxidant)와, 유지성분의 산화를 억제하거나 유지식품의 저장성을 개선하기 위해 첨가되는 합성항산화제(synthetic antioxidant)로 분류된다. 또한 구연산, 주석산, 인산, 피틴산, 비타민 C 등은 그 자신은 항산화력을 가지고 있지 않으나 항산화제와 함께 사용하면 그 효과를 증진시켜 주는 상승제(synergists)의 역할을 한다. 허용 산화방지제와 그 대상 식품은 [표 17–6]과 같다.

표 17-6	허용 산화방지제와 대상식품	
산화방지제	**대상식품**
디부틸히드록시톨루엔: 　　　　dibutylhydroxy toluene(BHT) 부틸히드록시아니솔: 　　　　butylhydroxy anisole(BHA)	어패 건제품, 어패 냉동품, 식용유지, 버터류, 마요네즈, 식육 중 가금류
몰식자산프로필: propylgallate	식용유지 및 버터류
아스코르빌 팔미테이트: 　　　　ascorbylpalmitate	식용유지류, 마요네즈, 조제유류, 영유아 곡류제조식
이디티에이 칼슘 이나트륨: 　　　　Ca disodium EDTA 이디티에이 이나트륨: disodium EDTA	드레싱 및 소스류, 통조림 또는 병조림, 캔/병 포장된 음료, 오이초절임, 양배추 초절임

(7) 영양강화제

강화제란 미량으로서 영양효과가 있고 식품의 영양강화를 위해 첨가되는 물질을 말한다. 영양강화제로 비타민류, 무기질, 아미노산 등이 많이 사용되며 비타민류는 항암 효과와 항산화 효과를 나타내는 것이 밝혀져 질병예방 차원에서도 권장되고 있다. 강화제는 안전성과 식품에 악영향을 주어서는 안 되며 소량으로도 효과가 있어야 한다.

2. 식품첨가물의 안전성

(1) 감미료

사카린은 1879년 발견된 이래 경제적이면서도 영양가 없는 인공감미료로 널리 사용되어 왔지만, 쥐에서 방광암을 유발한다는 실험 결과가 발표되면서 논란이 되어 왔었다. 하루 3g을 섭취하면 점막에 대한 국소자극작용, 소화저해, 신장저해, 방광종양 등을 일으키므로 최근 FDA는 성인의 경우 하루 1g 미만을 섭취하도록 권장하고 있다. 사카린의 단맛은 설탕의 300배이며 체중조절기능, 충치예방, 당뇨병 환자 식이에 사용된다.

1978년 사카린의 유해성 여론이 대두되면서 국내에서는 1990년 사카린의 사용기준을 특정식품에 한정하고, 1992년에는 절임식품류, 청량음료, 어육가공품 및 특수영양식품에만 사용토록 규제를 강화하였다. 2000년 정상적인 사용농도 및 방법으로 사용하면 인체에 무해하다는 연구결과가 밝혀지면서 현재 사카린은 미국, 유럽 등 전 세계적으로 사용되고 있다. 국내에서도 2011년 12월 소스종류, 탁주, 소주, 껌, 잼, 양조간장, 토마토 케첩, 조제커피 등 8개 품목에 대해 사카린을 사용할 수 있도록 '식품첨가물 기준 및 규격 일부개정안'이 제시되었다.

(2) 아질산염

육류가공품은 질산염이나 아질산염에 의해 선홍색의 nitrosomyoglobin(No-Mb) 및 nitrosohemoglobin(No-Hb)을 형성하며 독특한 핑크색을 띠어 안전한 육류의 색을 나타낸다. 또한 아질산염은 소금(NaCl)과 함께 식중독균(*Clostridium botulinum*)의 포자발아를 억제하여 항균작용을 나타내기도 한다. 그러나 아질산염은 식품 중의 아민과 결합하여 니트로사민(nitrosamine)을 형성하여 발암을 유발하는 것으로 알려져 있다. 따라서 2급 아민이 많은 수산식품에는 사용이 금지되어 있으며, WHO에서는 어린이용 식품에는 사용을 삼가도록 권장하고 있다. 이와 같이 질산염은 발암성의 문제가 있지만 보툴리누스균에 의한 식중독을 효과적으로 억제할 대체물질이 없기 때문에 현재까지도 발색제로 사용되고 있다. 허용된 발색제 중 아질산염은 식품위생법에는 식육가공품 70mg/kg, 어육소시지 50mg/kg으로 정하고 있다. 성인(50kg)은 식육가공식품 143g을 섭취할 경우와 어린이(20kg)의 경우에는 57g만 먹으면 ADI 값을 초과하게 되므로 어린아이에게는 질산염 첨가 햄이나 소시지의 섭취를 제한하고 있다.

(3) 아황산염

아황산염은 로마시대 포도주통 살균에 아황산가스가 사용되어 왔으며 안전한 것으로 생각되어 왔으나, 최근에는 소비 직전의 식품에 아황산염을 남용하는 것이 문제가 되고 있다. 아황산염은 기관지 천식을 유발하므로 이에 대한 위험성이 대두되고 있다. 식품에 사용되는 아황산염은 다음과 같은 기능을 가지고 있다[표 17-7].

표 17-7	아황산염의 기능과 사용 예
기능	사용 예
효소적 갈변화 방지	절단된 과일의 갈변화 방지, 새우의 흑반 억제
비효소적 갈변화 방지	감자가루 갈변 방지
세균 발육 억제	포도주 제조, 옥수수 전분 제조
밀가루 반죽 품질개선	냉동 밀가루 제품
표백작용	체리가공

국내에서 유통되는 식품 중 아황산염의 함량은 과자류, 건조어패류, 건조과일 채소, 토란, 연뿌리, 과실주에 평균 30ppm(허용기준) 이상이 검출되고 있다. 1966년 롱갈리트 사건을 시초로 하여 1980년대에는 대중식당용 상추의 변질방지, 연뿌리, 깎은 감자, 양파, 마늘 등을 비롯하여 건조과일, 건어물의 갈변방지에 아황산염을 남용한 예와, 1986년 건어물인 쥐치포의 건조에서 연탄불이나 벙커C유로 직접 가열하면 갈변방지를 경험적으로 알게 되어 이용해 왔다. 이러한 방법으로 건조된 쥐치포에서는 아황산(100~650ppm)이 다량 검출되어 문제가 된 예가 있었다. 법적으로 그 사용량은 30ppm(SO_2로서)으로 규정하고 있지만 슈퍼마켓이나 시장 기타지역에서 판매되는 채소류에 사용되는 아황산염량은 그 처리가 개인적으로 이루어지므로 실제는 그 기준치를 훨씬 넘고 있어서 문제가 되고 있다.

(4) 글루타민산 나트륨(MSG)

MSG(monosodium-L-glutamate)는 아미노산의 일종인 글루타민산 나트륨(MSG)이며 다시마의 맛 성분으로 일본에서 처음 생산되어 동양인의 식생활에 널리 사용되어

온 조미료이다.

MSG에 대한 유해성 논쟁은 1968년 미국의 Olney 박사의 연구 결과, 쥐에게 MSG를 대량 주사하면 뇌 조직 손상이 일어난다는 보고와 중국 음식점에서 MSG 과량 사용으로 음식을 먹은 후 수족의 저림이나 경직, 얼굴이 화끈거리고, 두통, 구토 등의 증세를 보이는 'Chinese restaurant syndrome'이 보고되면서 시작되었다. 그로 인해 FDA에서는 MSG에 대해 재검토한 결과 조미료로 사용되고 있는 수준에서는 인체에 해가 되지 않는다는 것으로 받아들여져 MSG는 안전한 식품첨가물로 인정되어 사용이 허가되어 왔다. 1973년 FAD/WHO에서는 MSG에 대한 인체 허용 1일 섭취량(ADI)을 체중 1kg당 153mg으로 설정하였고, 3개월 미만 어린이에게는 사용하지 않도록 권유해 오다가 1987년에는 다시 MSG는 독성이 낮기 때문에 건강상의 해를 주지 않을 것으로 판단하여 'not specified'로 규정하였으며 ADI를 철폐하였다. 일본이나 우리나라에서도 MSG는 안전한 식품첨가물로 인정되어 사용을 허가하고 있다.

제18장 식품과 환경·위생

1. 환경호르몬

2. 병원성 대장균

3. 광우병 (소해면상뇌증)

4. 구제역

5. 방사성 물질 오염경로 및 유해성

최근 우리의 식품이 환경에서 직·간접으로 유래되는 수많은 오염물질을 함유하고 있다는 사실은 전혀 놀라울 일이 아니다. 새로운 화학물질, 중금속, 농약, 방사능, 첨가물, 유해미생물 등외에도 먹이 연쇄를 타고 농축수산물을 통해 사람에게 섭취되는 유해물질은 공중 보건상 중요한 문제이다. 사람은 환경으로부터 오는 유해물질에 대한 대사체계를 갖고 있지 않으므로 체내에 축적되어 유해작용을 나타낸다. 본장에서는 국내외서 핫이슈가 되었던 환경호르몬(내분비 교란물질), 병원성대장균 O157:H7, 소해면상뇌증(광우병) 및 구제역 등에 대하여 살펴보고자 한다.

1. 환경호르몬

'환경호르몬'이란 말은 '환경'에 노출된 화학물질이 생체 내로 유입되어 마치 '호르몬'처럼 작용한다는 의미에서 만들어졌다. 학술적으로 널리 사용되는 용어는 내분비교란물질(endocrine disrupter) 또는 내분비계 장애 유해화학물질이다.

(1) 내분비교란물질의 정의

내분비교란물질이란 내분비계의 정상적인 기능을 방해하는 화학물질로 정의되며 미국 환경보호부는 내분비교란물질을 체내에서 '항상성 유지와 발달 과정의 조절을 담당하는 호르몬의 생산, 이동, 대사, 결합, 작용, 또는 배설을 간섭하는 체외 물질'이라고 폭 넓게 정의했다. 이들 내분비계 장애물질은 생태계 및 인간의 생식 기능 저하, 기형, 성장장애, 암 등을 유발하는 물질로 추정되고 있으며, 생태계 및 인간의 호르몬계에 영향을 미쳐 오존층 파괴, 지구온난화 문제와 함께 세계 3대 환경문제로 등장하였다. 이들은 기존의 독성화학물질보다 훨씬 저농도에서도 생체에 영향을 미칠 수 있으며, 먹이사슬을 통해 농축되기 때문에 더욱 위험하다. 대부분은 지방친화성이 있어 생체 내 지방에 주로 축적된다.

(2) 내분비교란물질의 작용기전

내분비교란물질이 체내에서 작용하는 기전에 대해서는 다음의 네 가지 가설이 존재한다.

1) 모방

자연 호르몬을 흉내내어 자연 호르몬과 같은 세포반응을 유발한다. 세포반응의 강도는 자연 호르몬의 경우보다 훨씬 약한 경우가 대부분이지만 오히려 더 강할 수도 있다.

2) 봉쇄

내분비교란물질 자체로는 세포반응을 유발하지 않지만, 자연 호르몬과 결합할 수용체를 막아버림으로써 자연 호르몬의 기능을 마비시켜 자연 호르몬의 작용이 감소되어 내분비계 활동성을 줄이게 된다.

3) 방아쇠

단백질 수용체와 결합하여 비정상적인 일련의 연쇄적 세포 반응에 방아쇠를 당긴다. 비정상적인 세포 반응으로는 예정되지 않은 세포분열로 인한 암의 발생, 생명체 내 물질 대사와 합성의 변화 등이 있다.

4) 간접영향

수용체와 결합하지 않고 간접적으로 자연 호르몬의 합성, 저장, 분비, 이동, 배설 등을 증가시키거나 감소시켜 정상적 내분비 기능을 방해한다.

(3) 내분비교란물질의 종류

환경성 내분비교란물질은 어떤 종류의 화학물질들로서 환경오염물질이면서 내분비교란을 일으키기에 엄밀하게는 환경성 내분비교란물질(environmental endocrine disruptors, EDD)이라고 한다. 이들의 종류는 한 가지로 규정짓기 어렵지만 대표적으로 다이옥신, PCB, DDT, 기타 농약 등이 있는데 생활 속에서 많이 접하게 되는 내분비교란물질들과 발생원인은 [표 18-1]과 같다.

표 18-1 내분비교란물질과 발생원인	
내분비교란물질	발생원인
다이옥신	쓰레기 소각장, 월남전 당시 고엽제의 성분
폴리염화비페닐(PCB)	전기 절연재, 변압기
트리뷰틸주석(TBT)	선박용 페인트
비스페놀 A	합성수지 원료, 식품과 음료용 캔의 안쪽 코팅
폴리카보네이트	플라스틱 식기
프탈산화합물(DOP, DBP, BBP)	플라스틱 가소제
스티렌 다이머/스티렌 트리머	컵라면 용기, 각종 식기용기(폴리스틸렌수지 성분)
DDT	살충제
아트라진	농약
아미톨	농약
엔도살판	농약
2-브로모프로페인	실리콘 웨이퍼 세척

(4) 내분비교란물질에 의한 위해예방 대책

식품 속에 들어 있는 내분비교란물질은 위에서 말한 바와 같이 인간에게 극히 적은 양으로도 피해를 줄 수 있기에 특별한 주의가 필요하다. 이런 점에서 내분비교란물질이 첨가되지 않은 식품 포장재의 개발, 대체물질의 개발이 필요하다. 특히 오염된 지역의 생선은 잔류성 맹독물질을 축적하게 되므로 섭취하지 말아야 하며, 농약을 사용하지 않고 재배하는 유기 농산물을 구입하고 섭취 시 양배추, 양상추와 같은 농산물의 바깥쪽은 제거하는 것이 좋다. 또한 오래된 통조림을 피하고, 전자레인지를 사용할 때 플라스틱 용기와 랩은 사용하지 않도록 한다.

유럽의 다이옥신 오염 식품 파동

1999년 6월 벨기에에서 시판 중인 닭고기와 계란에서 다이옥신이 검출되어 이 상품의 유통금지와 폐기조치를 내렸다. 따라서 국내에서도 유통되는 돼지고기를 수거하는 사건이 있었다. 우리국민의 다이옥신 전체 섭취량 가운데 53%는 어패류, 21.5%는 채소류를 통한 것으로 1인 평균 0.64pg/kg으로 WHO 허용기준인 1~4pg/kg보다는 낮은 수치였다.

다이옥신에 의한 독성을 예방하는 데 좋은 식품은 고구마, 우엉 같은 섬유질 식품과 다시마, 미역 같은 해조류 식품, 녹황색 채소류 및 녹차류가 좋다.

2. 병원성 대장균

대장균(E. coli)은 사람과 동물의 장에 항상 존재하면서 장내에서 비타민 K 합성 등의 역할을 하기도 하는데 대장에 있는 한 사람에게 무해하나 일부는 사람에게 식중독 등의 병을 일으켜 이들을 총칭하여 병원성 대장균(pathogenic E. coli)이라고 한다. 병원성 대장균은 발병특성에 따라 장출혈성대장균(hemorrhagic), 장독소형대장균(toxigenic), 장침입성대장균(invasive), 장병원성대장균(pathogenic), 장흡착성대장균(adherent)으로 분류된다. 이 중 장출혈성대장균은 출혈성 설사를 동반하고, 때로는 용혈성요독증(hemolytic uremic syndrome)을 유발한다. 2011년 4월 일본에서는 장출혈성 대장균이 오염된 육회 섭취로 169명의 환자가 발생하였고, 그 중 4명이 사망하는 대규모 식중독 사고가 있었다.

(1) 병원성 대장균 O157：H7에서의 'O'와 'H'의 의미

대장균은 혈청형에 따라 다양한 성질을 지니고 있는데 O 항원은 균체의 표면에 있는 세포벽의 성분인 당의 종류와 배열방법에 따른 분류로써, 지금까지 발견된 173종류 중 157번째로 발견된 것이고, H 항원은 편모부분에 존재하는 아미노산의 조성과 배열방법에 따른 분류로서 7번째 발견되었다는 의미이다. H 항원 60여 종이 발견되어 O 항원과 조합하여 계산하면 약 2,000여 종으로 분류할 수 있다.

(2) 병원성 대장균 O157：H7의 감염경로

병원성 대장균 O157：H7은 1982년 미국 오레건 주와 미시간 주에서 햄버거에 의한 집단 식중독 사건이 있어 환자의 분변으로부터 원인균을 발견한 것이 시초로 WHO에 보고되었으며, 그 후 미국뿐만 아니라 영국, 프랑스, 이탈리아, 중국, 남아프리카 등의 세계 각 지역에서 발견되었다. 일본에서는 1996년 5월 오카야마현에서 유치원생, 초등학생이 집단 식중독을 일으켜 2명이 사망하는 사고가 있은 후, 전 지역에서 1만 명 이상의 환자가 발생하여 11명이 사망하는 사고가 발생하였고, 1997년에는 병원성 대장균 O157：H7에 의한 식중독으로 150명의 환자가 발병하여 1명이 사망하였다. 우리나라는 1997년 9월 26일 미국 네브라스카주로부터 수입된 쇠고기에서 병원성 대장균이 검출되어 수입 쇠고기에 대한 안전성의 논란이 있었고, 1998년 광주지방에서 판매된 햄버거에서 병원성 대장균 O157：H7 균이 검출된 바 있다.

병원성 대장균 O157：H7 균의 감염경로는 대부분 덜 익은 쇠고기, 충분히 살균되지 않은 우유, 오염된 물을 섭취함으로써 사람에게 감염된다. 병원성 대장균

O157:H7에 의한 발병은 장관에서 번식할 수 있는지의 여부에 달려 있다. 감염 경로는 크게 3가지로 나뉜다.

① 오염된 쇠고기와 우유 및 그 제품을 충분히 익히지 않은 경우이다.

② 소의 배설물로 키운 채소를 섭취하였을 경우이다. 간혹 이러한 배설물이 호수나 수영장에 흘러들어 이곳에서 놀던 아이들에게 감염된 경우도 있다.

③ 감염된 사람으로부터 다른 사람에게 전파되는 경우이다. 주로 면역력이 약한 어린이나 노인이 밀집되어 생활하고 있는 양로원이나 유아원, 초등학교 등이 취약지역이다.

유럽서 병원성 대장균 O104:H4 오염 파동

2011년 5월부터 7월까지 독일에서 발생하여 유럽 전역을 휩쓴 식중독은 환자 4,446명, 사망자 51명의 초대형 식중독 사고였다. 원인균은 장출혈성대장균인 *E. coli* O104:H4로 확인되었고, 원인 식품은 새싹채소로 추정하고 있다. 이번 식중독은 장관 상피세포에 벽돌처럼 쌓여 대량의 균이 베로톡신(verotoxin)을 생산하는 균 특성 때문에 많은 중증환자와 사망자가 발생하였으며 주로 샐러드를 많이 섭취한 여성 환자가 많았던 것이 특징적이다.

(3) 병원성 대장균의 예방법

병원성 대장균이 공포의 대상이 되는 이유는 *E. coli* O157:H7의 경우 감염력이 매우 강하며 식중독 발병 후 단기간에 사망할 가능성이 매우 높기 때문이다. 특히 *E. coli* O157:H7은 일반 대장균과는 달리 균이 증식할 때 '베로독소(verotoxin)'라는 강력한 독소를 생성해 대장을 파괴하게 되며 그 결과 심한 복통과 통증을 느끼고, 파괴된 장관에서는 출혈 때문에 피가 섞인 설사변이 나오게 된다. 출혈 후 베로독소는 혈액의 흐름을 따라 체내를 돌면서 적혈구를 파괴해 적혈구가 정상적인 기능을 잃게 되어 장기에 해를 미치게 되며, 체력이 약한 노인이나 어린이 등은 신장기능에 장해를 일으켜 사망에 이르게 되는 용혈성 요독증후군(hemolytic urenic syndrome, HUS)을 일으킬 확률이 5% 정도이다. 또한 용혈성 빈혈, 혈소판 감소증, 급성 심부전증의 3대 징후를 보이는데, 용혈성 요독 증후군 환자의 약 30%는 신장 기능의 완전 회복이 어렵다.

병원성 대장균에 의한 식중독을 예방하기 위해서는 다른 수인성 전염병의 예방법과 같이 외출에서 돌아온 후와 음식을 먹기 전에 손을 깨끗이 씻고, 끓이지 않은 물은 마시지 않으며, 음식을 익혀 먹고, 주방에서 조리기구를 철저히 소독해야 한다. 특히 소의 내장과 같은 부산물의 경우 꼭 익혀서 먹어야 하며 야채 등은 흐르는 물로 3회 이상 철저하게 세척 또는 소독하여 섭취하며 사람과 사람 간에도 전파될 수 있기 때문에 손 씻기 등의 개인위생에 철저해야 한다.

3. 광우병(소해면상뇌증)

소해면상뇌증(bovine spongiform encephalopathy, BSE)은 소의 뇌신경 조직을 침범하는 병으로 1986년 영국에서 최초로 발견된 이후 아일랜드('89), 프랑스('91), 독일('00) 등 유럽 13개국에서 발생하였으며 뇌 조직에 스펀지 모양의 병변을 일으켜 뇌 기능을 상실케 하여 결국 사망하게 되는 병이다. 비정상적인 변형 프리온(prion)이 원인체로 추정되고 있다. 소해면상뇌증의 전파는 변형 프리온이 함유된 육골분 등 동물성 사료를 먹음으로써 감염되는데 변형 프리온 단백질이 뇌 조직을 손상시킴으로써 질병을 일으키는 것으로 알려져 있다. 대부분의 임상증상은 3~5년이 지나야 나타나며, 수 주일이나 몇 달 동안 나타나는 첫 번째 증상들은 근육운동의 저하, 근육발작과 정신적 혼란 등이다. 소해면상뇌증은 적어도 6개월간 지속되고, 보통은 증상을 보인 후 대략 13개월 후 사망한다.

소해면상뇌증을 일으키는 프리온은 전염성은 약하나 열이나 냉각, 건조, 방사조사 등에 대해 저항력이 강하다. 광우병이 발견되기 이전에도 인간이나 동물에게 광우병과 비슷한 병들이 있었는데 이러한 병들도 프리온에 의해 생기는 병으로 전체적으로 '프리온병(prion disease)'으로 분류하고 있다. 이 프리온병에 속하는 병으로는 사람에게서는 크로이츠펠트-야콥병(Creutzfeldt-Jakop disease, CJD), 쿠루(kuru), 변종 크로이츠펠트-야콥병(vCJD) 등이 있고, 동물에서는 양, 염소에서 스크래피, 소에서는 광우병, 밍크에서는 밍크뇌증 등이 있다. 이들 프리온병의 공통된 특징은 잠복기가 길고 뇌의 공포화 현상이 나타나며, 전염성 질환인데도 염증증상이나 면역반응이 일어나지 않고, 일단 증세가 일어나면 전부 사망하는 치명적인 병이라는 점이다.

(1) 광우병의 예방책

광우병은 일반적으로 광우병에 걸린 동물을 먹음으로써 감염되므로 일단 병에 걸린 동물을 먹지 않으면 99%는 예방이 가능하다. 따라서 광우병의 일반적인 예방대책은 반추동물의 내장, 뼈, 골 등을 동물의 사료로 사용하지 않으며, 광우병 발생국가로부터 동물, 축산물, 유래원료 및 가공품, 사료 등의 수입을 금지해야 한다. 또한 공중보건학적 예방을 위해 생고기, 골, 내장 등의 섭식에 조심하도록 한다. 정부는 광우병이 발생되지 않도록 국민보건향상을 위하여 지속적인 검역조치를 강화하고, 국제 동물 질병 발생 동향을 파악하여 그에 따른 적극적인 대체방안을 강구하도록 한다.

4. 구제역

구제역(foot-and-mouth disease)이란, 국제수역사무국에서 지정한 가축의 전염병 중 첫째로 꼽히는 제1종 바이러스성 법정 전염병이다. 국제수역사무국 자료에 의하면 2010년 해외 구제역 발생국은 총 39개국이다. 2001년 유럽에서 발생한 구제역 여파로 소와 돼지 생산은 크게 감소하지 않았으나 EU 농업위원회의 가축생산 제한정책에도 불구하고 소와 돼지 소비와 수출이 감소하여 소고기와 돼지고기 시장의 불균형을 초래하는 것으로 보고되었다. 구제역은 본래는 소의 전염병이지만 돼지나 양, 사슴, 코끼리 등과 같이 발굽이 둘로 갈라진 동물에서 나타나는데, 체온의 급격한 상승과, 입·혀·발굽·젖꼭지 등에 물집이 생기고, 식욕이 떨어져 심하게 앓거나 죽게 되는 것이 특징이다. 구제역 증상에 대한 최초의 기술은 1514년 이탈리아의 수도승에 의해 Verona 근처에서 소의 전염병으로 기술된 바 있다. 구제역 바이러스는 추위에 강하고 열에는 약하기 때문에 구제역은 대부분이 초봄에 발생하는 특징이 있다. pH 7.4~pH 7.6에서는 안정하나, pH 6 이하의 산성 또는 pH 9 이상의 알칼리성에서는 급격히 파괴된다[표 18-2]. 또한 구제역은 전파가 빠르기 때문에 가장 우선적 조치는 구제역의 원인 바이러스를 제거하고 더 이상의 전파를 방지하기 위해 살처분 정책을 실시하고 있다.

표 18-2 구제역 바이러스의 온도 및 pH에 따른 생존시간

온도	생존시간	pH(산도)	생존시간
60℃	5초	< 4	< 15초간
50℃	1시간	6	2분간
37℃	1일	7	수주간
22℃	8~10주	9	1주간
4℃	4개월 이상	10	14시간
−5℃	1년 이상	12.5	< 15초간

(1) 구제역의 전파 및 예방

구제역은 구제역에 감염된 동물의 수포액, 침, 유즙 등을 통한 직접 접촉 전파, 구제역 유행지역에 서식하는 다른 가축에 의한 간접 접촉 전파, 구제역에 감염된 동물의 호흡기를 통하여 체외로 배출되어 공기를 통한 전파에 의해 발생한다. 국내에서도 2000년 처음 구제역이 발생하였고 2010년 11월 경기도 포천에서 구제역이 발생하여 10개 시도 74개 시군에서 발생하여 총 201건이 신고되었다. 최근 중국, 동남아 등 주변국가에서도 구제역이 계속 발생하고 있어 철저한 국경검역이 필요하다. 구제역에 대한 대규모 경제적 피해와 매몰에 따른 수질 및 환경오염 등이 큰 사회문제가 되고 있다. 구제역 방지를 위해서는 첫째, 철저한 검역 및 구제역 발생국으로부터는 우제류 동물이나 그 생산물의 수입을 금지할 필요가 있다.

둘째, 구제역 발생 시 발생지역 인근 3km 내외에서는 비감염 가축까지 도살처분하여야 하며 오염지역으로부터 반경 20km는 경계지역으로 바이러스의 매체가 될 수 있는 동물, 유출물, 사람이나 기타의 출입을 엄격히 통제함과 동시에 오염지역 내의 철저한 청소 및 오염된 재료나 기구는 소독 작업이 이루어져야 하고, 소독을 할 수 없는 경우에는 소각하여야 한다. 셋째, 예방접종을 미리 해야 한다. 그러나 구제역 예방약은 구제역을 100% 차단할 수 있는 치료제가 아니고 효과적인 방역 대책의 하나에 불과하다. 또한 구제역 바이러스는 변형이 매우 쉽게 일어나기 때문에 발생 시 신속하게 신고를 하여야 한다.

광우병과 구제역 모두는 소에서 주로 발병하여 치명적 질병을 일으키는 공통점은 있으나, 사람과 소에게서 동시에 발병될 수 있는 광우병과는 달리 구제역은 인수공통전염병이 아닌 우제류에 감염되는 질병이다. 따라서 가축은 도축 전 수의사의 임상검사를 거치기 때문에 질병이 발생한 가축은 도축되지 않고 당연히 소비자에게 판매될 수 없다. 구제역에 오염된 고기의 섭취로 인해 사람에게 전이된 발병 사례는 아직 보고된 바 없으며 구제역의 원인 바이러스도 그 특성상 열에 약하기 때문에 잘 익혀서 먹으면(70℃, 30분) 사람에게는 문제를 일으키지 않는다.

5. 방사성 물질 오염경로 및 유해성

방사성 물질은 대기와 토양, 하천과 바다 등을 매질로 하여 식품원료인 농축산물에 오염될 수 있다. 예를 들면 우유나 유제품의 경우 젖소의 먹이가 되는 풀밭에 대기 중에 있던 방사성 물질이 떨어져서 토양으로 유입되어 풀의 생육에서 수분과 양분 공급과정에서 식품에 유입되거나 풀잎에 붙어 젖소가 이를 먹을 경우 대사기관을 거쳐 유선을 통해 우유에 유입된다.

방사선이 갖고 있는 높은 에너지는 암세포를 죽이기도 하지만 정상세포를 암세포로 바꿀 수도 있기 때문에 20년 전 체르노빌 원전사고로 유럽 전역에서 방사성 물질에 오염된 식자재의 유통을 막기 위해 유럽 전역의 식품공급체계에 비상이 걸린 적이 있었다. 방사성 물질에 오염된 식품을 섭취하면 우리 몸속에서 소화·흡수되는 과정에서 방사성 물질은 그 핵종 고유의 성질에 따라 흡수, 침착, 배설되는데 반감기로 에너지가 감소될 때까지 계속해서 방사선을 발생시켜 세포에 영향을 주게 된다. 2011년 일본의 후쿠시마 원전사고로 일본산 식품 및 원재료를 수입하는 모든 국가에서 일본산 수입품에 대해 통관검역이 강화된 이유도 기준치 이상의 방사능 물질이 오염되어 있는지를 확인하기 위해서다. 방사능 물질에 오염된 식품 섭취를 통한 방사선의 인체에 대한 장애는 만성적 장애가 대부분이다. 주요 장애로는 탈모, 눈의 자극, 세포분열 억제, 세포기능 장애, 생식불능, 백혈병, 유전자의 변화, 돌연변이 유발 등이 있다.

인체에 영향을 주는 방사능(성) 물질이란 무엇인가?

방사능이라는 물질을 구성하는 원자 중에는 불안정한 원자핵을 가진 것이 있다. 이 불안전한 원자는 안전한 상태로 가려는 성질이 있는데 이때 여분의 에너지를 방출하여 안정한 상태로 변하는데 이것이 방사선이다. 이 현상을 붕괴라고 하며 붕괴 후에는 다른 원소로 변한다. 이와 같이 불안정한 원자핵이 방사선을 내며 붕괴하는 성질을 방사능이라 하며 방사능을 띤 물질을 방사능 물질이라 한다. 일본 원전사고 시 인체에 영향을 줄 수 있는 대표적 방사능 물질은 요오드(I-131), 세슘(Cs-137), 스트론튬(Sr-90)이다. 인체는 방사능 물질에 오염된 식수, 농산물, 육류, 유제품의 섭취를 통해 방사능 물질에 노출될 수 있다.

제19장 식품과 알레르기

1. 알레르기와 면역반응

2. 식품 알레르기의 원인과 관련식품

3. 식품 알레르기 증상과 치료 예방법

알레르기(allergy)는 문명병 또는 문명의 암으로 불릴 정도로 현대 과학문명의 발달과 밀접한 관계가 있으며, 전 세계적으로 증가일로에 있다. 알레르기는 생활환경의 변화로 그 원인들 역시 다양하다. 건강과 직결되는 식생활의 변화에서 그 환경인자들을 살펴보면 [표 19-1]과 같이 동ㆍ식물성 단백질 외에도 심리적 또는 사회적 구조변화에서 오는 각종 스트레스나 생태계 오염 등이 생태학적 알레르기(ecological allergy)를 야기시키고 있다. 본 장에서는 식품알레르기의 본체는 무엇이며, 그들의 발현기전 및 원인들을 살펴보고 그 예방책을 살펴보고자 한다.

1. 알레르기와 면역반응

알레르기 증상은 신체의 항상성을 지키기 위한 신체의 신호로 면역반응에 기인하는 신체의 이상을 일반적으로 알레르기 또는 알레르기 질환이라고 부른다. 알레르기를 일으키는 원인물질을 알레르겐(allergen)이라 하며, 알레르겐은 식품, 약품, 화분 등 여러 가지 물질에 함유되어 있다.

우리 몸은 외부에서 이물질(항원)이 들어오면 이물질에 대항하는 물질(항체)을 생성하는데 이것을 항원항체 반응이라 한다. 신체 내에서 항원항체 반응이 일어났을 경우 피부에 두드러기 같은 증상을 통해 이물질이 침입하였음을 나타내는 것이 알레르기이다. 만약 이와 같은 증상을 보이지 않아 신체 내에서 이물질의 침입이 방치되면 간장이나 신장 등 중요 장기나 기관지에 장애를 일으킬 가능성이 있다. 따라서 항원항체 반응 중 신체에 유익한 결과를 보일 때 면역반응이라 하고, 역으로 두드러기 같이 생체에 유해한 반응을 나타날 때 알레르기 반응이라 한다.

표 19-1	생활환경의 변화
식생활의 변화	동·식물성 단백질 섭취 증가 캔, 주스, 콜라 등의 탄산음료수 섭취 증가 가공식품, 냉동, 인스턴트식품 섭취증가 식품첨가물 사용량 증가 패스트푸드의 일상화 하우스재배, 양식(농약살충제, 항생물질) 증가 수입식품 증가(훈증제, 잔류농약) 단체급식, 회식 증가 품질개량, 바이오 테크놀러지 발달
주변 환경의 변화	진드기, 곰팡이 번식, 콘크리트, 샷시, 융단 실내의 공기오염, 에어컨, 매연 수질오염, 공장폐수, 상하수도 꽃가루 문제, 제초제, 농약 의류 및 화장품, 세제의 변화, 합성섬유, 합성세제 광학 스모그, 실외 공기(자동차 배기가스, 스모그)
정신적 영향 변화	가정 내의 스트레스(핵가족화, 대중매체 발달) 학교 내의 스트레스(성적, 교우관계, 폭력) 사회적 스트레스 : 　－ 도시집중화, 정보과다 및 경쟁사회 　－ 이기적, 무관심, 인간성 소외
사회구조상의 변화	3, 4차 산업인구 증가 자동차 및 대량수송 수단 증가 도시주변 녹지공간 감소 수자원고갈과 지하수 오염 폴리에틸렌, 비닐 등 환경파괴 하천, 해양오염, 대기오염

　식품 알레르기는 몸속에서 생성된 항체가 식품이라는 항원을 감지하여 이상반응을 하고, 그 결과 두드러기 등의 증상을 나타내는 것이다. 알레르기를 일으키기 쉬운 유전적 배경을 갖는 체질과 유전적 체질은 아니지만 알레르기 증상이 일어나는 경우가 있는데 최근 후자가 증가되고 있는 것이 문제가 된다. 이는 동맥경화, 고혈압, 당뇨병 등의 성인병이나 자기면역 질환 또는 발암의 문제와 관련될 가능

성이 있다고 지적되고 있기 때문에 알레르기를 경시해서는 안 된다. 유아기의 알레르기 질환 증가, 20대 전반의 성인병, 암 등의 유발도 이와 무관하지는 않다.

(1) 면역 네트워크

생체 내에서 외부 이물질에 대해 면역 network(망)를 구성하는 것은 다음과 같이 세포성분과 액체성분으로 분류된다.

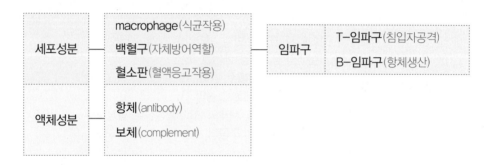

신체 내에서 면역네트워크는 세균, 진드기, 화분, 식물항원 등의 이물질이 생체 내에 침입하여 면역 network를 파괴하기 시작했다면 파괴된 부위로부터 신호가 온다. 이때 신체 내에서 순시(patrol)하고 있던 대식세포(macrophage)가 이물질을 잡아먹는다. 대식세포는 T 임파구에 이물질의 구성성분은 무엇이며 어떤 성질을 가지고 있는가 등의 정보를 수집하여 전한다. T 임파구에 전해진 정보는 최후에 B 임파구에 전해져 이물질 제거에만 유효한 항체가 만들어져 필요한 부위에 파견되어 이물질을 파괴한다.

신체 내에서 면역 네트워크의 기본형은 이상과 같으나 관여하고 있는 세포 간의 협조나 항체의 역할 전체가 순조롭게 작동하지 않으면 곤란한 사태가 발생하는데 특히 Fe, Mg, Zn, Cu, 무기질 외에 Ni, Co, Se 등 미량원소나 비타민 B와 C군이 부족할 경우 제 기능을 발휘하지 못하게 된다. 따라서 가공식품이나 정제된 식품 등의 섭취가 증가하여 무기질과 비타민의 균형이 파괴되면 면역 네트워크도 제 기능을 발휘하지 못하게 된다.

(2) 식품 알레르기의 발현기전

식품 알레르기는 어떤 특정한 음식을 먹을 때 병적인 과민반응이 유발되는 현상으로, 식품 알레르기는 일반적으로 식품을 섭취한 후 즉시 증상이 일어나는 즉시형과 수시간~수일 후에 증상이 나타나는 지연형이 있다. 일반증상은 복통과 같은 위장관의 증상으로부터 설사, 두드러기, 가려움을 수반하는 경우, 호흡곤란으로 인한 천식 발작 등이 있고, 전신성 과민증(anaphylaxis), 쇼크와 같은 위험한 반응에 이르기까지 다양하다. 식품 알레르기가 일어나는 방법은 항원항체반응, 자율신경계 자극전도와 가성알레르기에 의해 일어난다.

항원항체 반응에서 항원은 식품, 화분, 진드기 등 무수히 많은데, 이들에 대응하는 항체는 면역 글로불린(immunoglobulin E, IgE)으로 불린다. 코나 기관의 점막 또는 피부에 존재하는 비만세포(mast cell)로 불리는 거대세포(giant cell) 표면에 IgE가 부착해 있으며, 거기에 항원이 결합하여 항원항체반응이 일어난다. 그 결과 비만세포가 붕괴되어 세포 내에 함유되어 있던 히스타민이나 세라토닌과 같은 알레르기 원인물질이 유리되어 모세혈관의 투과성항진이 일어나서 증상을 발현하는데 이를 I형 알레르기(즉시형)라고 일컫는다[그림 19-1].

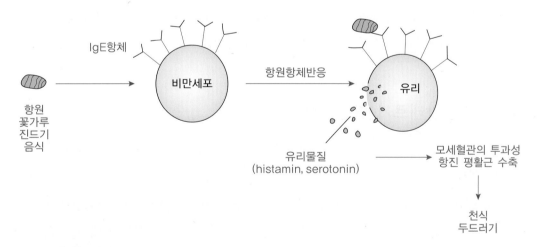

그림 19-1 | I형 알레르기 반응

2. 식품 알레르기의 원인과 관련식품

식품 알레르기는 어떤 특정한 식품을 먹었을 때 이상한 과민성 반응이 생겨 그 결과 병적상태가 되는 현상으로 세계적으로 증가하는 추세를 보이고 있다. 그러나 식품 알레르기 증상이 어떤 기전과 순서로 일어나는가를 임상적으로 명확하게 밝히는 것은 거의 불가능하다. 왜냐하면 신체 내에서는 엄밀한 의미의 식품 알레르기 외에 식품 불내증, 가성알레르기 등이 원인이 되어 영향을 미치는 경우가 많기 때문이다. 예를 들어 닭고기를 먹고 두드러기가 출현했다면, 이는 닭고기 중의 단백질이 항원항체반응을 일으킨 것인지, 닭고기 중에 함유된 히스타민의 작용인지 또는 닭고기 중에 잔류한 항생물질 등에 의한 것인지 알 수 없기 때문이다. 단백질 식품으로 우유, 대두, 계란은 3대 항원 식품이지만 최근에는 쌀, 보

표 19-2	식품알레르기, 아토피성 피부염 원인물질
원인물질	양성률(%)
난 백	27.6
우 유	10.0
대 두	13.7
대 맥	20.7
쌀	21.6

리에도 불내증의 어린아이 환자가 증가하고 있다. [표 19-2]는 식품 알레르기, 아토피성 피부염 원인물질과 양성률을 나타낸다.

(1) 식품 알레르기 원인물질

1) 단백질

식품 알레르기는 식품 자체에 함유되어 있는 단백질이 항원이 되어 항원항체반응을 일으킨다. 식품 알레르기의 원인이 되기 쉬운 식품은 일반적으로 단백질 함유량이 높은 것이나 섭취빈도가 높은 것을 들 수 있다. 미량이지만 쌀과 밀 단백에 의해 알레르기 반응이 일어나는 경우도 있고 상추, 양배추, 토마토, 땅콩 등 식품에 함유되어 있는 단백질에 의해서도 항원항체반응이 일어날 수 있다.

2) 우유

우유는 유아가 접하는 최초의 단백질이므로 어린이들에게 가장 흔한 항원식품의 하나이며, 3세 이하의 약 2.5%가 우유 알레르기 반응을 경험한다. 우유의 항원은 β-락토글로불린(β-lactoglobulin), 카세인(casein), α-락토알부민(α-lactoalbumin)으로 그 중 β-락토글로불린의 항원 활성이 제일 높다. 우유 단백질인 카세인은 치즈 같은 가공식품에 널리 사용된다.

3) 달걀

어린이에게 발생하는 식품 알레르기 반응 중 가장 흔한 원인이 계란일 것이다. 계란 흰자에서 발견된 주요 항원은 오보뮤코이드(ovomucoid), 오보알부민(ovoalbumin), 오보트랜스페린(ovotransferrin)이다. 이 중에서 오보뮤코이드는 트립신 저해제일 뿐만 아니라 열에 안정성이 매우 높은 전형적인 항원 단백질로 알려져 있다. 계란 노른자 단백질에 대한 IgE 항체도 보고되어 있으나, 계란 흰자보다는 항원성이 낮다. 어린 아이에게 계란에 대한 IgE 항체가 존재한다는 것은 천식, 아토피성 피부염, 알레르기성 비염을 포함한 다른 아토피성 질환으로 발전할 위험이 크다는 것과 관련되어 있다.

4) 대두

대두는 주로 어린이에게 식품 알레르기 반응을 일으키는 두류 식품으로서 값이 싸고 양질의 단백질이 많아 상업적 식품으로 널리 이용되고 있다. 대두 과민증 어린이 8명에 대한 연구에서 밝혀진 네 가지의 주요 단백질 분획 중 어느 하나가 특별히 알레르기 반응을 더 일으키는 것으로 보이지는 않는다. 대두유, 레시틴, 마가린에서 대두 단백질이 발견되었지만 이에 대한 임상적인 중요성은 아직 밝혀지지 않았다.

5) 땅콩

땅콩 알레르기는 어린이와 성인이 모두 관여되며 미국에서 식품 과민증(anaphylaxis)으로 인한 사망 원인 중 대부분을 차지한다. 한 연구에서 248명의 아토피 환자 중

3.2%가 땅콩에 대한 양성 피부반응을 보였다. 땅콩 알레르기는 잘 낫지 않아 일단 진단되면 평생 땅콩을 엄격하게 피해야 한다. 이 외에 쌀의 항원은 프롤라민과 글루테닌(glutenin), 밀의 항원은 α-글리아딘(gliadin)으로 추정된다.

6) 가공에 사용되는 물질

식품에는 식품 그 자체 이외의 요인인 식품첨가물이나 농약, 훈증제, 호르몬제, 항생물질 등이 함유되어 있어서 이들에 의한 알레르기성 증상이 일어나고 있으므로 주의가 요망된다. 예를 들면, 식품 가공면에 사용되는 유화제가 알레르겐의 장관투과성을 높이는 것으로 알려져 첨가물 사용 시 주의가 필요하다.

(2) 식품 불내증과 가성 알레르겐

식품 불내증이란 식품 중의 단백질뿐만 아니라 지방이나 탄수화물을 분해하는 효소가 부족함으로써 일어나는 소화불량의 증상이다. 한국인을 포함한 동양인의 반수는 우유를 마시면 설사, 복통을 일으킨다. 이는 우유 중의 유당을 분해하는 유당분해효소가 없기 때문에 일어나는 유당불내증이라는 증상을 나타낸다. 불내증이 계속되면 식품 알레르기로 이행되는 경우도 적지 않다.

가성 알레르겐이란 식품 본래에 함유되어 있는 물질에 의해 일어나는 반응이다. 아무리 자연, 무농약으로 재배된 것이라도 이런 물질이 포함되어 있기 때문에 가성 알레르겐으로 알려져 있다. 대표적인 것은 시금치의 히스타민이다[표 19-3]. 또한 비염이나 두드러기일 때는 항히스타민을 치료에 사용하면 되지만 알레르기일 때는 악화시키는 물질이므로 주의하도록 한다. 이와 같이 자연식품 중에 함유되어 있는 알레르기 양성반응을 일으키는 물질은 히스타민, 아세틸콜린, 세라토닌, 트리메틸아민옥사이드 등이 있으며 이들을 가리켜 가성알레르겐이라 한다. 몸의 상태가 좋을 때는 많이 섭취해도 증상이 나타나지 않지만 역으로 알레르기 증상이 있을 때는 강한 반응을 일으킬 수가 있으므로 약간 덜 섭취하거나 피하는 것이 좋다.

표 19-3	가성 알레르겐을 함유한 식품
histamine	시금치, 가지, 토마토, 쇠고기, 닭고기
acetylcholine	토마토, 가지, 죽순, 땅콩, 토란, 송이버섯, 게맛살
serotonin	토마토, 바나나, 키위, 파인애플
trimethylamine oxide	오징어, 조개, 게, 새우, 가자미, 대구

3. 식품 알레르기 증상과 치료 예방법

(1) 식품 알레르기의 진단

알레르기는 문명의 진보와 함께 증가하고 있으며, 이에 따라 알레르기 환자도 세계적으로 증가일로에 있다. 식품 알레르기 진단은 질문에 의한 문진법, 혈액검사, 피부테스트 등으로 항원식품을 추정하고 있다. 계란이나 대두, 우유로 인한 알레르기는 특징적인 습진이 나타나므로 추정이 가능하다. 식품 알레르기 진단은 그 증상이 다양하여 확정 진단으로는 알레르겐 제거 유발시험에 의존하고 있다.

(2) 식품 알레르기 증상

식품 알레르기 증상은 일반적으로 두드러기로 알려져 있으나, 최근에는 아토피성 피부염이나 천식, 알레르기성 비염, 쇼크, 두통, 편두통, 권태감, 흥분 등 난폭한 신경증상에 이르기까지 다양하다. 특징적으로는 안면의 입 주위, 머리, 몸(배) 등의 피부에 빨간 반점이 돋는다. 계란 알레르기를 가진 사람은 편도염, 중이염을 일으키기 쉽고, 신생아나 유아기에는 응고물 토유, 설사, 변비 등을 유발한다. 그 외에도 연령이 높아짐에 따라 잦은 소변, 단백뇨, 관절의 증상 등을 유발한다. 또한 만성중독으로 X-ray, CT, 초음파 등의 검사에서 이상이 없을 때는 식품 알레르기를 의심해 볼 만하다. 최근에는 임신 중 모체의 식사내용이 태아의 알레르기 증상에 영향을 주는 것으로 밝혀져 신생아, 유아기에서 Allergy-march(알레르기 행진)라고 불리는 현상으로 연령과 함께 증상이 옮겨가는 것으로 알려져 있다[그림 19-2]. 그러므로 임신 중 모체는 동물성 단백질(계란, 닭고기, 우유, 돼지고기)만으로 편중된 식사와 연속섭취를 하지 않도록 주의한다.

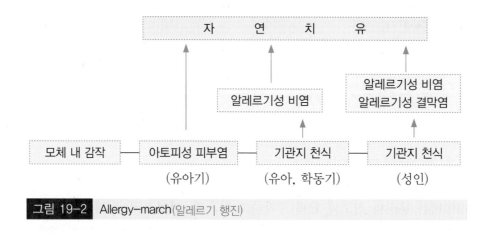

그림 19-2 Allergy-march(알레르기 행진)

(3) 식품 알레르기의 치료와 예방법

1) 식품 알레르기의 치료

식품 알레르기의 치료는 그 원인을 확실히 알고 있을 경우, 원인식을 제거하는 식품제거법(food elimination therapy)이 이용되고 있다[표 19-4]. 이 경우 제거할 식품의 대체식품을 섭취하지 않으면 영양불량을 초래하므로 주의해야 한다. 재래식 치료법으로 일반적으로 행해지는 예를 보면, 난알레르기 질환의 경우 계란, 난제품, 닭고기 등 전부를 제거하는 방법이다. 복수의 원인식품일 경우 항원성이 낮은 식품군을 연속 섭취하지 않도록 회전식을 취하고 있다. 어떤 방법을 취하든 의사나 영양사의 지도가 필요하다.

어렸을 때 발생한 식품 알레르기는 대부분 자연적으로 소실되며 계속되더라도 그 정도는 현저히 약해지는데, 그 이유는 나이가 들면서 면역계통과 소화기계통이 성숙하기 때문이다. 식품과민증은 대부분 생후 수년 내에 자연 치유되며, 항체가 매개되지 않은 식품 부작용도 시간이 지남에 따라 치유된다. 우유 알레르기 유아의 연구에서 87%가 3세에 나았으며, 더 나이가 들어 식품 알레르기로 진단된 어린이의 경우에는 그 알레르기가 자연 치유된 결과가 적었는데, 이들에게는 땅콩, 해산물에 대한 알레르기가 더 많은 경우로 알려졌다.

표 19-4	식품제거법

- 원인식품을 완전 제거한다.
- 식품제한을 최소한으로 한다.
- 내성획득을 확인한다.
- 대용식품을 개발한다.
- 동일식품을 다량으로 섭취하지 않는다.
- 어린이의 기호성을 배려하여 조리방법을 연구한다.
- 영양 교육평가를 한다.

2) 식품 알레르기의 예방법

① 대치식품을 먹는다.

우유에 알레르기 반응을 일으키는 영유아는 우유를 두유로 대치해서 먹이라고 권유하고 있다. 어떤 동물성 지방에 알레르기를 지닌 환자는 같은 동물성이라도 다른 동물의 지방으로 만든 식품을 먹거나 식물성 지방으로 만든 식품으로 바꾸도록 한다. 또한 우유 알레르기 환자에게 양젖을 먹도록 권고한다. 양젖과 우유 속에 들어있는 카세인은 면역학적으로 서로 유사하거나 동일하지만, 락토알부민은 종특이성을 지니고 있기 때문에 우유의 락토알부민에만 과민한 환자는 양젖으로 대치가 가능하다.

② 식품의 항원성을 바꾼다.

식품 알레르기의 원인이 되는 식품을 특수처리하면 환자가 먹을 수 있다. 즉 식품을 단순히 끓이거나 탈수시키면 때로는 식품의 항원성이 변성되어 먹을 수 있게 될 때도 있다. 우유 속의 베타 락토글로불린은 가열로 그 성질의 일부가 변화되지만, 카세인은 내열성을 갖고 있어서 끓여도 성질이 변화되지 않아 효소로 가수분해시키기도 한다.

③ 모유 영양을 한다.

모유는 아기에게 '소화장애를 가장 덜' 일으키는 식품이다. 따라서 모유영양을 시키면 우유를 먹는 데서 비롯되는 항원의 침입을 막을 수가 있고, 아기의 위장장애가 적어져서 위장관의 손상이 감소되므로 항원의 침입도 예방하고 알레르기 질환의 발생빈도도 낮아지게 된다. 또 모유에는 항원의 침입을 저지할 수 있는 여러 가지 성분이 포함되어 있기 때문에 알레르기 질환의 예방에 큰 도움이 된다.

④ 알레르기를 위한 식이요법을 한다.

영양소의 불균형, 스트레스와 어혈로 인한 여러 가지 문제를 해결해 주면 면역기능이 회복되며, 면역세포가 정상화되면 알레르기는 저절로 없어지므로 이에 맞게 잘 조합된 영양소를 섭취해야 한다.

예로 유산균 음료나 올리고당을 섭취하는 것도 좋은 방법이 된다. 유전적, 체질적인 원인으로 알레르기가 생겼다는 것은 유전적으로 면역세포가 원하는 영양소의 양이 다른 사람에 비해 월등히 많다는 것이므로 무기질, 미량원소, 비타민 C 등과 같은 것을 보충해야 하는데, 이러한 영양소를 많이 함유한 채소와 해조류를 중심으로 하는 식생활이 좋다. 스트레스가 원인일 때는 항산화 활성이 있는 비타민 C, E, 셀레늄, 플라보노이드, 오메가-3 지방산(DHA, EPA) 등이 많이 함유된 식품을 섭취하는 것이 좋다. 또한 환경과 식생활 잘못으로 인한 알레르기는 우선 식사습관을 바꾸는 것이 중요하다. 저녁식사는 적게 하고 간식도 삼가면서 채식 위주로 하는 식사로 바꾸는 것이 바람직하다.

부록

부록 1-1 다량영양소

성별	연령	에너지(kcal/일)				탄수화물(g/일)				지방(g/일)				n-6 불포화지방산(g/일)			
		필요추정량	권장섭취량	충분섭취량	상한섭취량	평균필요량	권장섭취량	충분섭취량	상한섭취량	평균필요량	권장섭취량	충분섭취량	상한섭취량	평균필요량	권장섭취량	충분섭취량	상한섭취량
영아	0~5(개월)	550						55				25				20	
	6~11	700						90				25				4.5	
유아	1~2(세)	1,000															
	3~5	1,400															
남자	6~8(세)	1,600															
	9~11	1,900															
	12~14	2,400															
	15~18	2,700															
	19~29	2,600															
	30~49	2,400															
	50~64	2,200															
	65~74	2,000															
	75 이상	2,000															
여자	6~8(세)	1,500															
	9~11	1,700															
	12~14	2,000															
	15~18	2,000															
	19~29	2,100															
	30~49	1,900															
	50~64	1,800															
	65~74	1,600															
	75 이상	1,600															
임신부*		+0/340/450															
수유부		+320															

성별	연령	n-3 불포화지방산(g/일)				단백질(g/일)				식이섬유(g/일)				수분(mL/일)			
		평균필요량	권장섭취량	충분섭취량	상한섭취량	평균필요량	권장섭취량	충분섭취량	상한섭취량	평균필요량	권장섭취량	충분섭취량	상한섭취량	평균필요량	권장섭취량	충분섭취량	상한섭취량
영아	0~5(개월)			0.3				9.5								700	
	6~11			0.8		9.8	13.5									800	
유아	1~2(세)					12	15					10				1,100	
	3~5					15	20					15				1,400	
남자	6~8(세)					20	25					20				1,800	
	9~11					30	35					20				2,000	
	12~14					40	50					25				2,300	
	15~18					45	60					25				2,600	
	19~29					45	55					25				2,600	
	30~49					45	55					25				2,500	
	50~64					40	50					25				2,200	
	65~74					40	50					25				2,100	
	75 이상					40	50					25				2,100	
여자	6~8(세)					20	25					15				1,700	
	9~11					30	35					15				1,800	
	12~14					40	45					20				2,000	
	15~18					40	45					20				2,100	
	19~29					40	50					20				2,100	
	30~49					35	45					20				2,000	
	50~64					35	45					20				1,900	
	65~74					35	45					20				1,800	
	75 이상					35	45					20				1,800	
임신부						0 +12 +25	0 +15 +30					+5				+200	
수유부						+20	+25					+5				+700	

* 에너지, 단백질 : 임신 1, 2, 3 분기별 부가량

부록 1-2 지용성 비타민

성별	연령	비타민 A(μg RE/일)				비타민 D(μg/일)				비타민 E(μg α-TE/일)				비타민 K(μg/일)			
		평균 필요량	권장 섭취량	충분 섭취량	상한 섭취량	평균 필요량	권장 섭취량	충분 섭취량	상한 섭취량	평균 필요량	권장 섭취량	충분 섭취량	상한 섭취량※	평균 필요량	권장 섭취량	충분 섭취량	상한 섭취량
영아	0~5(개월)			300	600			5	25			3				4	
	6~11			400	600			5	25			4				7	
유아	1~2(세)	200	300		600			5	60			5	100			25	
	3~5	230	300		700			5	60			6	140			30	
남자	6~8(세)	300	400		1,100			5	60			8	200			45	
	9~11	390	550		1,500			5	60			9	280			55	
	12~14	510	700		2,100			5	60			10	380			70	
	15~18	590	850		2,400			5	60			12	430			80	
	19~29	540	750		3,000			5	60			12	540			75	
	30~49	520	750		3,000			5	60			12	540			75	
	50~64	500	700		3,000			10	60			12	540			75	
	65~74	490	700		3,000			10	60			12	540			75	
	75 이상	490	700		3,000			10	60			12	540			75	
여자	6~8(세)	280	400		1,100			5	60			7	200			45	
	9~11	370	500		1,500			5	60			8	280			55	
	12~14	470	650		2,100			5	60			9	380			65	
	15~18	440	600		2,400			5	60			10	430			65	
	19~29	460	650		3,000			5	60			10	540			65	
	30~49	450	650		3,000			5	60			10	540			65	
	50~64	430	600		3,000			10	60			10	540			65	
	65~74	410	600		3,000			10	60			10	540			65	
	75 이상	410	600		3,000			10	60			10	540			65	
임신부		+50	+70		3,000			+5	60			+0	540			+0	
수유부		+350	+490		3,000			+5	60			+3	540			+0	

※ RRR-α-tocopherol

부록 1-3　수용성 비타민

성별	연령	비타민 C(mg/일)				티아민(mg/일)				리보플라빈(mg/일)				니아신(mg NE/일)				
		평균필요량	권장섭취량	충분섭취량	상한섭취량	평균필요량	권장섭취량	충분섭취량	상한섭취량	평균필요량	권장섭취량	충분섭취량	상한섭취량	평균필요량	권장섭취량	충분섭취량	상한섭취량[1]	상한섭취량[2]
영아	0~5(개월)			35				0.2				0.3				2		
	6~11			45				0.3				0.4				3		
유아	1~2(세)	30	40		350	0.4	0.5			0.5	0.6			5	6		10	180
	3~5	30	40		500	0.4	0.5			0.6	0.7			5	7		10	250
남자	6~8(세)	40	60		700	0.6	0.7			0.7	0.9			7	9		15	350
	9~11	55	70		1,000	0.7	0.9			0.9	1.1			9	11		20	500
	12~14	75	100		1,400	0.9	1.1			1.2	1.5			11	15		25	700
	15~18	85	110		1,600	1.1	1.3			1.4	1.7			13	17		30	800
	19~29	75	100		2,000	1.0	1.2			1.3	1.5			12	16		35	1,000
	30~49	75	100		2,000	1.0	1.2			1.3	1.5			12	16		35	1,000
	50~64	75	100		2,000	1.0	1.2			1.3	1.5			12	16		35	1,000
	65~74	75	100		2,000	1.0	1.2			1.3	1.5			12	16		35	1,000
	75 이상	75	100		2,000	1.0	1.2			1.3	1.5			12	16		35	1,000
여자	6~8(세)	50	60		700	0.6	0.7			0.6	0.7			7	9		15	350
	9~11	60	80		1,000	0.7	0.9			0.8	0.9			9	11		20	500
	12~14	75	100		1,400	0.9	1.1			1.0	1.2			11	14		25	700
	15~18	75	100		1,600	0.9	1.0			1.0	1.2			11	14		30	800
	19~29	75	100		2,000	0.9	1.1			1.0	1.2			11	14		35	1,000
	30~49	75	100		2,000	0.9	1.1			1.0	1.2			11	14		35	1,000
	50~64	75	100		2,000	0.9	1.1			1.0	1.2			11	14		35	1,000
	65~74	75	100		2,000	0.9	1.1			1.0	1.2			11	14		35	1,000
	75 이상	75	100		2,000	0.9	1.1			1.0	1.2			11	14		35	1,000
임신부		+10	+10		2,000	+0.4	+0.4			+0.3	+0.4			+3	+4		35	1,000
수유부		+35	+35		2,000	+0.3	+0.4			+0.4	+0.4			+3	+5		35	1,000

성별	연령	비타민 B6(mg/일)				엽산(µg DFE/일)[3]				비타민 B12(µg/일)				판토텐산(mg/일)				비오틴(µg/일)			
		평균필요량	권장섭취량	충분섭취량	상한섭취량	평균필요량	권장섭취량	충분섭취량	상한섭취량	평균필요량	권장섭취량	충분섭취량	상한섭취량	평균필요량	권장섭취량	충분섭취량	상한섭취량	평균필요량	권장섭취량	충분섭취량	상한섭취량
영아	0~5(개월)			0.1				65				0.3				1.7				5	
	6~11			0.3				80				0.5				1.8				7	
유아	1~2(세)	0.5	0.6		25	120	150		300	0.8	0.9					2				9	
	3~5	0.6	0.7		35	150	180		400	0.9	1.1					3				11	
남자	6~8(세)	0.7	0.9		45	180	220		500	1.1	1.3					3				15	
	9~11	0.9	1.1		60	250	300		600	1.5	1.7					4				20	
	12~14	1.3	1.5		80	320	400		800	1.9	2.3					5				25	
	15~18	1.3	1.5		90	320	400		900	2.2	2.7					6				30	
	19~29	1.3	1.5		100	320	400		1,000	2.0	2.4					5				30	
	30~49	1.3	1.5		100	320	400		1,000	2.0	2.4					5				30	
	50~64	1.3	1.5		100	320	400		1,000	2.0	2.4					5				30	
	65~74	1.3	1.5		100	320	400		1,000	2.0	2.4					5				30	
	75 이상	1.3	1.5		100	320	400		1,000	2.0	2.4					5				30	
여자	6~8(세)	0.7	0.9		45	180	220		500	1.2	1.5					3				15	
	9~11	0.9	1.1		60	250	300		600	1.6	1.9					4				20	
	12~14	1.2	1.4		80	320	400		800	2.0	2.4					5				25	
	15~18	1.2	1.4		90	320	400		900	2.0	2.4					6				30	
	19~29	1.2	1.4		100	320	400		1,000	2.0	2.4					5				30	
	30~49	1.2	1.4		100	320	400		1,000	2.0	2.4					5				30	
	50~64	1.2	1.4		100	320	400		1,000	2.0	2.4					5				30	
	65~74	1.2	1.4		100	320	400		1,000	2.0	2.4					5				30	
	75 이상	1.2	1.4		100	320	400		1,000	2.0	2.4					5				30	
임신부		+0.6	+0.8		100	+200	+200		1,000	+0.2	+0.2					+1				+0	
수유부		+0.6	+0.8		100	+130	+150		1,000	+0.3	+0.4					+2				+5	

[1] 니코틴산(mg/일), [2] 니코틴아미드(mg/일)

[3] Dietary Folate Equivalents, 가임기 여성의 경우 400µg/일의 엽산보충제 섭취를 권장함. 엽산의 상한섭취량은 보충제 또는 강화식품의 형태로 섭취한 µg/일에 해당됨.

부록 1-4 다량무기질

성별	연령	칼슘(mg/일)				인(mg/일)				나트륨(g/일)				
		평균 필요량	권장 섭취량	충분 섭취량	상한 섭취량	평균 필요량	권장 섭취량	충분 섭취량	상한 섭취량	평균 필요량	권장 섭취량	충분 섭취량	상한 섭취량	상한 섭취량
영아	0~5(개월)			200				100				0.12		
	6~11			300				300				0.37		
유아	1~2(세)	390	500		2,500	350	500		3,000			0.7		
	3~5	470	600		2,500	390	500		3,000			0.9		
남자	6~8(세)	580	700		2,500	550	700		3,000			1.2		
	9~11	670	800		2,500	810	1,000		3,500			1.3		2.0
	12~14	800	1,000		2,500	860	1,000		3,500			1.5		2.0
	15~18	750	900		2,500	790	1,000		3,500			1.5		2.0
	19~29	620	750		2,500	580	700		3,500			1.5		2.0
	30~49	600	750		2,500	580	700		3,500			1.5		2.0
	50~64	570	700		2,500	580	700		3,500			1.4		2.0
	65~74	560	700		2,500	580	700		3,500			1.2		2.0
	75 이상	560	700		2,500	580	700		3,000			1.1		2.0
여자	6~8(세)	580	700		2,500	450	600		3,000			1.2		
	9~11	670	800		2,500	700	900		3,500			1.3		2.0
	12~14	740	900		2,500	680	900		3,500			1.5		2.0
	15~18	660	800		2,500	580	800		3,500			1.5		2.0
	19~29	530	650		2,500	580	700		3,500			1.5		2.0
	30~49	510	650		2,500	580	700		3,500			1.5		2.0
	50~64	590	700		2,500	580	700		3,500			1.4		2.0
	65~74	570	700		2,500	580	700		3,500			1.2		2.0
	75 이상	570	700		2,500	580	700		3,000			1.1		2.0
임신부		+230	+280		2,500	+0	+0		3,000			+0		2.0
수유부		+310	+370		2,500	+0	+0		3,500			+0		2.0

성별	연령	염소(g/일)				칼륨(g/일)				마그네슘(mg/일)			
		평균 필요량	권장 섭취량	충분 섭취량	상한 섭취량	평균 필요량	권장 섭취량	충분 섭취량	상한 섭취량	평균 필요량	권장 섭취량	충분 섭취량	상한 섭취량*
영아	0~5(개월)			0.18				0.4				30	
	6~11			0.56				0.7				55	
유아	1~2(세)			1.1				1.7		60	75		65
	3~5			1.4				2.3		85	100		90
남자	6~8(세)			1.8				2.8		125	150		130
	9~11			2.0				3.2		175	210		180
	12~14			2.3				3.5		250	300		250
	15~18			2.3				3.5		335	400		350
	19~29			2.3				3.5		285	340		350
	30~49			2.3				3.5		295	350		350
	50~64			2.1				3.5		295	350		350
	65~74			1.9				3.5		295	350		350
	75 이상			1.6				3.5		295	350		350
여자	6~8(세)			1.8				2.8		125	150		130
	9~11			2.0				3.2		175	210		180
	12~14			2.3				3.5		240	290		250
	15~18			2.3				3.5		285	340		350
	19~29			2.3				3.5		235	280		350
	30~49			2.3				3.5		235	280		350
	50~64			2.1				3.5		235	280		350
	65~74			1.9				3.5		235	280		350
	75 이상			1.6				3.5		235	280		350
임신부				+0				+0		+33	+40		350
수유부				+0				+0.4		+0	+0		350

※ 식품 외 급원의 마그네슘에만 해당

부록 1-5 미량무기질

성별	연령	철(mg/일) 평균필요량	철 권장섭취량	철 충분섭취량	철 상한섭취량	아연(mg/일) 평균필요량	아연 권장섭취량	아연 충분섭취량	아연 상한섭취량	구리(μg/일) 평균필요량	구리 권장섭취량	구리 충분섭취량	구리 상한섭취량	불소(mg/일) 평균필요량	불소 권장섭취량	불소 충분섭취량	불소 상한섭취량
영아	0~5(개월)			0.3	40			1.7				230				0.01	0.6
	6~11	5.0	6		40	2.3	2.8					300				0.5	0.9
유아	1~2(세)	4.8	6		40	2.4	3		6	220	290		1,500			0.6	1.2
	3~5	5.4	7		40	3.2	4		9	250	330		2,000			0.8	1.7
남자	6~8(세)	6.3	8		40	4.5	5		13	330	430		3,000			1.0	2.5
	9~11	8.5	11		40	6.4	8		18	440	570		5,000			2.0	10
	12~14	11.0	14		40	6.6	8		25	570	740		7,000			2.5	10
	15~18	11.8	15		45	8.2	10		30	670	870		8,000			3.0	10
	19~29	7.7	10		45	8.1	10		35	600	800		10,000			3.5	10
	30~49	7.4	10		45	7.9	9		35	600	800		10,000			3.0	10
	50~64	7.1	9		45	7.5	9		35	600	800		10,000			3.0	10
	65~74	6.9	9		45	7.2	9		35	600	800		10,000			3.0	10
	75 이상	6.9	9		45	7.1	9		35	600	800		10,000			3.0	10
여자	6~8(세)	6.3	8		40	4.4	5		13	330	430		3,000			1.0	2.5
	9~11	8.0	10		40	6.2	7		18	440	570		5,000			2.0	10
	12~14	10.0	13		40	6.2	7		25	570	740		7,000			2.5	10
	15~18	12.9	17		45	7.2	9		30	670	870		8,000			2.5	10
	19~29	10.8	14		45	7.0	8		35	600	800		10,000			3.0	10
	30~49	10.5	14		45	6.8	8		35	600	800		10,000			2.5	10
	50~64	6.1	8		45	6.3	8		35	600	800		10,000			2.5	10
	65~74	5.8	8		45	6.0	7		35	600	800		10,000			2.5	10
	75 이상	5.8	8		45	6.0	7		35	600	800		10,000			2.5	10
임신부		+7.8	+10		45	+2.0	+2.5		35	+100	+130		10,000			+0	10
수유부		+0	+0		45	+4.0	+5.0		35	+350	+450		10,000			+0	10

성별	연령	망간(mg/일) 평균필요량	망간 권장섭취량	망간 충분섭취량	망간 상한섭취량	요오드(μg/일) 평균필요량	요오드 권장섭취량	요오드 충분섭취량	요오드 상한섭취량	셀레늄(μg/일) 평균필요량	셀레늄 권장섭취량	셀레늄 충분섭취량	셀레늄 상한섭취량	몰리브덴(μg/일) 평균필요량	몰리브덴 권장섭취량	몰리브덴 충분섭취량	몰리브덴 상한섭취량
영아	0~5(개월)			0.01				130	250			8.5	40				
	6~11			0.8				170	250			11	60				
유아	1~2(세)			1.4	2	55	80		300	17	20		85				100
	3~5			2.0	3	65	90		300	19	25		120				150
남자	6~8(세)			2.5	4	75	100		500	25	30		150				200
	9~11			3.0	5	85	110		700	33	40		200				300
	12~14			4.0	7	90	130		1,700	43	50		300				400
	15~18			4.0	9	95	130		1,900	50	60		300				500
	19~29			4.0	11	95	150		2,400	45	55		400				600
	30~49			4.0	11	95	150		2,400	45	55		400				600
	50~64			4.0	11	95	150		2,400	45	55		400				600
	65~74			4.0	11	95	150		2,400	45	55		400				600
	75 이상			4.0	11	95	150		2,400	45	55		400				600
여자	6~8(세)			2.5	4	75	100		500	25	30		150				200
	9~11			3.0	5	85	110		700	33	40		200				300
	12~14			3.5	7	90	130		1,700	43	50		300				400
	15~18			3.5	9	95	130		1,900	50	60		300				500
	19~29			3.5	11	95	150		2,400	45	55		400				600
	30~49			3.5	11	95	150		2,400	45	55		400				600
	50~64			3.5	11	95	150		2,400	45	55		400				600
	65~74			3.5	11	95	150		2,400	45	55		400				600
	75 이상			3.5	11	95	150		2,400	45	55		400				600
임신부				+0	11	+65	+90			+3	+4		400				600
수유부				+0	11	+130	+180			+8	+10		400				600

부록 3-1 　Lipoprotein의 화학적 조성

Lipoprotein	Protein(%)	Cholesterol(%)	Triglyceride(%)	Phospholipid(%)
Chylomicron	2	5	90	3
VLDL	10	12	60	18
LDL	25	50	10	15
HDL	50	20	5	25

참고문헌

- 김동현, 인삼과 건강, 도서출판 효일, 2005
- 김숙희 · 장문정 · 조미숙 · 정혜경 · 오세영 · 장영애, 식생활의 문화적 이해, 신광출판사, 2008
- 김용곤, 식육의 테마상식, 농촌진흥청 축산과학원, 2007
- 김지현, 학동기 어린이의 식품알레르기, 서울식품안전뉴스 12:12-13, 2009
- 김철홍, 식품알레르기의 증상, 서울식품안전뉴스 11:16-17, 2009
- 김화영 · 조미숙 · 이현숙, 한국 성인의 영양위험군 진단을 위한 식생활진단표의 개발과 타당성 검증에 관한 연구, 한국영양학회지 36(1):83-92, 2003
- 대한비만학회, Fact Sheet, 2010
- 대한영양사협회, 식품교환표, 2010
- 박록담, 우리술 빚는법, 오상, 2002
- 박선희, 유전자재조합 식품의 올바른 이해, 국민영양 204:24-30, 1998
- 박종운, 다이옥신 오염 · 파동, 식품저널 7:91, 1999
- 박채규 · 곽이성 · 황미선 · 김석창 · 도재호, 건강기능식품에서 인삼제품의 현황, 식품과학과산업 40(2):30-45, 2007
- 박태선 · 김은경, 현대인의 생활영양, 교문사, 2000
- 변명우, 후쿠시마 원자력발전소 사고와 식품안전, 식품과학과 산업 44(2):9-15, 2011
- 보건복지부, 국민건강 · 영양조사: 영양조사 부문, 1999
- 송형익 · 채기수 · 김영만 · 이용수 · 하상철 · 임용숙, 현대식품위생학, 지구문화사, 2009
- 식품의약품안전청, 식품공전, pp.380-381, 2002
- 식품의약품안전청, GM 작물, GM 식품, 이것이 궁금합니다, 2004

- 원융희, 우리 차 우리 술, 정훈출판사, 1993
- 윤혜경 · 최은미 · 구성자, 식품 Allergy, 식품과학과 산업 30(3):120-142, 1997
- 이주운, 식품의 방사성 물질 오염경로 및 안전관리 정책, 식품과 기계 8(1):3-6, 2011
- 이주희, GMO 식품, 국민영양 227:19-23, 2001
- 장윤희, 유전자 조작 식품, 국민영양 198:16-19, 1998
- 정해랑, 수입식품의 안전이 우리 식탁의 안전, 서울식품안전뉴스 3:16-17, 2010
- 조여원 · 정구명, 영양판정, 광문각, 2006
- 주이석, 구제역의 예방과 대책, Safe Food 6(1):11-15, 2011
- 주이석, 소해면상뇌증(광우병)의 국내외 현황 및 국내 발생 예방대책, 국민영양 227:47, 2001
- 진구복, 식육과 육제품의 최근 동향(5), 구제역 구제는 이렇게…, 식품저널 5:66, 2000
- 한국영양학회, 한국영양섭취기준위원회 한국인 영양섭취기준, 2010

- Anand J and others, What We Eat In America, NHANES 2007-2008: Documentation and Data Files, Food Surveys Research Group, 2010
- Anderson JW and others, Health benefits of dietary fiber, Nutr. Rev. 67(4):188-205, 2009
- Awad AB · Bradford PG, Nutrition and cancer prevention, Boca Raton, London, New York: Taylor & Francid Group, pp. 471-476. 2006
- Bakal AI, The saccharin functionality and safety, Food Technology 41(1):117-118, 1987
- Berhow MA · Kong SB · Vermillion KE · Duval SM, Complete quantification of group A and group B soyasaponins in soybeans, J. Agrc. Food Chem., 54(6):2035-2044, 2006
- Boffetta P · Hashibe M, Alcohol and cancer, Lancet Oncol. 7(2):149-56, 2006.
- Bowman BA · Russell RM, Present knowledge in nutrition, 8th ed., Washington: ILSI Press, 2001
- Boyle MA · Holben DH, Community nutrition in action: an entrepreneurial approach, 5th ed., Brooks cole, 2009

- Center for Disease Control and prevention, http://www.cdc.gov/nchs/fastats/diet.htm

- Choung MG · Lee JC, Functional characteristics of soybean oligosaccharide, Korean J. Crop Sci. 48:58-64, 2003

- Cooper GM, Elements of human cancer, Boston: Jones & Bartlett Publishers, 1992

- Eaton SB · Konner MJ, Paleolithic Nutrition revisited: A twelve-year retrospective on its nature and implications, Euro. J. Clin. Nutr. 51(4):207-216, 1997

- Fox SI, Human physiology 10th ed., New York: McGrow-Hill, 2008

- Groff JL · Gropper SS, Advanced nutrition and human metabolism, 3rd ed., Belmont: Wadsworth/Thomson Learning, 2000

- Grundy SM, Absorption and metabolism of dietary cholesterol, Ann. Rev. Nutr. 3:71-96, 1983

- Hoover DG, Bifidobacteria: Activity and potential benefits, Food Technology 47(6):120-124, 1993

- Ishibashi N · Shimamura S, Bifidobacteria: Research and development in Japan, Food Technology 47(6):126, 1993

- Kim YH, Biological activities of soyasaponins and their genetic and environmental variations in soybean, Korean J. Crop Sci. 48:49-57, 2003

- Kirby DF · Dudrick SJ, Practical handbook of nutrition in clinical practice, Boca Raton, FL: CRC Press, 1994

- Klatsky AL, Alcohol, cardiovascular diseases and diabetes mellitus, Pharmacol Res. 55(3):237-247, 2007

- Macrae R · Robinson K · Sadler MJ, Encyclopaedia of food science, food technology, and nutrition, vol.2, London: Academic press, 1993

- Mahan LK · Arlin MT · Krause MV, Food, Krause's food, nutrition, & diet therapy, 8th ed., Philadelphia: WB. Saunders Co., 1992

- Mahan LK · Escott-Stump S, Krause's food & nutrition therapy, St. Louis: Saunders/Elsevier, 2008

- Price KR · Johnson IT · Fenwick GR · Malinow MR, The chemistry and biological significance of saponins in foods and feeding stuffs, CRC Crit. Rew. Food Sci. Nutr. 26(1):27−135, 1987

- Shi J · Arunasalam K · Yeung D · Kakuda Y · Mittal G · Jiang Y, Saponins from edible legumes: Chemistry, processing, and health benefits, J. Med. Food 7(1):67−78, 2004

- Shils ME and others, Modern nutrition in health and disease, 10th ed., Baltimore: Lippincott Williams & Wilkins, 2006

- Sidhu GS · Oakenfull DG, A mechanism for the hypocholesterolemic activity of saponins, Br. J. Nutr. 55:643−649, 1986

- Stegink LD, Aspartame, Review of the safety issues, Food Technology 41(1):119−121, 1987

- Stini WA, Adaptive strategies of human populations under nutrional stress in Watts ES · Johnston FE · Lasker GW, Biosocial Interactions in population adaptation, The Hague : Mouton Publishers, p.21, 1975

- Turner LW, Weight maintenance and relapse prevention, Nutr. Clin. 5(1):1, 1990

- United States Population: 1999−2000, Advance data from Vital Health Stat. No.339, 2004

- Williams SR, Nutrition and diet therapy, 7th ed., St. Louis, MO: Mosby Press, 1993

- Wright JD and others, Dietary intake of ten key nutrients for public health, United States: 1999−2000, Advance data from Vital Health Stat. No.334, 2003

- Wright JD, Wang CY, Trends in intake of energy and macronutrients in adults from 1999−2000 through 2007−2008, NCHS Data Brief No.49:1−8, 2010

- Zeman FJ, Clinical nutrition and dietetics, 2nd ed., New York, NY: MacMillan publishing company, 1991

찾아보기

저자약력

박현서
Oregon State University
現)경희대학교 명예교수

이영순
Ochanomizu University 식물학과 이학박사
現)경희대학교 교수

한명주
University of Tennessee 식품과학과 이학박사
現)경희대학교 교수

조여원
University of Illinois 영양학 박사
現)경희대학교 교수

오세영
University of Connecticut 영양학 박사
現)경희대학교 교수

윤기선
University of Rhode Island 식품과학과 이학박사
現)경희대학교 교수

식생활과 건강 최신 개정판

발 행 일	1997년 2월 4일 초판 발행
	2002년 3월 13일 개정판 발행
	2006년 3월 20일 2개정판 발행
	2012년 12월 25일 3개정판 발행
지 은 이	박현서, 이영순, 한명주,
	조여원, 오세영, 윤기선
발 행 인	김 홍 용
펴 낸 곳	**도서출판 효일**
디 자 인	에스디엠
주 소	서울시 동대문구 용두동 102-201
전 화	02) 460-9339
팩 스	02) 927-7703
홈페이지	www.hyoilbooks.com
E m a i l	hyoilbooks@hyoilbooks.com
등 록	1987년 11월 18일 제6-0045호
정 가	25,000원
I S B N	978-89-8489-338-2